Solutions Manual
for use with

MATHEMATICS OF FINANCE

•

Fifth Edition

Petr Zima
University of Waterloo

Robert L. Brown
University of Waterloo

Toronto Montréal Boston Burr Ridge, IL Dubuque, IA Madison, WI New York
San Francisco St. Louis Bangkok Bogotá Caracas Kuala Lumpur Lisbon London
Madrid Mexico City Milan New Delhi Santiago Seoul Singapore Sydney Taipei

**McGraw-Hill
Ryerson Limited**
A Subsidiary of The McGraw-Hill Companies

Solutions Manual for use with
Mathematics of Finance
Fifth Edition

Copyright © 2001 by McGraw-Hill Ryerson Limited, a Subsidiary of The McGraw-Hill Companies. Copyright © 1993, 1988, 1983, 1979 by McGraw-Hill Ryerson Limited. All rights reserved. No part of this publication may be reproduced or transmitted in any form or by any means, or stored in a data base or retrieval system, without the prior written permission of McGraw-Hill Ryerson Limited, or in the case of photocopying or other reprographic copying, a license from CANCOPY (the Canadian Copyright Licensing Agency), 6 Adelaide Street East, Suite 900, Toronto, Ontario, M5C 1H6.

Any request for photocopying, recording, or taping of any part of this publication shall be directed in writing to CANCOPY.

ISBN: 0-07-087136-1

1 2 3 4 5 6 7 8 9 10 CP 0 9 8 7 6 5 4 3 2 1

Printed and bound in Canada.

Care has been taken to trace ownership of copyright material contained in this text; however, the publisher will welcome any information that enables them to rectify any reference or credit for subsequent editions.

Vice-President and Editorial Director: Pat Ferrier
Senior Sponsoring Editor: Lynn Fisher
Developmental Editor: Maria Chu
Supervising Editor: Alissa Messner
Production Coordinator: Brad Madill
Printer: Canadian Printco

CONTENTS

Chapter 1	1
Chapter 2	14
Chapter 3	47
Chapter 4	78
Chapter 5	108
Chapter 6	157
Chapter 7	189
Chapter 8	213
Chapter 9	224
Appendix 1	239
Appendix 2	242
Appendix 3	245

CHAPTER 1

EXERCISE 1.1

1. a) $S = 2500[1 + (.12)(\frac{18}{12})] = \$2950$
   b) $S = 1200[1 + (.085)(\frac{120}{360})] = \$1234$
   c) $S = 10\,000[1 + (.15)(\frac{64}{365})] = \$10\,263.01$

2. a) $r = 420/(1000 \times 2.5) = 16.8\%$
   b) $r = 1/(1 \times 7) = 14.29\%$
   c) $r = 10/(500 \times \frac{2}{12}) = 12\%$

3. $t = \frac{200}{1000 \times .055} = 3.\overline{63}$ years $\doteq 1328$ days

4. Ordinary interest $= 5000 \times .105 \times \frac{90}{360} = \$131.25$
   Exact interest $= 5000 \times .105 \times \frac{90}{365} = \$129.45$

5. $r = .50/(10 \times \frac{1}{12}) = .6 = 60\%$

6. $P = 5100[1 + (.09)(\frac{6}{12})]^{-1} = \$4880.38$

7. $P = 580[1 + (.18)(\frac{120}{365})]^{-1} = \$547.59$

8. At ordinary interest $S = 1000[1 + (.115)(\frac{65}{360})] = \$1020.76$
   At exact interest $S = 1000[1 + (.115)(\frac{65}{365})] = \$1020.48$

9. $S = 1000[1 + (.17)(\frac{220}{365})] = \$1102.47$

10. Exact time $= (365 - 138) + 98 = 325$ days
    Exact interest $= 2000 \times .045 \times \frac{325}{365} = \$80.14$

11. $r = 300/(4000 \times \frac{264}{365}) = 10.37\%$

12.

Dates	# of days	Balance	Interest	
January 1–March 1	59	1000	$1000(.12)(\frac{59}{365}) =$	19.40
March 1–March 31	30	900	$900(.12)(\frac{30}{365}) =$	8.88
			March 31 pay	$28.28
March 31–April 17	17	900	$900(.12)(\frac{17}{315}) =$	5.03
April 17 – June 30	74	600	$600(.12)(\frac{74}{365}) =$	14.60
			June 30 pay	$19.63
June 30–July 12	12	600	$600(.12)(\frac{12}{365}) =$	2.37
July 12–August 20	39	400	$400(.12)(\frac{39}{365}) =$	5.13
August 20–Sept. 30	41	300	$300(.12)(\frac{41}{365}) =$	4.04
			Sept. 30 pay	$11.54
Sept. 30–October 18	18	300	$300(.12)(\frac{18}{365}) =$	1.78
			October 18 pay	$1.78

Total interest paid $= 28.28 + 19.63 + 11.54 + 1.78 =$ $61.23

13.

Interest period	# of days	Balance	Rate	Interest	
Feb. 3–Feb. 11	8	50 000	15%	$50\,0000(.15)(\frac{8}{365}) =$	164.38
				Feb. 11 interest	$164.38
Feb. 11–Feb. 20	9	50 000	15%	$50\,000(.15)(\frac{9}{365}) =$	184.93
Feb. 20–March 11	19	40 000	15%	$40\,000(.15)(\frac{19}{365}) =$	312.33
				March 11 interest	$497.26
March 11–March 20	9	40 000	15%	$40\,000(.15)(\frac{9}{365}) =$	147.95
March 20–April 1	12	30 000	15%	$30\,000(.15)(\frac{12}{365}) =$	147.95
April 1–April 11	10	30 000	16%	$30\,000(.16)(\frac{10}{365}) =$	131.51
				April 11 interest	$427.41
April 11–April 20	9	30 000	16%	$30\,000(.16)(\frac{9}{365}) =$	118.36
April 20–May 1	11	15 000	16%	$15\,000(.16)(\frac{11}{365}) =$	72.33
May 1–May 11	10	15 000	15.5%	$15\,000(.155)(\frac{10}{365}) =$	63.70
				May 11 interest	$254.39
May 11–May 20	9	15 000	15.5%	$15\,000(.155)(\frac{9}{365}) =$	57.33
				May 20 interest	$57.33

Total interest paid $= 164.38 + 497.26 + 427.41 + 254.39 + 57.33 =$ $1400.77

14. Consider a $100 amount. Then $P = 98$, $I = 2$, $t = \frac{20}{365}$ and $r = 2/(98 \times \frac{20}{365}) = 37.24\%$

EXERCISE 1.1

15. $r = 40/(1960 \times \frac{40}{365}) = 18.62\%$

16. $r = 15/(485 \times \frac{20}{365}) = 56.44\%$

17. a) $r = \frac{50}{2450 \times \frac{40}{365}} = 18.62\%$

b) Interest on loan $= 2450 \times .10 \times \frac{40}{365} = \$26.85$
Savings $= 50 - 26.85 = \$23.15$

EXERCISE 1.2

1. Maturity date is February 6
   Maturity value = \$3000.00
   Discount period = 67 days
   Proceeds = $3000[1 + (.1025)(\frac{67}{365})]^{-1} = \$2944.60$

2. Maturity date is November 3
   Maturity value = $1200[1 + (.055)(\frac{63}{365})] = \$1211.39$
   Discount period = 27 days
   Proceeds = $1211.39[1 + (.0475)(\frac{27}{365})]^{-1} = \$1207.15$

3. Maturity date is June 27
   Maturity value = $500[1 + (.07)(\frac{195}{365})] = \$518.70$
   Discount period = 185 days
   Proceeds = $518.70[1 + (.07)(\frac{185}{365})]^{-1} = \$500.93$

4. Maturity date is April 7
   Maturity value = \$4000.00
   Discount period = 37 days
   Proceeds = $4000[1 + (.085)(\frac{37}{365})]^{-1} = \$3965.83$

5. a) Maturity value = $2000[1 + (.13)(\frac{93}{365})] = \$2066.25$
      Proceeds = $2066.25[1 + (.12)(\frac{42}{365})]^{-1} = \$2038.11$
   b) $r = 38.11/(2000 \times \frac{51}{365}) = 13.64\%$
   c) Bank's profit = $2000[1 + (.13)(\frac{90}{365})] - 2038.11 = \$26.00$
      $r = 26/(2038.11 \times \frac{39}{365}) = 11.94\%$

6. $S = 5000[1 + (.12)(\frac{93}{365})] = \$5152.88$
   $P = 5152.88[1 + (.10)(\frac{93}{365})]^{-1} = \$5024.85$
   Investor's profit = $5024.85 - 5000 = \$24.85$
   Bank's profit = $5152.88 - 5024.85 = \$128.03$

7. $S = 800[1 + (.10)(\frac{93}{365})] = \$820.38$
   $P = 820.38[1 + (.12)(\frac{60}{365})]^{-1} = \$804.51$

8. $S = 1000[1 + (.10)(\frac{93}{365})] = \$1025.48$

9. Maturity date is 123 days after October 17, 2001, i.e. February 17, 2002
   Maturity value = $5000[1 + (.10)(\frac{123}{365})] = \$5168.49$
   Proceeds = $5168.49[1 + (.09)(\frac{33}{365})]^{-1} = \$5126.77$

10. Proceeds = $2000[1 + (.13)(\frac{93}{365})]^{-1} = \$1935.88$
    Profit = \$435.88

11. Needs 97% of 2000 = \$1940.00
    $S = 1940[1 + (.06)(\frac{63}{365})] = \$1960.09$

EXERCISE 1.2

12. Maturity date is 123 days after June 8, 2002, i.e. October 9, 2002
Maturity value $S = 1500[1 + (.12)(\frac{123}{365})] = \$1560.66$

   a) $P = 1560.66[1 + (.15)(\frac{69}{365})]^{-1} = \$1517.62$

   b) $r = \frac{17.62}{(1500)(\frac{54}{365})} = 7.94\%$

   c) Banks profit $= 1500[1 + (.12)(\frac{120}{365})] - 1517.62 = \$41.56$
$r = 41.56/(1517.62 \times \frac{66}{365}) = 15.14\%$

EXERCISE 1.3

1. $X = 1200[1 + (.12)(\frac{80}{365})]^{-1} = \$1169.25$

2. $X = 100[1 + (.06)(\frac{6}{12})]^{-1} + 150[1 + (.06)(1)]^{-1} = 97.09 + 141.51 = \$238.60$

3. $X = 200[1 + (.08)(\frac{3}{12})] + 800[1 + (.08)(\frac{3}{12})]^{-1} = 204 + 784.31 = \$988.31$

4. $\begin{aligned} 500 + X[1 + (.13)(\frac{6}{12})]^{-1} &= 600[1 + (.13)(\frac{2}{12})] + 400[1 + (.13)(\frac{3}{12})]^{-1} \\ 500 + .938967136X &= 613 + 387.41 \\ .938967136X &= 500.41 \\ X &= \$532.94 \end{aligned}$

5. $\begin{aligned} X[1 + (.12)(\frac{3}{12})] + X &= 800[1 + (.12)(\frac{7}{12})] \\ 1.03X + X &= 856 \\ 2.03X &= 856 \\ X &= \$421.67 \end{aligned}$

6. $\begin{aligned} X + X[1 + (.11)(\frac{60}{365})]^{-1} + X[1 + (.11)(\frac{120}{365})]^{-1} &= 2000[1 + (.11)(\frac{300}{365})] \\ X + .982238967X + .965097832X &= 2180.82 \\ 2.947336798X &= 2180.82 \\ X &= \$739.93 \end{aligned}$

7. a) $\begin{aligned} X &= 500[1 + (.11)(\frac{4}{12})]^{-1} + 700[1 + (.11)(\frac{9}{12})]^{-1} \\ &= 482.32 + 646.65 = \$1128.97 \end{aligned}$

   b) $\begin{aligned} X &= 500[1 + (.11)(\frac{2}{12})] + 700[1 + (.11)(\frac{3}{12})]^{-1} \\ &= 509.17 + 681.27 = \$1190.44 \end{aligned}$

   c) $\begin{aligned} X &= 500[1 + (.11)(\frac{8}{12})] + 700[1 + (.11)(\frac{3}{12})] \\ &= 536.67 + 719.25 = \$1255.92 \end{aligned}$

8. $\begin{aligned} X + 300[1 + (.10)(1)] &= 500[1 + (.10)(\frac{9}{12})] + 200[1 + (.10)(\frac{6}{12})] \\ X + 330 &= 537.50 + 210 \\ X &= \$417.50 \end{aligned}$

9. a) $\begin{aligned} X[1 + (.08)(\frac{6}{12})] + X &= 1000[1 + (.08)(1)] \\ 1.04X + X &= 1080 \\ 2.04X &= 1080 \\ X &= \$529.41 \end{aligned}$

   b) $\begin{aligned} X[1 + (.08)(\frac{6}{12})]^{-1} + X[1 + (.08)(1)]^{-1} &= 1000 \\ .961538462X + .925925926X &= 1000 \\ 1.887464387X &= 1000 \\ X &= \$529.81 \end{aligned}$

10. $\begin{aligned} 2000[1 + (.06)(\frac{247}{365})] + 2000[1 + (.06)(\frac{124}{365})] + X &= 5000[1 + (.06)(\frac{359}{365})] \\ 2081.21 + 2040.77 + X &= 5295.07 \\ X &= \$1173.09 \end{aligned}$

EXERCISE 1.3

11. At the end of 6 months:
$$X[1 + (.12)(\tfrac{3}{12})] + 2X = 200[1 + (.12)(\tfrac{1}{12})] + 300[1 + (.12)(\tfrac{4}{12})]^{-1}$$
$$1.03X + 2X = 202 + 288.46$$
$$3.03X = 490.46$$
$$X = \$161.87$$

At the end of 3 months:
$$X + 2X[1 + (.12)(\tfrac{3}{12})]^{-1} = 200[1 + (.12)(\tfrac{2}{12})]^{-1} + 300[1 + (.12)(\tfrac{7}{12})]^{-1}$$
$$X + 1.941747573X = 196.08 + 280.37$$
$$2.941747573X = 476.45$$
$$X = \$161.96$$

12. At the present time:
$$3000 + X[1 + (.13)(2)]^{-1} = 2000[1 + (.13)(5)]^{-1} + 8000[1 + (.13)(10)]^{-1}$$
$$3000 + .793650794X = 1212.12 + 3478.26$$
$$.793650794X = 1690.38$$
$$X = \$2129.88$$

At the end of 2 years:
$$3000[1 + (.13)(2)] + X = 2000[1 + (.13)(3)]^{-1} + 8000[1 + (.13)(8)]^{-1}$$
$$3780 + X = 1438.85 + 3921.57$$
$$X = \$1580.42$$

13. a) At the present time:
$$X[1 + (.14)(\tfrac{3}{12})]^{-1} + X[1 + (.14)(\tfrac{6}{12})]^{-1} + X[1 + (.14)(\tfrac{9}{12})]^{-1}$$
$$+ X[1 + (.14)(1)]^{-1} = 2000$$
$$3.682933372X = 2000$$
$$X = \$543.05$$

b) At the end of 1 year:
$$X[1 + (.14)(\tfrac{9}{12})] + X[1 + (.14)(\tfrac{6}{12})]$$
$$+ X[1 + (.14)(\tfrac{3}{12})] + X = 2000[1 + (.14)(1)]$$
$$4.21X = 2280$$
$$X = \$541.57$$

14. At the present time:
$$X[1 + (.16)(\tfrac{3}{12})]^{-1} + 2X[1 + (.16)(\tfrac{6}{12})]^{-1} + 4X[1 + (.16)(\tfrac{9}{12})]^{-1} = 800$$
$$6.384818885X = 800$$
$$X = \$125.30$$

At the end of 3 months:
$$X + 2X[1 + (.16)(\tfrac{3}{12})]^{-1} + 4X[1 + (.16)(\tfrac{6}{12})]^{-1} = 800[1 + (.16)(\tfrac{3}{12})]$$
$$6.626780627X = 832$$
$$X = \$125.55$$

At the end of 6 months:
$$X[1+(.16)(\tfrac{3}{12})]+2X+4X[1+(.16)(\tfrac{3}{12})]^{-1} = 800[1+(.16)(\tfrac{6}{12})]$$
$$6.886153846X = 864$$
$$X = \$125.47$$

At the end of 9 months:
$$X[1+(.16)(\tfrac{6}{12})]+2X[1+(.16)(\tfrac{3}{12})]+4X = 800[1+(.16)(\tfrac{9}{12})]$$
$$7.16X = 896$$
$$X = \$125.14$$

EXERCISE 1.4

1. a) Merchant's Rule:
   Balance due $= 1000(1.1425) - 200[1 + (.1425)(\frac{9}{12})] - 400[1 + (.1425)(\frac{5}{12})]$
   $= 1142.50 - 221.38 - 423.75 = \$497.37$

   b) Declining Balance Method:
   End of 3 months balance $= 1000[1 + (.1425)(\frac{3}{12})] - 200 = \$835.63$
   End of 7 months balance $= 835.63[1 + (.1425)(\frac{4}{12})] - 400 = \$475.32$
   End of year balance $= 475.32[1 + (.1425)(\frac{5}{12})] = \$503.54$

2. a) Merchant's Rule:
   Balance due on April 18, 2002 $=$
   $2000[1 + (.12)(\frac{321}{365})] - 800[1 + (.12)(\frac{244}{365})] - 400[1 + (.12)(\frac{149}{365})] - 500[1 + (.12)(\frac{75}{365})]$
   $= 2211.07 - 864.18 - 419.59 - 512.23 = \$414.97$

   b) Declining Balance Method:
   August 17/01 Balance $= 2000[1 + (.12)(\frac{77}{365})] - 800 = \$1250.63$
   November 20/01 Balance $= 1250.63[1 + (.12)(\frac{95}{365})] - 400 = \$889.69$
   February 2/02 Balance $= 889.69[1 + (.12)(\frac{74}{365})] - 500 = \$411.34$
   April 18/02 Balance $= 411.34[1 + (.12)(\frac{75}{365})] = \$421.48$

3. a) Merchant's Rule:
   Balance due $= 5000[1 + (.1)(\frac{6}{12})] - 3000[1 + (.1)(\frac{4}{12})] - 1000[1 + (.1)(\frac{2}{12})]$
   $= 5250 - 3100 - 1016.67 = \$1133.33$

   b) Declining Balance Method:
   End of 2 months balance $= 5000[1 + (.1)(\frac{2}{12})] - 3000 = \$2083.33$
   End of 4 months balance $= 2083.33[1 + (.1)(\frac{2}{12})] - 1000 = \$1118.05$
   End of 6 months balance $= 1118.05[1 + (.1)(\frac{2}{12})] = \$1136.68$

4. a) Merchant's Rule:
   Balance due on December 15
   $= 1000[1 + (.16)(\frac{341}{365})] - 350[1 + (.16)(\frac{247}{365})] - 20[1 + (.16)(\frac{127}{365})]$
   $- 400[1 + (.16)(\frac{73}{365})]$
   $= 1149.48 - 387.90 - 21.11 - 412.80 = \$327.67$

   b) Declining Balance Method:
   April 12 Balance $= 1000[1 + (.16)(\frac{94}{365})] - 350 = \$691.21$
   Note that interest from April 12 to August 10 is larger than \$20 ($691.21 \times .16 \times \frac{120}{365} = \$36.36$)
   October 3 Balance $= 691.21[1 + (.16)(\frac{174}{365})] - 420 = \$323.93$
   December 15 Balance $= 323.93[1 + (.16)(\frac{73}{365})] = \$334.30$

5. End of 2 months balance $= 1400[1 + (.12)(\frac{2}{12})] - 400 = \$1028.00$
   Note that interest on \$1028.00 for the next 4 months $= (1028)(.12)(\frac{4}{12}) = \$41.12$ and is larger than the partial payment of \$30.00.
   End of 8 months balance $= 1028[1 + (.12)(\frac{6}{12})] - 630 = \$459.68$
   End of 12 months balance $= \$459.68[1 + (.12)(\frac{4}{12})] = \$478.07$

EXERCISE 1.5

1. a) $P = 2000[1 + (.085)(\frac{130}{365})]^{-1} = \$1941.23$
   b) $P = 2000[1 - (.085)(\frac{130}{365})] = \$1939.45$

2. Comparing accumulated values of $1 at the end of 300 day period

   a) $[1 - d(\frac{300}{365})]^{-1} = 1 + (.09)(\frac{120}{365}) + (.12)(\frac{180}{365})$
   $d \doteq 9.92\%$

   b) $[1 - d(\frac{300}{365})]^{-1} = [1 + (.09)(\frac{120}{365})] \times [1 + (.12)(\frac{180}{365})]$
   $d \doteq 10.10\%$

3. $D = 700 \times .13 \times \frac{45}{365} = \$11.22$
   $P = 700 - 11.32 = \$688.78$

4. Maturity value $= 2000[1 + (.15)(\frac{178}{365})] = \$2146.30$
   Discount $= 2146.30 - 2030.00 = \$116.30$
   $d = 116.30/(2146.30 \times \frac{118}{365}) = 16.76\%$

5. $S = 800/[1 - (.10)(\frac{63}{365})] = \$814.05$

6. Maturity date of the 1st note is August 4, 2002
   Interest due on the 1st note $= 50\,000 \times .11 \times \frac{95}{365} = \$1431.51$
   Maturity date of the 2nd note is November 7, 2002
   $S = 50\,000/[1 - (.12)(\frac{95}{365})] = \$51\,611.99$

REVIEW EXERCISES 1.6

1. a) $t = \frac{I}{Pr} = \frac{100}{(1000)(.06)} = 1\frac{2}{3}$ years $= 20$ months

   b) $t = \frac{I}{Pr} = \frac{200}{(1000)(.135)} = 1.481481481$ years $\doteq 541$ days

2. Ordinary interest: $S = 1000[1 + (.15)(\frac{55}{360})] = \$1022.92$
   $P = 1000[1 + (.15)(\frac{55}{360})]^{-1} = \$977.60$
   Exact interest: $S = 1000[1 + (.15)(\frac{55}{365})] = \$1022.60$
   $P = 1000[1 + (.15)(\frac{55}{365})]^{-1} = \$977.90$

3. $r = 57/(323 \times \frac{52}{365}) = 123.87\%$

4. a) $r = \frac{I}{Pt} = \frac{240}{(7760)(\frac{30}{365})} = 37.63\%$

   b) Interest on loan $= (7760)(.12)(\frac{30}{365}) = \$76.54$
   Savings $= 240 - 76.54 = \$163.46$

5. a) $r = \frac{.03x}{(.97x)(\frac{40}{365})} = 28.22\%$

   b) Interest on loan $= (4850)(.08)(\frac{40}{365}) = \$42.52$
   Savings $= 150 - 42.52 = \$107.48$

6. $X[1 + (.09)(\frac{143}{365})] + X[1 + (.09)(\frac{87}{365})] + X[1 + (.09)(\frac{35}{365})]$
$$+500 = 2500[1 + (.09)(\frac{196}{365})]$$
$$1.035260274X + 1.021452055X + 1.008630137X + 500 = 2620.82$$
$$3.065342466X = 2120.82$$
$$X = \$691.87$$

7. $X[1 + (.10)(1.5)] + X[1 + (.10)(1)] + X[1 + (.10)(.5)] + X = 5000[1 + (.10)(2)]$
$$1.15X + 1.1X + 1.05X + X = 6000$$
$$4.3X = 6000$$
$$X = \$1395.35$$

8. $X[1 + (.08)(\frac{4}{12})]^{-1} + X[1 + (.08)(\frac{8}{12})]^{-1} + X[1 + (.08)(1)]^{-1} = 2400$
$$.974025974X + .949367089X + .925925926X = 2400$$
$$2.849318989X = 2400$$
$$X = \$842.31$$

   question said 6%

9. Merchant's Rule:

$$1250[1 + (.09)(\tfrac{186}{365})] + 2500[1 + (.09)(\tfrac{114}{365})] + X = 4500[1 + (.09)(\tfrac{302}{365})]$$
$$1307.33 + 2570.27 + X = 4835.10$$
$$X = \$957.50$$

   Declining Balance Method:

   October 27/01 Balance $= 4500[1 + (.09)(\frac{116}{365})] - 1250 = \$3378.71$
   January 7/02 Balance $= 3378.71[1 + (.09)(\frac{72}{365})] - 2500 = \$938.69$
   May 1/02 Balance $= 938.69[1 + (.09)(\frac{114}{365})] = \$965.08$

10. a) Equation of value at the end of 6 months:

$$X + X[1+(.18)(\tfrac{3}{12})]^{-1} + 1000[1+(.18)(\tfrac{3}{12})] = 4000[1+(.18)(\tfrac{6}{12})]$$
$$X + .956937799X + 1045.00 = 4360.00$$
$$1.956937799X = 3315.00$$
$$X = \$1693.97$$

b) Equation of value at the present time:

$$X[1+(.18)(\tfrac{6}{12})]^{-1} + X[1+(.18)(\tfrac{9}{12})]^{-1} + 1000[1+(.18)(\tfrac{3}{12})]^{-1} = 4000$$
$$.917431193X + .881057269X + 956.94 = 4000$$
$$1.798488461X = 3043.06$$
$$X = \$1692.01$$

11. Merchant's Rule:

On October 31, 2001:
$$500[1+(.105)(\tfrac{106}{365})] + 400[1+(.105)(\tfrac{32}{365})] + X = 1000[1+(.105)(\tfrac{176}{365})]$$
$$515.25 + 403.68 + X = 1050.63$$
$$X = \$131.70$$

Declining Balance Method:

July 17, 2001 balance $= 1000[1+(.105)(\tfrac{70}{365})] - 500 = \$520.14$
September 29, 2001 balance $= 520.14[1+(.105)(\tfrac{74}{365})] - 400 = \$131.21$
October 31, 2001 balance $= 131.21[1+(.105)(\tfrac{32}{365})] = \$132.42$

12. a) $P = 1000[1-(.11)(\tfrac{8}{12})] = \$926.67$
    b) $S = 1000/[1-(.11)(\tfrac{8}{12})] = \$1079.14$

13. Maturity date: August 12, 2001
    Maturity value $S = 1500[1+(.12)(\tfrac{93}{365})] = \$1545.86$

    a) $P = 1545.86[1-(.13)(\tfrac{41}{365})] = \$1523.29$
    b) Prasad's profit $= \$23.29$, $r = \dfrac{23.29}{(1500)(\tfrac{52}{365})} = 10.90\%$
    c) Bank's profit $= 1545.86 - 1523.29 = \$22.57$
    $r = \dfrac{22.57}{(1523.29)(\tfrac{41}{365})} = 13.19\%$
    d) Bank's profit $= 1500[1+(.12)(\tfrac{90}{365})] - 1523.29 = \$21.09$
    $r = \dfrac{21.09}{(1523.29)(\tfrac{38}{365})} = 13.30\%$

14. Maturity value $S = 2000[1+(.14)(\tfrac{183}{365})] = \$2140.38$

    a) $P = 2140.38[1-(.14)(\tfrac{123}{365})] = \$2039.40$
    b) $r = \dfrac{39.40}{(2000)(\tfrac{60}{365})} = 11.98\%$

REVIEW EXERCISES 1.6   13

    c) Bank will receive $2000[1 + (.14)(\frac{180}{365})] = \$2138.08$
       discount $D = 2138.08 - 2039.40 = \$98.68$
       $d = \frac{98.68}{(2138.08)(\frac{120}{365})} = 14.04\%$

15. Interest due on the first note $= (800)(.11)(\frac{93}{365}) = \$22.42$
    Face value of the second note $= 800/[1 - (.10)(\frac{63}{365})] = \$814.05$

16. Assume last payment in X days
$$\begin{aligned}
1200[1 + (.11)(\tfrac{X}{365})] &= 500[1 + (.11)(\tfrac{X-45}{365})] + 300[1 + (.11)(\tfrac{X-100}{365})] + 436.92 \\
1200 + .361643836X &= 500 + .150684932X - 6.78 + 300 + .090410959X - 9.04 + 436.92 \\
.120547945X &= 21.10 \\
X &= 175 \text{ days}
\end{aligned}$$

17. Exact time $= 365 - 105 + 35 = 295$ days
    Banker's Rule: $I = 20\,000 \times .12 \times \frac{295}{360} = \$1966.67$
    Canadian practice: $I = 20\,000 \times .12 \times \frac{295}{365} = \$1939.73$
    Difference $= 1966.67 - 1939.73 = \$26.94$

18. At the present time:
$$\begin{aligned}
X[1 + (.14)(\tfrac{3}{12})]^{-1} + X[1 + (.14)(\tfrac{7}{12})]^{-1} + X[1 + (.14)(\tfrac{12}{12})]^{-1} &= 3000 \\
.966183575X + .92449923X + .877192982X &= 3000 \\
2.767875787X &= 3000 \\
X &= \$1083.86
\end{aligned}$$

At the end of 12 months:
$$\begin{aligned}
X[1 + (.14)(\tfrac{9}{12})] + X[1 + (.14)(\tfrac{5}{12})] + X &= 3000[1 + (.14)(\tfrac{12}{12})] \\
1.105X + 1.058333333X + X &= 3420 \\
3.163333333X &= 3420 \\
X &= \$1081.14
\end{aligned}$$

Difference $= 1083.86 - 1081.14 = \$2.72$

19. Maturity value $= 1500[1 + (.095)(\frac{173}{365})] = \$1567.54$
    Proceeds $= 1567.54[1 - (.14)(\frac{133}{365})] = \$1487.57$

20.   a) At the end of 8 months:
$$\begin{aligned}
X[1 + (.11)(\tfrac{2}{12})] + 2X &= 1000[1 + (.11)(\tfrac{8}{12})] + 2000[1 + (.11)(\tfrac{4}{12})] \\
1.018333333X + 2X &= 1073.33 + 2073.33 \\
3.018333333X &= 3146.66 \\
X &= \$1042.52
\end{aligned}$$

    b) At the end of 8 months:
$$\begin{aligned}
X[1 - (.11)(\tfrac{2}{12})]^{-1} + 2X &= 1000[1 - (.11)(\tfrac{8}{12})]^{-1} + 2000[1 - (.11)(\tfrac{4}{12})]^{-1} \\
1.018675722X + 2X &= 1079.14 + 2076.12 \\
3.018675722X &= 3155.26 \\
X &= \$1045.25
\end{aligned}$$

CHAPTER 2

EXERCISE 2.1

Part A

1. $S = 100(1.055)^5 = \$130.70$,   Int. $= \$30.70$

2. $S = 500(1 + \frac{.1125}{12})^{24} = \$625.51$,   Int. $= \$125.51$

3. $S = 220(1 + \frac{.088}{4})^{12} = \$285.65$,   Int. $= \$65.65$

4. $S = 1000(1.045)^{12} = \$1695.88$,   Int. $= \$695.88$

5. $S = 50(1.01)^{48} = \$80.61$,   Int. $= \$30.61$

6. $S = 800(1.0775)^{10} = \$1687.57$,   Int. $= \$887.57$

7. $S = 300(1 + \frac{.08}{52})^{156} = \$381.30$,   Int. $= \$81.30$

8. $S = 1000(1 + \frac{.10}{365})^{730} = \$1221.37$,   Int. $= \$221.37$

9. a) $S = 500(1 + \frac{.08}{12})^{12} = \$541.50$
   b) $S = 500(1 + \frac{.12}{12})^{12} = \$563.41$
   c) $S = 500(1 + \frac{.16}{12})^{12} = \$586.14$

10. $S = 2000(1.03)^{12} = \$2851.52$

11. a) $S = 100(1.08)^5 = \$146.93$
    b) $S = 100(1.04)^{10} = \$148.02$
    c) $S = 100(1.02)^{20} = \$148.59$
    d) $S = 100(1 + \frac{.08}{12})^{60} = \$148.98$
    e) $S = 100(1 + \frac{.08}{365})^{1825} = \$149.18$

12. $S = 1000(1.01)^{216} = \$8578.61$

13. a) $S = 10\,000(1.03)^{500} = 2.6219 \times 10^{10} = \$26.219$ billion
    b) $S = 10\,000[1 + (.03)(500)] = \$160\,000$

14. a) $S = 100(1.1255)^1 = \$112.55$
    b) $S = 100(1.0609)^2 = \$112.55$
    c) $S = 100(1.03)^4 = \$112.55$
    d) $S = 100(1.0099)^{12} = \$112.55$

EXERCISE 2.1

Part B

1. a) $S = 1000(1 + \frac{.06}{365})^{365} = \$1061.83$, Interest $= \$61.83$

b)
Period	Interest	
January 1-June 30	$1000 \times .06 \times \frac{181}{365}$	= $ 29.75
July 1-December 31	$1029.75 \times .06 \times \frac{184}{365}$	= $ 31.15
Total interest earned		= $60.90

c)
Period	Interest	
January	$1000.00 \times .06 \times \frac{31}{365}$	= $ 5.10
February	$1005.10 \times .06 \times \frac{28}{365}$	= $ 4.63
March	$1009.73 \times .06 \times \frac{31}{365}$	= $ 5.15
April	$1014.88 \times .06 \times \frac{30}{365}$	= $ 5.00
May	$1019.88 \times .06 \times \frac{31}{365}$	= $ 5.20
June	$1025.08 \times .06 \times \frac{30}{365}$	= $ 5.06
July	$1030.14 \times .06 \times \frac{31}{365}$	= $ 5.25
August	$1035.39 \times .06 \times \frac{31}{365}$	= $ 5.28
September	$1040.67 \times .06 \times \frac{30}{365}$	= $ 5.13
October	$1045.80 \times .06 \times \frac{31}{365}$	= $ 5.33
November	$1051.13 \times .06 \times \frac{30}{365}$	= $ 5.18
December	$1056.31 \times .06 \times \frac{31}{365}$	= $ 5.38
Total interest earned		= $61.69

2. For $n = 1$: $S_1 = P + Pi = P(1+i)$ and formula is true.
Assume that formula is true for $n = k$, i.e. $S_k = P(1+i)^k$
Prove that formula is true for $n = k+1$, i.e. $S_{k+1} = P(1+i)^{k+1}$
Accumulated value at the end of $k+1$ periods:
$S_{k+1} = S_k(1+i) = P(1+i)^k(1+i) = P(1+i)^{k+1}$

3.

Growth of $100

Years	n	$j_{365} = 8\%$	$j_{365} = 12\%$	$j_{365} = 16\%$
5	1825	149.18	182.19	222.51
10	3650	222.53	331.95	495.13
15	5475	331.97	604.78	1101.74
20	7300	495.21	1101.88	2451.53
25	9125	738.74	2007.56	5455.02

4.

m	i	n	S	Interest
1	.12	10	31 058.48	21 058.48
2	.06	20	32 071.36	22 071.36
4	.03	40	32 620.38	22 620.38
12	.01	120	33 003.87	23 003.87
52	$\frac{.12}{52}$	520	33 155.30	23 155.30
365	$\frac{.12}{365}$	3650	33 194.62	23 194.62

EXERCISE 2.2

Part A

1. a) $j = (1.035)^2 - 1 = .071225 = 7.12\%$

   b) $j = (1.04)^4 - 1 = .16985856 = 16.99\%$

   c) $j = (1.02)^4 - 1 = .08243216 = 8.24\%$

   d) $j = (1 + \frac{.12}{365})^{365} - 1 = .127474614 = 12.75\%$

   e) $j = (1 + \frac{.18}{12})^{12} - 1 = .195618171 = 19.56\%$

2. a) $(1+i)^2 = 1.06 \quad \rightarrow \quad i = (1.06)^{1/2} - 1$
   $j_2 = 2[(1.06)^{1/2} - 1] = 5.91\%$

   b) $(1+i)^4 = 1.09 \quad \rightarrow \quad i = (1.09)^{1/4} - 1$
   $j_4 = 4[(1.09)^{1/4} - 1] = 8.71\%$

   c) $(1+i)^{12} = 1.10 \quad \rightarrow \quad i = (1.10)^{1/12} - 1$
   $j_{12} = 12[(1.10)^{1/12} - 1] = 9.57\%$

   d) $(1+i)^{365} = 1.17 \quad \rightarrow \quad i = (1.17)^{1/365} - 1$
   $j_{365} = 365[(1.17)^{1/365} - 1] = 15.70\%$

   e) $(1+i)^{52} = 1.08 \quad \rightarrow \quad i = (1.08)^{1/52} - 1$
   $j_{52} = 52[(1.08)^{1/52} - 1] = 7.70\%$

3. a) $(1+i)^4 = (1.04)^2 \quad \rightarrow \quad i = (1.04)^{1/2} - 1$
   $j_4 = 4[(1.04)^{1/2} - 1] = 7.92\%$

   b) $(1+i)^2 = (1.05)^4 \quad \rightarrow \quad i = (1.015)^2 - 1$
   $j_2 = 2[(1.015)^2 - 1] = 6.05\%$

   c) $(1+i)^4 = (1 + \frac{.18}{12})^2 \quad \rightarrow \quad i = (1.015)^3 - 1$
   $j_4 = 4[(1.015)^3 - 1] = 18.27\%$

   d) $(1+i)^{12} = (1 + \frac{1}{6})^6 \quad \rightarrow \quad i = (1 + \frac{1}{6})^{1/2} - 1$
   $j_{12} = 12[(1 + \frac{1}{6})^{1/2} - 1] = 9.96\%$

   e) $(1+i)^2 = (1.02)^4 \quad \rightarrow \quad i = (1.02)^2 - 1$
   $j_2 = 2[(1.02)^2 - 1] = 8.08\%$

f) $(1+i)^2 = (1 + \frac{.11}{52})^{52}$ → $i = (1 + \frac{.11}{52})^{26} - 1$
$j_2 = 2[(1 + \frac{.11}{52})^{26} - 1] = 11.30\%$

g) $(1+i)^{12} = (1 + \frac{.1825}{2})^2$ → $i = (1 + \frac{.1825}{2})^{1/6} - 1$
$j_{12} = 12[(1 + \frac{.1825}{2})^{1/6} - 1] = 17.59\%$

h) $(1+i)^{365} = (1 + \frac{.1279}{4})^4$ → $i = (1 + \frac{.1279}{4})^{4/365} - 1$
$j_{365} = 365[(1 + \frac{.1279}{4})^{4/365} - 1] = 12.59\%$

4. $1 + 2r = (1 + \frac{.135}{12})^{24}$ → $r = \frac{1}{2}[(1 + \frac{.135}{12})^{24} - 1] = 15.40\%$

5. $1 + 3r = (1 + \frac{.12}{365})^{1095}$ → $r = \frac{1}{3}[(1 + \frac{.12}{365})^{1095} - 1] = 14.44\%$

6. $j = (1.0175)^{12} - 1 = 23.14\%$

7. $j_2 = 8.9\%$ → $j = (1 + \frac{.089}{2})^2 - 1 = 9.10\%$
$j_1 = 9\%$ → $j = 9\%$
Thus $j_2 = 8.9\%$ yields the higher annual effective rate of interest.

8. a) $j_{12} = 15\%$ → $j = (1 + \frac{.15}{12})^{12} - 1$ $= 16.08\%$
$j_2 = 15\frac{1}{2}\%$ → $j = (1 + \frac{.155}{2})^2 - 1$ $= 16.10\%$ BEST
$j_{365} = 14.9\%$ → $j = (1 + \frac{.149}{365})^{365} - 1$ $= 16.06\%$ WORST

b) $j_{12} = 6\%$ → $j = (1.005)^{12} - 1$ $= 6.17\%$
$j_2 = 6\frac{1}{2}\%$ → $j = (1.0325)^2 - 1$ $= 6.61\%$ BEST
$j_{365} = 5.9\%$ → $j = (1 + \frac{.059}{365})^{365} - 1$ $= 6.08\%$ WORST

9. Bank A: $j_1 = .10$ → annual effective rate $= .10$
Bank B: $j_m = .0975$ → annual effective rate $= j$
Find m, such that $j = (1 + \frac{.0975}{m})^m - 1 \geq .10$
for $m = 2$ $j = .0998766$
for $m = 4$ $j = .1011231$
The minimum frequency of compounding for bank B is $m = 4$.

EXERCISE 2.2

Part B

3. $j_1 = (1+i)^2 - 1$
   $j_4 = 4[(1+i)^{1/2} - 1]$
   $j_{12} = 12[(1+i)^{1/6} - 1]$
   $j_{365} = 365[(1+i)^{2/365} - 1]$

4. $j_1 = (1+i)^{12} - 1$
   $j_2 = 2[(1+i)^6 - 1]$
   $j_4 = 4[(1+i)^3 - 1]$
   $j_{52} = 52[(1+i)^{12/52} - 1]$
   $j_{365} = 365[(1+i)^{12/365} - 1]$

5. a) $m = 1$: $S = 20\,000(1.06)^5$ $= \$26\,764.51$
       $m = 2$: $S = 20\,000(1.03)^{10}$ $= \$26\,878.33$
       $m = 4$: $S = 20\,000(1.015)^{20}$ $= \$26\,937.10$
       $m = 12$: $S = 20\,000(1.005)^{60}$ $= \$26\,977.00$
       $m = 365$: $S = 20\,000(1 + \frac{.06}{365})^{1825}$ $= \$26\,996.51$

    b)
$j_m = 6\%$	$j = (1+i)^m - 1$	$S = 20\,000(1+j)^5$
j_1	$j = (1.06)^1 - 1$	26 764.51
j_2	$j = (1.03)^2 - 1$	26 878.33
j_4	$j = (1.015)^4 - 1$	26 937.10
j_{12}	$j = (1.005)^{12} - 1$	26 977.00
j_{365}	$j = (1 + \frac{.06}{365})^{365} - 1$	26 996.51

    c)
$j_m = 6\%$	$j_{12} = 12[(1+\frac{j_m}{m})^{m/12} - 1]$	$S = 20\,000(1+\frac{j_{12}}{12})^{60}$
j_1	.058410607	26 764.51
j_2	.059263464	26 878.33
j_4	.059702475	26 937.10
j_{12}	.06	26 977.00
j_{365}	.060145294	26 996.51

6. a) $(1+j)^2 = (1.06)^2$ $\rightarrow$ $j = 6\%$
   b) $(1+j)^3 = (1.06)^3(1.02)$ $\rightarrow$ $j = [(1.06)^3(1.02)]^{1/3} - 1 = 6.70\%$
   c) $(1+j)^4 = (1.06)^4(1.02)$ $\rightarrow$ $j = [(1.06)^4(1.02)]^{1/4} - 1 = 6.53\%$

7. Annual effective yield $= [(1+.0201)(.995)]^4 - 1 = 6.14\%$

8. Let $j_2 = 2i$
   Then at the present time:
   $$\begin{aligned} 100 &= 51.50 + 51.50(1+i)^{-1} \\ (1+i) &= \tfrac{51.50}{48.50} \\ i &= .06185567 \\ \text{and } j_2 &= 2i = .12371134 = 12.37\% \end{aligned}$$

9. a) Amount of interest during the n-th year $= P[1+rn] - P[1+r(n-1)]$
   $= P + Prn - P - Prn + Pr = Pr$

   Amount of principal at the beginning of the n-th year $= P[1+r(n-1)]$
   Annual effective rate of interest $= \dfrac{Pr}{P[1+r(n-1)]} = \dfrac{r}{1+r(n-1)}$

   b) Amount of interest during the n-th year $= P(1+i)^n - P(1+i)^{n-1}$
   $= P(1+i)^{n-1}[(1+i) - 1]$
   $= P(1+i)^{n-1} i$

   Amount of principal at the beginning of the n-th year $= P(1+i)^{n-1}$
   Annual effective rate of interest $= \dfrac{P(1+i)^{n-1} i}{P(1+i)^{n-1}} = i$

EXERCISE 2.3

Part A

1. $P = 100(1.015)^{-12} = \$83.64$

2. $P = 50(1 + \frac{.085}{12})^{-24} = \$42.21$

3. $P = 2000(1.118)^{-10} = \$655.56$

4. $P = 500(1.05)^{-10} = \$306.96$

5. $P = 800(1 + \frac{.12}{365})^{-1095} = \$558.17$

6. $P = 1000(1 + \frac{.08}{4})^{-20} = \$672.97$

7. $P = 2000(1 + \frac{.104}{12})^{-36} = \$1465.93$

8. $P = 2500(1 + \frac{.096}{2})^{-20} = \$978.85$

9. $P = 1000(1.03)^{-40} = \$306.56$

10. $P = 2000(1 + \frac{.1325}{4})^{-18} = \$1112.44$

11. $P = 800(1.03)^{-20} = \$442.94$

12. Maturity value $\quad S = 250(1 + \frac{.1525}{12})^{48} = \$458.34$

    Proceeds $\quad\quad\;\; P = \$458.34(1 + \frac{.135}{4})^{-11} = \$318.14$

13. Maturity value $\quad S = 1000(1.065)^{10} = \$1877.14$

    Proceeds $\quad\quad\;\; P = 1877.14(1 + \frac{.145}{4})^{-14} = \$1140.23$

14. Discounted value of the payments plan: $120\,000 + 100\,000(1 + \frac{.1}{365})^{-1825}$
    $= 120\,000 + 60\,657.22 = \$180\,657.22$

    The cash plan is better by $\quad 180\,657.22 - 170\,000 = \$10\,657.22$

15. Total current value $= 1000(1.045)^{20} + 600(1.045)^{-14}$
    $= 2411.71 + 323.98 = \$2735.69$

16. $P = 3000(1 + \frac{.115}{2})^{10}(1.1)^{-5} = \$3258.08$

EXERCISE 2.3

Part B

1. Maturity value $S = 2500(1 + \frac{.12}{12})^{40} = \$3722.16$
   Financial Consultants pay: $3722.16(1 + \frac{.1325}{4})^{-12} = \$2517.45$
   Financial Consultants receive: $3722.16(1.13)^{-3} = \$2579.64$
   Financial Consultants profit: $2579.64 - 2517.45 = \$62.19$

2. $S = 1000(1.145)^5 = \$1968.01$

m	i	n	P	Discount
1	.1	5	1221.98	746.03
2	.05	10	1208.19	759.82
4	.025	20	1201.02	766.99
12	$\frac{.1}{12}$	60	1196.13	771.88
52	$\frac{.1}{52}$	260	1194.23	773.78
365	$\frac{.1}{365}$	1825	1193.74	774.27

3. Net present value of proposal A:
   $95\ 400(1.14)^{-1} + 39\ 000(1.14)^{-2} + 12\ 000(1.14)^{-3} - 80\ 000$
   $= 83\ 684.21 + 30\ 009.23 + 8099.66 - 80\ 000 = \$41\ 793.10$
   Net present value of proposal B:
   $35\ 000(1.14)^{-1} + 58\ 000(1.14)^{-2} + 80\ 000(1.14)^{-3} - 100\ 000$
   $= 30\ 701.75 + 44\ 629.12 + 53\ 997.72 - 100\ 000 = \$29\ 328.59$
   Select proposal A with higher net present value.

EXERCISE 2.4

Part A

1. a) $S = 100(1 + \frac{.135}{2})^{11 \; 1/6} = \$207.38$
   b) $S = 100(1 + \frac{.135}{2})^{11}[1 + (.135)(\frac{1}{12})] = \$207.45$

2. a) $S = 800(1.02)^{18 \; 1/3} = \$1150.16$
   b) $S = 800(1.02)^{18}[1 + (.08)(\frac{1}{12})] = \$1150.21$

3. a) $P = 5000(1 + \frac{.1273}{2})^{-17 \; 2/3} = \$1680.84$
   b) $P = 5000(1 + \frac{.1273}{2})^{-18}[1 + (.1273)(\frac{2}{12})] = \$1681.55$

4. a) $P = 280(1.1)^{-3 \; 7/12} = \$198.99$
   b) $P = 280(1.1)^{-4}[1 + (.1)(\frac{5}{12})] = \$199.21$

5. Maturity date is October 20, 2006.
   Time = 22 interest periods less 8 days.
   $P = 2000(1.03)^{-22}[1 + (.12)(\frac{8}{365})] = \$1046.53$

6. $S = 1200(1.01)^{38}[1 + (.12)(\frac{11}{365})] = \$1757.77$

7. $S = 4000(1.05)^{10}[1 + (.1)(\frac{165}{365})] = \$6810.12$

8. Maturity date is December 8, 2004.
   Time = 7 interest periods less 60 days.
   $P = 850(1 + \frac{.1525}{2})^{-7}[1 + (.1525)(\frac{60}{365})] = \$520.93$.

9. Maturity value on August 24, 2003:
   $S = 1200(1 + \frac{.1475}{12})^{24} = \$1608.86$
   Proceeds: $P = 1608.86(1 + \frac{.1625}{4})^{-5}[1 + (.1625)(\frac{25}{365})] = \$1333.07$
   Compound discount: $S - P = \$275.79$

EXERCISE 2.4

Part B

1. a) From the binomial theorem
$$(1+i)^t = 1 + it + \binom{t}{2} i^2 + ...$$

The 3rd term in the series will overshadow all the remaining terms.
If $0 < t < 1$ then $\binom{t}{2} i^2$ is negative
and $(1+i)^t < 1 + it$
if $t > 1$ then $\binom{t}{2} i^2$ is positive
and $(1+i)^t > 1 + it$

b)

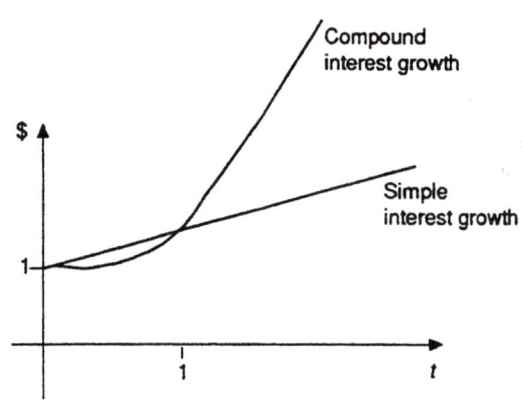

c) For $0 < t < 1$: $P(1+i)^k (1+i)^t < P(1+i)^k [1+it]$
$S(1+i)^{-k}(1+i)^t < S(1+i)^{-k}[1+it]$

2. $(1-k)(1+i)^n + k(1+i)^{n+1} = (1-k)(1+i)^n + k(1+i)(1+i)^n$
$= (1+i)^n[(1-k) + k(1+i)]$
$= (1+i)^n(1+ki)$

3. Maturity value on October 4, 2006:
$S = 2000(1.12)^4[1 + (.12)(\frac{182}{365})] = \$3335.34$
Proceeds: $P = 3335.34(1 + \frac{.14}{4})^{-14}[1 + (.14)(\frac{64}{365})] = \$2111.09$
Compound discount: $S - P = \$1224.25$

EXERCISE 2.5

Part A

1. $2000(1+i)^{15} = 3000$
   $(1+i)^{15} = 1.5$
   $1+i = (1.5)^{1/15}$
   $i = (1.5)^{1/15} - 1$
   $i = .027399659$
   $j_4 = .109598636$
   $j_4 = 10.96\%$

2. $100(1+i)^{55} = 150$
   $(1+i)^{55} = 1.5$
   $1+i = (1.5)^{1/55}$
   $i = (1.5)^{1/55} - 1$
   $i = .007399334$
   $j_{12} = .088792004$
   $j_{12} = 8.88\%$

3. $200(1+i)^{15} = 600$
   $(1+i)^{15} = 3$
   $1+i = 3^{1/15}$
   $i = 3^{1/15} - 1$
   $i = .075989625$
   $j_1 = 7.60\%$

4. $1000(1+i)^7 = 1581.72$
   $(1+i)^7 = 1.58172$
   $1+i = (1.58172)^{1/7}$
   $i = (1.58172)^{1/7} - 1$
   $i = .067694699$
   $j_2 = .135389398$
   $j_2 = 13.54\%$

5. $2000(1.025)^n = 2800$
   $(1.025)^n = 1.4$
   $n \log(1.025) = \log 1.4$
   $n = 13.62643323$ quarters
   $n = 3$ years 4 months 26 days

EXERCISE 2.5 - PART A

6. $100(1.045)^n = 130$
   $(1.045)^n = 1.3$
   $n \log 1.045 = \log 1.3$
   $n = 5.96053678$ half years
   $n = 2$ years 11 months 23 days

7. $500(1.01)^n = 800$
   $(1.01)^n = 1.6$
   $n \log 1.01 = \log 1.6$
   $n = 47.23497501$ months
   $n = 3$ years 11 months 7 days

8. $1800(1.02)^n = 2200$
   $(1.02)^n = \frac{22}{18}$
   $n \log 1.02 = \log \frac{22}{18}$
   $n = 10.13353897$ quarters
   $n = 2$ years 6 months 12 days

9. $(1+i)^{10} = 2$
   $i = 2^{1/10} - 1$
   $j_1 = 2^{1/10} - 1 = 7.18\%$

10. $(1+i)^{16} = 1.5$
    $i = (1.5)^{1/16} - 1$
    $j_4 = 4[(1.5)^{1/16} - 1] = 10.27\%$

11. $4.71(1+i)^5 = 9.38$
    $(1+i)^5 = \frac{9.38}{4.71}$
    $i = (\frac{9.38}{4.71})^{1/5} - 1 = 14.77\%$

12. $4000(1+i)^{1095} = 6000$
    $(1+i)^{1095} = 1.5$
    $i = (1.5)^{1/1095} - 1$
    $j_{365} = 365[(1.5)^{1/1095} - 1] = 13.52\%$

13. a) $(1.0456)^n = 2$
       $n \log 1.10456 = \log 2$
       $n = 15.54459407$ years
       $n = 15$ years 199 days

    b) $(1 + \frac{.07}{365})^n = 2$
       $n \log(1 + \frac{.07}{365}) = \log 2$
       $n = 3614.614035$ days
       $n = 9$ years 330 days

EXERCISE 2.5 - PART A

14. $\begin{aligned} 800(1 + \tfrac{.098}{2})^n &= 1500 \\ (1.049)^n &= 1.875 \\ n\log(1.049) &= \log 1.875 \\ n &= 13.14054666 \text{ half-years} \\ n &= 6 \text{ years } 208 \text{ days} \end{aligned}$

15. $\begin{aligned} (1 + \tfrac{.1425}{365})^n &= 1.5 \\ n\log(1 + \tfrac{.1425}{365}) &= \log 1.5 \\ n &= 1039 \text{ days} \end{aligned}$

EXERCISE 2.5

Part B

1. $(1+i)^{16} = 2$
   $1+i = 2^{1/16}$
   $1+i = 1.044273782$

   a) $S = 1000(1+i)^{10} = \$1542.21$
   b) $S = 1000(1+i)^{20} = \$2378.41$

2. $(1+i)^{2190} = 2$ $(1+i)^n = 3$
   $1+i = 2^{\frac{1}{2190}}$ $n\log(1+i) = \log 3$
   $1+i = 1.000316556$ $n = 3471.06782$ days
                                               $n = 9$ years 186 days

3.

Rate j_1	2%	4%	6%	8%	10%	12%	14%	16%	18%	20%
Years	35	17.7	11.9	9	7.3	6.1	5.3	4.7	4.2	3.8

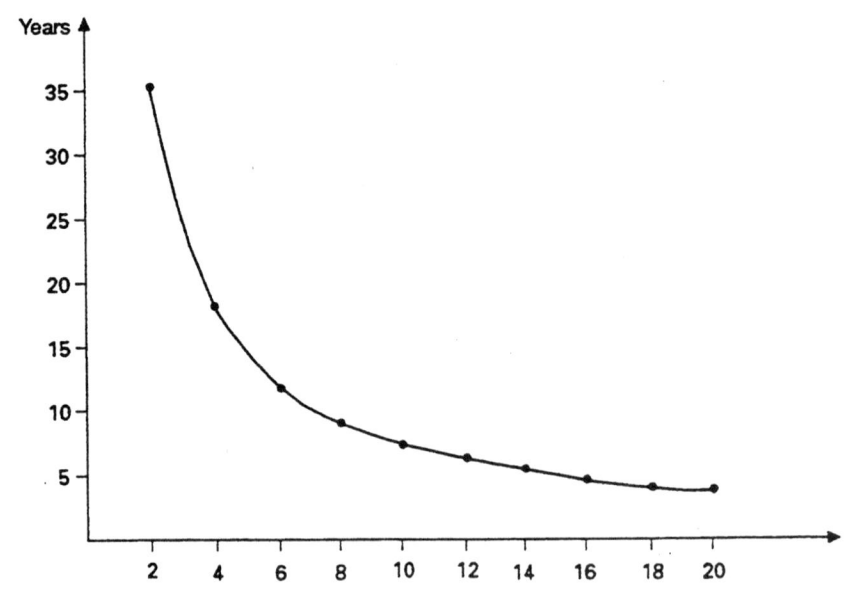

Compound annual rate in %

4. $(1.015)^{12n} = 2(1.05)^{2n}$
   $[\frac{(1.015)^{12}}{(1.05)^2}]^n = 2$
   $n\log[\frac{(1.015)^{12}}{(1.05)^2}] = \log 2$
   $n = 8.548610633$ years

EXERCISE 2.5 - PART B

5. $(1+j_1^*)^{t/2} = (1+j_1)^t$
   $1+j_1^* = (1+j_1)^2$
   $j_1^* = (1+j_1)^2 - 1$

6. $800(1.045)^n = 2(600)(1.035)^n$
   $\left(\frac{1.045}{1.035}\right)^n = \frac{1200}{800}$
   $n = \frac{\log(1200/800)}{\log(1.045/1.035)}$
   $n = 42.16804634$ half-years
   $n = 21$ years 31 days

7. In n years:
   $1.5[100(1.04)^n + 25(1.04)^{n-2}] = 95(1.08)^{n-1}$
   $1.5(1.04)^n[100 + 25(1.04)^{-2}] = 95(1.08)^n(1.08)^{-1}$
   $\left(\frac{1.04}{1.08}\right)^n = \frac{95(1.08)^{-1}}{1.5[100+25(1.04)^{-2}]}$
   $\left(\frac{1.04}{1.08}\right)^n = .476322924$
   $n = \frac{\log .476322924}{\log \frac{1.04}{1.08}}$
   $n = 19.65163748$ years

Using simple interest for the last X days we obtain:

$1.5(1.04)^{19}[100 + 25(1.04)^{-2}][1 + (.04)(\frac{X}{365})] = 95(1.08)^{18}[1 + (.08)(\frac{X}{365})]$

Solving for X we get $X = 233$
It takes 19 years and 233 days.

8. $500(1.08)^n + 800(1.08)^{n-3} = 2000$
   $(1.08)^n[500 + 800(1.08)^{-3}] = 2000$
   $1135.065793(1.08)^n = 2000$
   $(1.08)^n = 1.762012398$
   $n = \frac{\log 1.762012398}{\log 1.08}$
   $n = 7.360302768$ years

Using compound interest for 7 years and simple interest for X days we have

$500(1.08)^7[1 + (.08)(\frac{X}{365})] + 800(1.08)^4[1 + (.08)(\frac{X}{365})] = 2000$

Solving for X we obtain $X \doteq 128$ days.

Check: $500(1.08)^7[1 + (.08)(\frac{128}{365})] + 800(1.08)^4[1 + (.08)(\frac{128}{365})]$
$= 880.95 + 1118.93 = 1999.88$

EXERCISE 2.6

Part A

1. $X = 1000(1.015)^{36} = \$1709.14$

2. $X = 1800(1 + \frac{.1175}{2})^{-14} = \$809.40$

3. a) $X = 2500(1 + \frac{.10}{12})^{-48} = \$1678.58$
   b) $Y = 2500(1 + \frac{.10}{12})^{36} = \$3370.45$
   Note: $1678.58(1 + \frac{.10}{12})^{84} = \$3370.45$

4. $X = 1000(1.02)^4 + 1500(1.02)^{-4} = 1082.43 + 1385.77 = \$2468.20$

5. a) $X = 800(1.01)^{-24} + 700(1.01)^{-72} = 630.05 + 341.95 = \$972.00$
   b) $Y = 800(1.01)^{24} + 700(1.01)^{-24} = 1015.79 + 551.30 = \$1567.09$
   c) $Z = 800(1.01)^{72} + 700(1.01)^{24} = 1637.68 + 888.81 = \$2526.49$
   $X(1.01)^{48} = Y \qquad 972.00(1.01)^{48} = \$1567.09$
   $Y(1.01)^{48} = Z \qquad 1567.09(1.01)^{48} = \$2526.50$

6. At the end of 7 years: $X + 1000(1.06)^8 = 2000(1.06)^{-2}$
   $X + 1593.85 = 1779.99$
   $X = \$186.14$

7. $X = 4000(1.03)^{12} - 1000(1.03)^8 - 2000(1.03)^4$
   $= 5703.04 - 1266.77 - 2251.02 = \$2185.25$

8. $X = 1200(1.015)^{12} - 500(1.015)^6 = 1434.74 - 546.72 = \$888.02$

9. At the end of 4 years:
   $375(1 + \frac{.08}{12})^{36} + X(1 + \frac{.08}{12})^{24} + X(1 + \frac{.08}{12})^{12} = 1000$
   $476.34 + 1.172887932X + 1.082999507X = 1000$
   $2.255887439X = 523.66$
   $X = \$232.13$

10. a) On December 1, 2002:
    $X + X(1.03)^2 + 1200(1.03)^4 + 900(1.03)^7 = 3000(1.03)^9$
    $X + 1.0609X + 1350.61 + 1106.89 = 3914.32$
    $2.0609X = 1456.82$
    $X = \$706.89$

    b) Balance on September 1, 2002:
    $= 3000(1.03)^8 - 900(1.03)^6 - 1200(1.03)^3 - 900(1.03)^2$
    $= 3800.31 - 1074.65 - 1311.27 - 954.81 = \$459.58$

11. $X = 200(1.03)^4 + 150(1.03)^3 - 250(1.03)^2 + 100(1.03)$
    $= 225.10 + 163.91 - 265.23 + 103 = \$226.78$

EXERCISE 2.6 - PART A

12. At the end of 3 years:

$$\begin{aligned} X + 2X(1.1)^{-3} &= 400(1.1)^{-2} + 300(1.1)^{-7} \\ X + 1.502629602X &= 330.58 + 153.95 \\ 2.502629602X &= 484.53 \\ X &= \$193.61 \end{aligned}$$

13. At the time of the man's death:

$$\begin{aligned} X(1.06)^{-4} + X(1.06)^{-12} + X(1.06)^{-16} &= 50\,000 \\ 1.682709311X &= 50\,000 \\ X &= \$29\,713.99 \end{aligned}$$

14. $$\begin{aligned} X(1.0125)^9 + 2X(1.0125)^5 + 2X &= 4000(1.0125)^{12} \\ 5.246456485X &= 4643.02 \\ X &= \$884.98 \end{aligned}$$

EXERCISE 2.6

Part B

1. a) Let X and Y be the two dated values due n_1 and n_2 periods from now. Let D_1 and D_2 be two equivalent dated values of the set at t_1 and t_2 interest periods from now.

    $$\begin{array}{c|c|c|c|c|} & X & D_1 & Y & D_2 \\ \hline 0 & n_1 & t_1 & n_2 & t_2 \end{array}$$

    $D_1 = X(1+i)^{t_1-n_1} + Y(1+i)^{t_1-n_2}$
    $D_2 = X(1+i)^{t_2-n_1} + Y(1+i)^{t_2-n_2}$
    Multiplying the first equation by $(1+i)^{t_2-t_1}$ and simplifying we obtain
    $D_1(1+i)^{t_2-t_1} = X(1+i)^{t_2-n_1} + Y(1+i)^{t_2-n_2} = D_2$
    which is the condition that D_1 and D_2 are equivalent.

    b) Assuming that the times are in years
    $D_1 = X[1 + r(t_1 - n_1)] + Y[1 + r(n_2 - t_1)]^{-1}$
    $D_2 = X[1 + r(t_2 - n_1)] + Y[1 + r(t_2 - n_2)]$
    Multiplying the first equation by $[1 + r(t_2 - t_1)]$ we obtain
    $\begin{aligned} D_1[1 + r(t_2 - t_1)] &= X[1 + r(t_1 - n_1)][1 + r(t_2 - t_1)] \\ &\quad + Y[1 + r(n_2 - t_1)]^{-1}[1 + r(t_2 - t_1)] \\ &\neq X[1 + r(t_2 - n_1)] + Y[1 + r(t_2 - n_2)] = D_2 \end{aligned}$

2. $\begin{aligned} X &= 1000(1.08)^2 + 2000(1 + \tfrac{.125}{2})^8 (1.08)^{-2} \\ &= 1166.40 + 2784.93 = \$3951.33 \end{aligned}$

3. On January 1, 2007:

    $\begin{aligned} X + X(1.02)^8 + 500(1.02)^{16} &= 5000(1.0225)^{24} \\ X + 1.171659381X + 686.39 &= 8528.83 \\ 2.171659381X &= 7842.44 \\ X &= \$3611.27 \end{aligned}$

4. At the present time:

    $\begin{aligned} X + X(1.06)^{-2} &= 3000(1.05)^{-8} + 4000(1.04)^{-10} \\ 1.88999644X &= 2030.52 + 2702.26 \\ 1.88999644X &= 4732.78 \\ X &= \$2504.12 \end{aligned}$

5. Let i be the interest rate per year.
    At the end of year 18:

    (1) $240(1+i)^{12} + 200(1+i)^6 + 300 = X$
    (2) $\phantom{240(1+i)^{12} + {}} 360(1+i)^6 + 700 = X + 100$
    (3) $Y(1+i)^{12} + 600(1+i)^6 \phantom{{}+ 300} = X$

EXERCISE 2.6 - PART B

Let $(1+i)^6 = Z$. Then

(1) $\quad 240Z^2 \quad +200Z \quad +300 \quad = X$
(2) $\quad \quad\;\; 360Z \quad +600 \quad = X$
(3) $\quad YZ^2 \quad +600Z \quad \quad = X$

From the first two equations:
$$240Z^2 + 200Z + 300 = 360Z + 600$$
$$240Z^2 - 160Z - 300 = 0$$
$$12Z^2 - 8Z - 15 = 0$$
$$Z = \frac{8 \pm \sqrt{64+720}}{24} = \frac{36}{24} = 1.5$$
$$\text{or } -\frac{20}{24} \text{ (not applicable)}$$

Substituting $Z = 1.5$ into (1) we obtain
$$240(1.5)^2 + 200(1.5) + 300 = X$$
$$X = \$1140$$

Substituting $Z = 1.5$, $X = 1140$ into (3) we obtain
$$Y(1.5)^2 + 600(1.5) = 1140$$
$$2.25Y = 1140 - 900$$
$$Y = \frac{240}{2.25}$$
$$Y = \$106.67$$

EXERCISE 2.7

Part A

1. $S = 2000(1.11)^6(1.09)^6 = \$6273.74$

2. $P = 1000(1.07)^{-4}(1.08)^{-2} = \$654.06$

3. $S = 500(1.025)^2(1.03)^4(1.0225)^4 = \$646.28$

4. $S = 2000(1.05)^6(1.02)^{16}(1.01)^{36} = \$5264.27$
   Compound Interest $= 5264.27 - 2000 = \$3264.27$

5. $X = 2000(1.05)^4(1.045)^9 = \$3612.72$

6. At the present time:
$$X + X(1.12)^{-6}(1.08)^{-4} = 5000(1.12)^{-5}$$
$$1.372388998X = 2837.13$$
$$X = \$2067.29$$

7. $Y = 20\,000(1.06)^5 + 30\,000 + 35\,000(1.05)^{-7}$
   $= 26\,764.51 + 30\,000 + 24\,873.85$
   $= \$81\,638.36$

8. Present value of the offer $= 5800 + 15\,000(1.04)^{-4} + 15\,000(1.04)^{-4}(1.03)^{-8}$
   $= 5800 + 12\,822.06 + 10\,121.86 = \$28\,743.92$
   They should not accept the offer..

9. a) Discounted value of the payments option:
   $6000 + 6000(1 + \frac{.18}{12})^{-24} + 6000(1 + \frac{.18}{12})^{-60}$
   $= 6000 + 4197.26 + 2455.78 = \$12\,653.04$
   The payments option is better.

   b) Discounted value of the payments option:
   $6000 + 6000(1 + \frac{.12}{4})^{-8} + 6000(1 + \frac{.14}{4})^{-8}(1 + \frac{.12}{4})^{-12}$
   $= 6000 + 4736.46 + 3195.82 = \$13\,932.28$
   The cash option is better.

10. $(1+j)^6 = (1.015)^8(1 + \frac{.08}{12})^{48}$
    $(1+j)^6 = 1.549677664$
    $1 + j = 1.075738955$
    $j = 7.57\%$

EXERCISE 2.7

Part B

1. $(1+i)^n \times (1+j)^n = [(1+i)(1+j)]^n = (1+i+j+ij)^n$
   $(1+\frac{i+j}{2})^{2n} = [(1+\frac{i+j}{2})^2]^n = [1+\frac{2(i+j)}{2}+\frac{i^2+2ij+j^2}{4}]^n$
   $= (1+i+j+\frac{i^2+2ij+j^2}{4})^n$

   Since $ij \neq \frac{i^2+2ij+j^2}{4}$ then $(1+i)^n \times (1+j)^n \neq (1+\frac{i+j}{2})^{2n}$.

2. $S = 500(1.04)^2(1.02)^4(1+\frac{.08}{12})^{12}(1+\frac{.08}{365})^{365} = \$686.76$
   Difference $= 686.76 - 500(1.04)^8 = 686.76 - 684.28 = \$2.48$

3. $X = 1000(1.02)^{14} + 2000(1.01)^{-20}$
   $= 1319.48 + 1639.09 = \$2958.57$

4. $P = 20\,000(1.12)^{-3}(1.05)^{-10} + 30\,000(1.12)^{-3}(1.05)^{-12}(1.02)^{-12}(1.0075)^{-36}$
   $= 8739.43 + 7164.26 = \$15\,903.69$

5. Amount in the account on April 1, 2001:
   $X = 1000(1.0175)^{11}(1.025)^3 + 2000(1.0175)(1.025)^3$
   $= 1303.32 + 2191.47 = \$3494.79$

   Find $i = \frac{j_{12}}{12}$ such that $1000(1+i)^{51} + 2000(1+i)^{21} = 3494.79$
   By trial and error we find:
   at $j_{12} = 5\%$: $1000(1+i)^{51} + 2000(1+i)^{21} = 3418.71$
   at $j_{12} = 6\%$: $1000(1+i)^{51} + 2000(1+i)^{21} = 3510.48$

   $91.77 \left\{ 76.08 \left\{ \begin{array}{c|c} \text{amount} & j_{12} \\ \hline 3418.71 & 5\% \\ 3494.79 & j_{12} \\ 3510.48 & 6\% \end{array} \right\} d \right\} 1\%$ $\frac{d}{1\%} = \frac{76.08}{91.77}$
   $d \doteq .83\%$
   $j_{12} = 5.83\%$

   Check: at $j_{12} = 5.83\%$: $1000(1+i)^{51} + 2000(1+i)^{21} = \$3494.68$

6. $(1+j_1)^3 = (1+\frac{.15}{12})^{12}(1+\frac{.1}{4})^4(1+\frac{.12}{365})^{365}$
   $(1+j_1)^3 = 1.444583388$
   $j_1 = (1.444583388)^{1/3} - 1 = .130440058 = 13.04\%$

7. Let $j_4 = 4i$
   $(1+i)^{12} = [1+(.06)(1)][1-(.08)(2)]^{-1}$
   $(1+i)^{12} = 1.261904762$
   $1+i = 1.019574304$
   $i = .019574304$
   and $j_4 = 4i = .078297216 = 7.83\%$

EXERCISE 2.8

Part A

1. $S = 40\,000(1.04)^{20} \doteq 87\,645$

2. Increase $= 2\%$ of $15\,000(1.02)^7 \doteq 345$

3. $(1+j)^{11} = 2$
   $j = 2^{1/11} - 1$
   $j = .065041089$
   $j = 6.50\%$

4. $.6(1.08)^n = 1$
   $(1.08)^n = \frac{1}{.6}$
   $n \log 1.08 = \log \frac{1}{.6}$
   $n = 6.637457293$ years

5. $S = 160\,000(1.021)^5 = \$177\,520.57$
   Increase $= \$17\,520.57$

6. $S = 28\,000(1.05)^{42} = \$217\,324.45$

7. a) $i_{real} = \frac{.06-.02}{1+.02} = 3.92\%$
   b) $i_{real} = \frac{.08-.04}{1+.04} = 3.85\%$
   c) $i_{real} = \frac{.10-.06}{1+.06} = 3.77\%$

EXERCISE 2.8

Part B

1. a) Number of flies at 7 a.m. = $100\,000(1.04)^{27} \doteq 288\,337$
   Number of flies at 11 a.m. = $100\,000(1.04)^{33} \doteq 364\,838$
   Increase between 7 a.m. and 10 a.m. = 76 501.

   b) $(1.04)^n = 2$
   $n = \frac{\log 2}{\log 1.04} = 17.67298769$ periods $\doteq 707$ minutes
   $= 11$ hours 47 minutes
   At 0:47 a.m. there will be 20 000 flies in the lab.

2. $200\,000(1+i)^{10} = 250\,000$
   $(1+i)^{10} = 1.25$
   $i = (1.25)^{1/10} - 1$
   $i = .022565183$

   Population in 2000 = $200\,000(1+i)^{20} = 312\,500$
   Population in 2005 = $200\,000(1+i)^{25} \doteq 349\,386$
   Increase in population = 36 886

3. Let $X = \$1000$.
   You need $1000(1.03)^{-1}$ U.S. dollars now in a U.S. dollar account, that is equivalent to $1000(1.03)^{-1}(\frac{1}{.82}) = \$1183.99$ Cdn.
   This amount invested in a Canadian dollar account will accumulate to $1183.99(1.06) = \$1255.03$.
   The implied exchange rate one year from now is

   $$\$1000 \text{ U.S.} = \$1255.03 \text{ Cdn. OR } \$0.7968 \text{ U.S.} = \$1 \text{ Cdn.}$$

4. Present value of $(1+r)^n$ due in n years at annual effective rate i is:

   $$(1+r)^n(1+i)^{-n} = \left(\frac{1+r}{1+i}\right)^n$$

   Present value of 1 due in n years at annual effective rate $\frac{i-r}{1+r}$ is:

   $$\left(1 + \frac{i-r}{1+r}\right)^{-n} = \left(\frac{1+r+i-r}{1+r}\right)^{-n} = \left(\frac{1+i}{1+r}\right)^{-n} = \left(\frac{1+r}{1+i}\right)^n$$

EXERCISE 2.9

Part A

1. a) $S = 1500(1.13)^{1.5} = \$1801.81$
   b) $S = 1500(1 + \frac{.13}{12})^{18} = \$1821.06$
   c) $S = 1500e^{(.13)(1.5)} = \$1822.97$

2. a) $P = 8000(1.02)^{-20} = \$5383.77$
   b) $P = 8000(1 + \frac{.08}{365})^{-1825} = \$5362.80$
   c) $P = 8000e^{-(.08)(5)} = \$5362.56$

3. $e^{j_\infty(3)} = 1.5$
   $3j_\infty = \ln 1.5$
   $j_\infty = \frac{\ln 1.5}{3} = .135155036 = 13.52\%$
   $j = e^{j_\infty} - 1 = .144714243 = 14.47\%$

4. a) $800(1 + \frac{.06}{365})^n = 1200$
   $(1 + \frac{.06}{365})^n = 1.5$
   $n = \frac{\log 1.5}{\log(1 + \frac{.06}{365})} = 2466.782157 \rightarrow 2467$ days $= 6$ years 277 days
   On November 8, 2006 the deposit will be worth at least \$1200.

   b) $800e^{.06t} = 1200$
   $e^{.06t} = 1.5$
   $.06t = \ln 1.5$
   $t = \frac{\ln 1.5}{.06} = 6.757751802$ years $\doteq 6$ years 277 days
   On November 8, 2006 the deposit will be worth at least \$1200.

5. $e^{5j_\infty} = 2$ $e^{j_\infty t} = 3$
   $5j_\infty = \ln 2$ $j_\infty t = \ln 3$
   $j_\infty = \frac{\ln 2}{5}$ $t = \frac{\ln 3}{j_\infty} = \frac{\ln 3}{\frac{\ln 2}{5}} = 7.924812504$ years

6. a) $S = 1000e^{.13(2)} = \$1296.93$
   b) $S = 1000(1 + \frac{.1325}{2})^4 = \$1292.52$
   c) $S = 1000[1 + (.145)(2)] = \$1290$

   She should accept offer c) with the lowest interest charges.

EXERCISE 2.9

Part B

1. $1 + 5r = e^{.07(5)}$
    $5r = e^{.35} - 1$
    $r = \frac{e^{.35}-1}{5}$
    $r = .08381351$
    $r = 8.38\%$

2. $e^{j_\infty(25)} = 2$ $\quad\quad e^{\frac{\ln 2}{25}t} = 1.5$
    $j_\infty = \frac{\ln 2}{25}$ $\quad\quad t\frac{\ln 2}{25} = \ln 1.5$
    $\quad\quad\quad\quad\quad\quad t = 25\frac{\ln 1.5}{\ln 2}$
    $\quad\quad\quad\quad\quad\quad t = 14.62406252$ years

3. At the end of t years:
    $1000e^{.1(t-1.25)} + 1500e^{-.1(6.5-t)} = 2500$
    $e^{.1t}(1000e^{-.125} + 1500e^{-.65}) = 2500$
    $e^{.1t} = 1.500991644$
    $.1t = \ln 1.500991644$
    $t = 4.061259858$ years

4. $250e^{.07(2)}e^{.08(n-2)} = 400$
    $e^{.08(n-2)} = \frac{400}{250}e^{-.14}$
    $.08(n-2) = \ln\frac{400}{250} - .14$
    $n - 2 = \frac{1}{.08}(\ln\frac{400}{250} - .14)$
    $n = 6.125045366$ years

5. At the end of 12 months:
    $400e^{.1(.75)} + Xe^{.1(.5)} + X = 1000e^{.1}$
    $431.15 + 1.051271096X + X = 1105.17$
    $2.051271096X = 674.02$
    $X = \$328.59$

6. $1 - 4d = e^{-.08(4)}$
    $d = \frac{1-e^{-.32}}{4}$
    $d = .068462741$
    $d = 6.85\%$

EXERCISE 2.10

Part A

1. a) $P = 2000(1 - .04)^6 = \$1565.52$

   b) $P = 2000(1 - \frac{.103}{12})^{36} = \$1466.40$

2. a) $S = 3000(1 - \frac{1}{52})^{-104} = \$3664.91$

   b) $S = 3000(1 - \frac{1}{365})^{-730} = \$3664.31$

3. a) $d = 1 - (1 - \frac{.082}{4})^4 = 7.95\%$

   b) $d = 1 - (1 - \frac{.06}{365})^{365} = 5.82\%$

4. a) $\begin{aligned}(1 - \frac{d^{(4)}}{4})^4 &= (1 - \frac{.098}{12})^{12}\\ 1 - \frac{d^{(4)}}{4} &= (1 - \frac{.098}{12})^3 \\ d^{(4)} &= 4[1 - (1 - \frac{.098}{12})^3] \\ d^{(4)} &= 9.72\%\end{aligned}$

   b) $\begin{aligned}(1 - \frac{d^{(4)}}{4})^4 &= (1 - \frac{.085}{52})^{52}\\ 1 - \frac{d^{(4)}}{4} &= (1 - \frac{.085}{52})^{13} \\ d^{(4)} &= 4[1 - (1 - \frac{.085}{52})^{13}] \\ d^{(4)} &= 8.42\%\end{aligned}$

   c) $\begin{aligned}(1 - \frac{d^{(4)}}{4})^4 &= (1.02)^{-4}\\ 1 - \frac{d^{(4)}}{4} &= (1.02)^{-1} \\ d^{(4)} &= 4[1 - (1.02)^{-1}] \\ d^{(4)} &= 7.84\%\end{aligned}$

   d) $\begin{aligned}(1 - \frac{d^{(4)}}{4})^4 &= e^{-.073}\\ 1 - \frac{d^{(4)}}{4} &= e^{\frac{-.073}{4}} \\ d^{(4)} &= 4[1 - e^{\frac{-.073}{4}}] \\ d^{(4)} &= 7.23\%\end{aligned}$

5. Value at the end of 4 years $= 18\,000(1 - .3)^4 = \$4321.80$

6. The nominal interest rate convertible every 91 days is

$$\left(\frac{365}{91}\right)\frac{100 - 97.792}{97.792} = .090562252 = 9.06\%$$

EXERCISE 2.10 - PART A

7. Let X be the quoted price.

$$\begin{aligned}
\left(\tfrac{365}{182}\right)\tfrac{100-X}{X} &= .0923 \\
\tfrac{100}{X} - 1 &= .0923\left(\tfrac{182}{365}\right) \\
\tfrac{100}{X} &= 1 + .0923\left(\tfrac{182}{365}\right) \\
X &= \tfrac{100}{1+.0923\left(\tfrac{182}{365}\right)} \\
X &= 95.600
\end{aligned}$$

8. a) $X = 3825(1.09)^{.25} = \$3908.30$

  b) $X = 3825(1-.09)^{-.25} = \$3916.26$

  c) $X = 3825[1 + (.09)(\tfrac{3}{12})] = \$3911.06$

  d) $X = 3825[1 - (.09)(\tfrac{3}{12})]^{-1} = \$3913.04$

9. a) $\begin{aligned}
(1-d)^{-10} &= 2 \\
(1-d) &= 2^{-0.1} \\
d &= 1 - 2^{-0.1} \\
d &= .066967008 \\
d &= 6.70\%
\end{aligned}$

  b) $\begin{aligned}
\left(1 - \tfrac{d^{(12)}}{12}\right)^{-120} &= 2 \\
1 - \tfrac{d^{(12)}}{12} &= 2^{\tfrac{-1}{120}} \\
d^{(12)} &= 12[1 - 2^{\tfrac{-1}{120}}] \\
d^{(12)} &= .069114914 \\
d^{(12)} &= 6.91\%
\end{aligned}$

EXERCISE 2.10

Part B

1. a) Comparing discounted values of $1 due at the end of 1 period

$$(1+i)^{-1} = 1 - d$$
$$v = 1 - d$$

b) From a)

$$1 - d = \tfrac{1}{1+i}$$
$$d = 1 - \tfrac{1}{1+i}$$
$$d = \tfrac{i}{1+i}$$
$$d = iv$$

c) Comparing accumulated values of $1 at the end of 1 year

$$(1 + \tfrac{i^{(m)}}{m})^m = (1 - \tfrac{d^{(m)}}{m})^{-m}$$

2. $(1 + \tfrac{i^{(4)}}{4})^{16} = (1 - .005)^{-24}(1 - \tfrac{.05}{365})^{-730}$
   $(1 + \tfrac{i^{(4)}}{4})^{16} = 1.2464604$
   $i^{(4)} = 4[(1.2464604)^{1/16} - 1]$
   $i^{(4)} = 5.55\%$

3. $1 + j = (1.01)^{12} \quad \rightarrow \quad j = (1.01)^{12} - 1$
   $1 - d = (1.01)^{-12} \quad \rightarrow \quad d = 1 - (1.01)^{-12}$
   $j - d = [(1.01)^{12} - 1] - [1 - (1.01)^{-12}] = (1.01)^{12} + (1.01)^{-12} - 2$
   $ = .014274255$

4. a) Using equation $\lim_{m \to \infty} (1 + \tfrac{x}{m})^m = e^x$
   and $x = -d^{(m)}$ we have

   $$\lim_{m \to \infty} (1 - \tfrac{d^{(m)}}{m})^{-m} = \lim_{m \to \infty} [(1 + \tfrac{x}{m})^m]^{-1} = [e^x]^{-1} = e^{-x} = e^{d^{(\infty)}}$$

   b) Using equation from problem 1c

   $$(1 + \tfrac{i^{(m)}}{m})^m = (1 - \tfrac{d^{(m)}}{m})^{-m}$$

   and taking limits of both sides as $m \to \infty$

   $\lim_{m \to \infty} (1 + \tfrac{i^{(m)}}{m})^m = e^{i^{(\infty)}}$
   $\lim_{m \to \infty} (1 - \tfrac{d^{(m)}}{m})^{-m} = e^{d^{(\infty)}}$

   and $e^{i^{(\infty)}} = e^{d^{(\infty)}}$

   and $i^{(\infty)} = d^{(\infty)} = \delta$.

EXERCISE 2.10 - PART B

5. a) Solving equation from problem 1c for $d^{(m)}$ we obtain

$$\begin{aligned}
(1 - \tfrac{d^{(m)}}{m})^{-m} &= (1 + \tfrac{i^{(m)}}{m})^m \\
1 - \tfrac{d^{(m)}}{m} &= \tfrac{1}{1+\tfrac{i^{(m)}}{m}} \\
d^{(m)} &= m\left[1 - \tfrac{1}{1+\tfrac{i^{(m)}}{m}}\right] \\
d^{(m)} &= m\tfrac{1+\tfrac{i^{(m)}}{m}-1}{1+\tfrac{i^{(m)}}{m}} \\
d^{(m)} &= \tfrac{i^{(m)}}{1+\tfrac{i^{(m)}}{m}}
\end{aligned}$$

b) Solving equation from problem 1c for $i^{(m)}$ we obtain

$$\begin{aligned}
(1 + \tfrac{i^{(m)}}{m})^m &= (1 - \tfrac{d^{(m)}}{m})^{-m} \\
1 + \tfrac{i^{(m)}}{m} &= \tfrac{1}{1-\tfrac{d^{(m)}}{m}} \\
i^{(m)} &= m\left[\tfrac{1}{1-\tfrac{d^{(m)}}{m}} - 1\right] \\
i^{(m)} &= m\tfrac{1-1+\tfrac{d^{(m)}}{m}}{1-\tfrac{d^{(m)}}{m}} \\
i^{(m)} &= \tfrac{d^{(m)}}{1-\tfrac{d^{(m)}}{m}}
\end{aligned}$$

REVIEW EXERCISES 2.11

1. $X = 1000(1 + \frac{.1138}{2})^9 + 800(1 + \frac{.1138}{2})^{-11} = 1645.53 + 435.23 = \$2080.76$

2. $S = 1500(1 + \frac{.098}{365})^{3650} = \$3996.16$

3. $S = 100(1.08)^{20} = \$466.10$

4. a) Theoretical method: $S = 2000(1.04)^{2\frac{1}{3}} = \$2191.67$
   Practical method: $S = 2000(1.04)^2[1 + (.08)(\frac{2}{12})] = \$2192.04$

   b) Theoretical method: $S = 2000(1.04)^{-2\frac{1}{3}} = \$1825.10$
   Practical method: $S = 2000(1.04)^{-3}[1 + (.08)(\frac{4}{12})] = \$1825.41$

5. $S = 680\,000(1.04)^5 = \$827\,323.97$

6. Interest $= 100(1.035)^{20} - 100(1.035)^{10} = 198.98 - 141.06 = \$57.92$

7. $D = 1500 - 500(1 + \frac{.21}{12})^{-3} - 600(1 + \frac{.21}{12})^{-6} - 300(1 + \frac{.21}{12})^{-9}$
   $= 1500 - 474.64 - 540.69 - 256.63 = \$228.04$

8. $j_2 = 6.75\% \rightarrow j = (1 + \frac{.0675}{2})^2 - 1 \doteq 6.86\%$ BEST
   $j_4 = 6.25\% \rightarrow j = (1 + \frac{.0625}{4})^4 - 1 \doteq 6.40\%$ MIDDLE
   $j_{12} = 6.125\% \rightarrow j = (1 + \frac{.06125}{12})^{12} - 1 \doteq 6.30\%$ WORST

9. Maturity date is November 21, 2005
   Proceeds $P = 3000(1.015)^{-19}[1 + (.06)(\frac{41}{365})] = \$2276.06$

10. $1000(1 + \frac{.06}{365})^n = 2500$
    $(1 + \frac{.06}{365})^n = 2.5$
    $n \log(1 + \frac{.06}{365}) = \log 2.5$
    $n = 5574.560135$ days
    $n = 15$ years 100 days

11. $(1 + i)^{40} = 3$
    $i = 3^{1/40} - 1$
    $j_4 = 4[3^{1/40} - 1] = 11.14\%$

12. On January 1, 2000:
    $X(1 + \frac{.1525}{12})^{-60} + X(1 + \frac{.1525}{12})^{-72} + 2000(1 + \frac{.1525}{12})^{-36} = 10\,000$
    $.468745335X + .402832381X + 1269.38 = 10\,000$
    $.871577738X = 8730.62$
    $X = \$10\,017.03$

13. $(1 + \frac{.125}{365})^n = 1.25$
    $n = \frac{\log 1.25}{\log(1 + \frac{.125}{365})}$
    $n \doteq 652$ days

652 days from November 20, 2001 is September 3, 2003.

REVIEW EXERCISES 2.11   45

14. At the present time:
$$X(1.0075)^{-2} + 2X(1.0075)^{-5} + 3X(1.0075)^{-10} = 5000$$
$$5.695834944X = 5000$$
$$X = \$877.83$$

15. a) at j_{12}: $(1 + \frac{j_{12}}{12})^{120} = 3$
$$j_{12} = 12[3^{\frac{1}{120}} - 1] \doteq 11.04\%$$

b) at j_{365}: $(1 + \frac{j_{365}}{365})^{3650} = 3$
$$j_{365} = 365[3^{\frac{1}{3650}} - 1] \doteq 10.99\%$$

c) at $j_\infty \equiv \sigma$: $e^{10\sigma} = 3$
$$10\sigma = \ln 3$$
$$\sigma = \frac{\ln 3}{10} \doteq 10.99\%$$

16. $1000(1.045)^n = 1246.18$
$(1.045)^n = 1.24618$
$n = \frac{\log 1.24618}{\log 1.045}$
$n = 5$
$S = 1000(1.06)^5 = \$1338.23$

17. Discounted value of the payments option:
$P = 20\,000 + 20\,000(1.04)^{-4} + 20\,000(1.04)^{-8}$
$= 20\,000 + 17\,096.08 + 14\,613.80 = \$51\,709.88$

Cash option is better by $1709.88

18. Maturity value on October 6, 2003:
$S = 2000(1 + \frac{.08}{12})^{24} = \$2345.78$

Proceeds on January 16, 2003:
$P = 2345.78(1 + \frac{.09}{4})^{-3}[1 + (.09)(\frac{10}{365})] = \$2199.72$

Compound discount $= 2345.78 - 2199.72 = \$146.06$

19. $S = 500(1 + \frac{.123}{2})^4(1 + \frac{.112}{12})^{36}(1 + \frac{.10}{365})^{365} = \$980.21$

20. $P = 2000(1.02)^{-8}(1.05)^{-7} = \$1213.12$

21. a) $1000(1.06)^5 = \$1338.23$

b) $1000(1 + \frac{.06}{12})^{60} = \$1348.85$

c) $1000e^{(.06)(5)} = \$1349.86$

d) $1000(1 - \frac{.06}{12})^{-60} = \$1350.88$

e) $1000(1 - .06)^{-5} = \$1362.58$

22. She will receive $2000(1.05)^5[1 + (.05)(\frac{3}{12})] = \$2584.47$

23. a) $S = 5000(1 + \frac{.118}{12})^{22}[1 + (.118)(\frac{26}{365})] = \$6253.15$

b) $S = 5000(1 + \frac{.118}{12})^{(22+\frac{26}{365}12)} = \$6253.11$

24. Value on December 13, 2000:

$$2000(1.025)^{-9}[1 + (.1)(\frac{39}{365})] = \$1618.57$$

25. a) Equation of value at 12 months:
$$\begin{aligned} X(1.0125)^9 + 2X(1.0125)^5 + 2X &= 4000(1.0125)^{12} \\ 1.118292177X + 2.128164307X + 2X &= 4643.02 \\ 5.246456485X &= 4643.02 \\ X &= \$884.98 \end{aligned}$$

b) Equation of value at 12 months:
$$\begin{aligned} Xe^{(.15)(\frac{9}{12})} + 2Xe^{(.15)(\frac{5}{12})} + 2X &= 4000e^{(.15)(\frac{12}{12})} \\ 1.119072257X + 2.128988918X + 2X &= 4647.34 \\ 5.248061175X &= 4647.34 \\ X &= \$885.53 \end{aligned}$$

26. a) At $j_{365} = 10\%$:
$$\begin{aligned} (1 + \tfrac{.1}{365})^n &= 2 \\ n &= \tfrac{\log 2}{\log(1+\frac{.1}{365})} \\ n &\doteq 2530.33 \text{ days} \\ n &\doteq 6 \text{ years } 340 \text{ days} \end{aligned}$$

b) At $j_\infty = 10\%$:
$$\begin{aligned} e^{.1t} &= 2 \\ .1t &= \ln 2 \\ t &= \tfrac{\ln 2}{.1} \\ t &= 6.931471806 \text{ years} \\ t &\doteq 6 \text{ years } 340 \text{ days} \end{aligned}$$

CHAPTER 3

EXERCISE 3.2

Part A

1. a) $S = 2000 s_{\overline{5}|.09} = \$11\,969.42$
   b) $S = 2000 s_{\overline{5}|.125} = \$12\,832.52$

2. $S = 500 s_{\overline{48}|.0075} = \$28\,760.36$

3. $S = 100 s_{\overline{31}|.00375} = \$3280.87$

4. a) $S = 100 s_{\overline{5}|.1} = \$610.51$
   b) $S = 100 s_{\overline{5}|.063} = \$567.10$

5. $S = 120 s_{\overline{5}|.01} = \$612.12$

6. a) $S = 50 s_{\overline{300}|.08/12} = \$47\,551.33$
   b) $S = 50 s_{\overline{300}|.11/12} = \$78\,806.67$

7. $S = 1000 s_{\overline{5}|.05}(1.06)^5 + 1000 s_{\overline{5}|.06} = 7394.54 + 5637.09 = \$13\,031.63$

8. $S = 1000 s_{\overline{5}|.07}(1.07)^8 + 2000 s_{\overline{8}|.07} = 9880.84 + 20\,519.61 = \$30\,400.45$

9. $S = 500 s_{\overline{10}|.1}(1.1)^5 = \$12\,833.69$

10. $S = 800 s_{\overline{7}|.1}(1.09)^{13} + 800 s_{\overline{3}|.09}(1.09)^{10}$
    $= 23\,268.65 + 6208.36 = \$29\,477.01$

11. a) $S = 80 s_{\overline{60}|.005}(1.00375)^{24} + 80 s_{\overline{24}|.00375}$
    $= 6106.22 + 2005.12 = \$8111.34$
    b) $S = 8111.34(1.00375)^{36} = \$9281.38$

12. $R = \dfrac{10\,000}{s_{\overline{40}|.01}} = \$204.56$

13. $R = \dfrac{80\,000}{s_{\overline{10}|.08}} = \$5522.36$

14. At the end of 7 years:
    $$\begin{aligned} 500 s_{\overline{10}|.06625}(1.06625)^4 + X s_{\overline{4}|.06625} &= 10\,000 \\ 8772.40 + 4.415347025 X &= 10\,000 \\ X &= \$278.03 \end{aligned}$$

15. Value of the account two years after the last deposit
    $= 150 s_{\overline{48}|.08/12}(1 + \tfrac{.08}{12})^{144} + 150 s_{\overline{108}|.08/12}(1 + \tfrac{.08}{12})^{24}$
    $= 22\,005.12 + 27\,697.08 = \$49\,702.20$

EXERCISE 3.2

Part B

1. Balance X on January 1, 2012:
   $X = 1000(1.005)^{180} + 200 s_{\overline{120}|.005}(1.005)^{60} - 300 s_{\overline{60}|.005}$
   $= 2454.09 + 44\,209.74 - 20\,931.01 = \$25\,732.82$

2. $S = 1000 s_{\overline{3}|.09}(1.11)^4(1.08)^3 + 1000 s_{\overline{4}|.11}(1.08)^3 + 1000 s_{\overline{3}|.08}$
   $= 6268.81 + 5932.90 + 3246.40 = \$15\,448.11$

3. a) $(1+i) s_{\overline{n}|i} = (1+i)\frac{(1+i)^n - 1}{i} = \frac{1}{i}[(1+i)^{n+1} - (1+i)]$
   $s_{\overline{n+1}|i} - 1 = \frac{(1+i)^{n+1} - 1}{i} - 1 = \frac{1}{i}[(1+i)^{n+1} - (1+i)]$

   b) $s_{\overline{m+n}|i} = \frac{1}{i}[(1+i)^{m+n} - 1]$

   $s_{\overline{m}|i} + (1+i)^m s_{\overline{n}|i} = \frac{1}{i}\{(1+i)^m - 1 + (1+i)^m[(1+i)^n - 1]\}$
   $= \frac{1}{i}\{(1+i)^m - 1 + (1+i)^{m+n} - (1+i)^m\} = \frac{1}{i}[(1+i)^{m+n} - 1]$

   $(1+i)^n s_{\overline{m}|i} + s_{\overline{n}|i} = \frac{1}{i}\{(1+i)^n[(1+i)^m - 1] + [(1+i)^n - 1]\}$
   $= \frac{1}{i}\{(1+i)^{m+n} - (1+i)^n + (1+i)^n - 1\} = \frac{1}{i}[(1+i)^{m+n} - 1]$

4. $\frac{(1.1)^n - 1}{.1} = 10$ $\quad s_{\overline{n+2}|i} = \frac{(1.1)^{n+2} - 1}{.1} = \frac{2(1.1)^2 - 1}{.1} = 14.2$
   $(1.1)^n = 2$ $\quad s_{\overline{2n}|i} = \frac{1.1^{2n} - 1}{.1} = \frac{(2)^2 - 1}{.1} = 30$

5. Balance X on June 30, 2007:
   $X = 300 s_{\overline{12}|.02}(1.015)^{17} + 300 s_{\overline{7}|.015}(1.015)^{10} - 500 s_{\overline{8}|.015}$
   $= 5182.51 + 2549.59 - 4216.42 = \$3515.68$

6. $\sum_{n=20}^{40} s_{\overline{n}|i} = \frac{[(1+i)^{20} - 1] + [(1+i)^{21} - 1] + \cdots + [(1+i)^{40} - 1]}{i}$
   $= \frac{(1+i)^{20}[1 + (1+i) + \cdots + (1+i)^{20}] - 21}{i}$
   $= \frac{(1+i)^{20} s_{\overline{21}|i} - 21}{i}$

7. $s_{\overline{n}|i} = \frac{(1+i)^n - 1}{i} = \frac{1}{i}[(1+i)^n - 1]$
   Expanding $(1+i)^n$ by the binomial theorem
   $(1+i)^n = 1 + ni + \frac{n(n-1)}{1 \cdot 2} i^2 + \frac{n(n-1)(n-2)}{1 \cdot 2 \cdot 3} i^3 + \cdots$
   we obtain
   $s_{\overline{n}|i} = n + \frac{n(n-1)}{1 \cdot 2} i + \frac{n(n-1)(n-2)}{1 \cdot 2 \cdot 3} i^2 + \cdots$

8. a) $1 + i\, s_{\overline{n}|i} = 1 + i\frac{(1+i)^n - 1}{i} = 1 + (1+i)^n - 1 = (1+i)^n$

   b) $1 \cdots \$1$ originally invested.
   $i\, s_{\overline{n}|i} \cdots$ accumulated value of n interest payments on \$1 investment
   $(1+i)^n \cdots$ accumulated value of \$1 after n interest periods

EXERCISE 3.2 - PART B

9. Accumulation factor $= 1 + 1(1+i) + 1(1+2i) + \cdots + 1[1 + (n-1)i]$
$= n + [i + 2i + 3i + \cdots + (n-1)i]$
$= n + i[1 + 2 + 3 + \cdots + (n-1)]$
$= n + i\frac{n-1}{2}[1 + (n-1)] = n + \frac{n(n-1)i}{2}$

10. Let $(1+i)^n = X$

$\frac{s_{\overline{2n}|}}{s_{\overline{n}|}} + \frac{s_{\overline{n}|}}{s_{\overline{2n}|}} - \frac{s_{\overline{3n}|}}{s_{\overline{2n}|}} = \frac{(1+i)^{2n}-1}{(1+i)^n-1} + \frac{(1+i)^n-1}{(1+i)^{2n}-1} - \frac{(1+i)^{3n}-1}{(1+i)^{2n}-1}$

$= \frac{X^2-1}{X-1} + \frac{X-1}{X^2-1} - \frac{X^3-1}{X^2-1}$

$= X + 1 + \frac{1}{X+1} - \frac{X^2+X+1}{X+1}$

$= \frac{X^2+2X+1+1-X^2-X-1}{X+1} = \frac{X+1}{X+1} = 1$

11. a) $R = \frac{10\,000}{s_{\overline{40}|.02}} = \$165.56$

b) At the end of 10 years:
$165.56 s_{\overline{16}|.02}(1.015)^{24} + X\, s_{\overline{24}|.015} = 10\,000$
$4411.33 + 28.6335208 X = 10\,000$
$X = \$195.18$

12. At the end of 10 years:
$300 s_{\overline{10}|.1325} + X\, s_{\overline{5}|.1325} = 7000$
$5593.41 + 6.512501738 X = 7000$
$X = \$215.98$

13. a) At the end of 20 years:
$1000 s_{\overline{20}|.1025} + X\, s_{\overline{10}|.1025} = 100\,000$
$58\,926.72 + 16.12973371 X = 100\,000$
$X = \$2546.43$

b) At the end of 20 years:
$1000 s_{\overline{6}|.1025}(1.1025)^{14} + (1000 + X) s_{\overline{10}|.1025} = 100\,000$
$30\,437.65 + 16\,129.73 + 16.12973371 X = 100\,000$
$16.12973371 X = 53\,432.62$
$X = \$3312.68$

14. On December 1, 2005:
$X\, s_{\overline{22}|.05} = 250\,000 s_{\overline{12}|.05}$
$X = \frac{250\,000 s_{\overline{12}|.05}}{s_{\overline{22}|.05}}$
$X = \$103\,343.97$

EXERCISE 3.3

Part A

1.
   a) $A = 1000a_{\overline{5}|.08} = \$3992.71$

   b) $A = 1000a_{\overline{5}|.16} = \$3274.29$

   c) $A = 1000a_{\overline{5}|.1279} = \$3535.33$

2.
   a) $A = 380a_{\overline{36}|.08/12} = \$12\,126.49$

   b) $A = 380a_{\overline{36}|.01} = \$11\,440.85$

   c) $A = 380a_{\overline{36}|.00865} = \$11\,711.81$

3. $A = 6000a_{\overline{6}|.08} = \$27\,737.28$

4. $A = 1500a_{\overline{15}|.05} = \$15\,569.49$

5. $X = 500 + 180a_{\overline{36}|.015} = 500 + 4978.92 = \$5478.92$

6. Value on January 1, 2002 $= 8000(1 + \frac{.11}{12})^{-36} = \$5760.04$

7. $A = 700a_{\overline{30}|.05} = \$10\,760.72$

8. $A = 1000a_{\overline{4}|.11} + 1000a_{\overline{6}|.13}(1.11)^{-4} = 3102.45 + 2633.31 = \$5735.76$

9. $A = 2000a_{\overline{5}|.1} + 1000a_{\overline{8}|.1}(1.1)^{-5} = 7581.57 + 3312.57 = \$10\,894.14$

10. $A = 2000a_{\overline{10}|.07}(1.07)^{-2} = \$12\,269.34$

11. Price $= 250a_{\overline{72}|.14/12} = \$12\,132.54$

12.
    a) Price $= 2000 + 200a_{\overline{72}|.10/12} = \$12\,795.73$

    b) $X = 200s_{\overline{5}|.10/12} = \$1016.81$

    c) $Y = 200 + 200a_{\overline{48}|.10/12} = \$8085.63$

    d) Price $= 200a_{\overline{45}|.01} = \$7218.90$

13. $R = \frac{10\,000}{a_{\overline{180}|.005}} = \$84.39$

14. Value at age 17 $= 2000(1.11)^{17}$
    $R = \frac{2000(1.11)^{17}}{a_{\overline{3}|.11}} = \$4824.70$

15. $R = \frac{700}{a_{\overline{24}|.0125}} = \$33.94$

EXERCISE 3.3 - PART A

16. Finance company: $R = \dfrac{5000}{a_{\overline{60}|.0175}} = \$135.27$
    Total payout $= 60 \times 135.27 = \$8116.20$

    Credit card: $R = \dfrac{5000}{a_{\overline{60}|.015}} = \$126.97$
    Total payout $= 60 \times 126.97 = \$7618.20$

    Bank: $R = \dfrac{5000}{a_{\overline{60}|.0125}} = \$118.95$
    Total payout $= 60 \times 118.95 = \$7137.00$

17. a) $R = \dfrac{120\ 000}{a_{\overline{180}|.005}} = \$1012.63$

    b) $R = \dfrac{120\ 000}{a_{\overline{180}|.0075}} = \$1217.12$

18. $R = \dfrac{4000}{a_{\overline{24}|.1479/12}} = \$193.55$

EXERCISE 3.3

Part B

1. a) $(1+i)a_{\overline{n}|i} = (1+i)\frac{1}{i}[1-(1+i)^{-n}] = \frac{1}{i}[(1+i)-(1+i)^{-(n-1)}]$
$a_{\overline{n-1}|i} + 1 = \frac{1}{i}[1-(1+i)^{-(n-1)}] + 1 = \frac{1}{i}[(1+i)-(1+i)^{-(n-1)}]$

b) $\frac{1}{s_{\overline{n}|i}} + i = \frac{i}{(1+i)^n - 1} + i = \frac{i[1+(1+i)^n - 1]}{(1+i)^n - 1} \times \frac{(1+i)^{-n}}{(1+i)^{-n}} = \frac{i}{1-(1+i)^{-n}} = \frac{1}{a_{\overline{n}|i}}$

c) $a_{\overline{m+n}|i} = \frac{1}{i}[1-(1+i)^{-(m+n)}]$

$\begin{aligned} a_{\overline{m}|i} + (1+i)^{-m} a_{\overline{n}|i} &= \frac{1}{i}\{[1-(1+i)^{-m}] + (1+i)^{-m}[1-(1+i)^{-n}]\} \\ &= \frac{1}{i}\{1-(1+i)^{-m} + (1+i)^{-m} - (1+i)^{-(m+n)}\} \\ &= \frac{1}{i}[1-(1+i)^{-(m+n)}] \end{aligned}$

Since $a_{\overline{m+n}|i} = a_{\overline{n+m}|i}$
then $a_{\overline{n}|i} + (1+i)^{-n} a_{\overline{m}|i} = a_{\overline{m}|i} + (1+i)^{-m} a_{\overline{n}|i}$

2. $\quad a_{\overline{n}|.08} = 10 \qquad s_{\overline{n}|i} = \frac{(1.08)^n - 1}{.08} = \frac{5-1}{.08} = 50$
$\quad \frac{1-(1.08)^{-n}}{.08} = 10 \qquad a_{\overline{2n}|i} = \frac{1-(1.08)^{-2n}}{.08} = \frac{1-(.2)^2}{.08} = 12$
$\quad (1.08)^{-n} = .2$
$\quad (1.08)^n = 5$

3.

```
                                        +$1
         i    i    i              i      i
      _____      _____
      0    1    2    3         n-1    n
      $1
```

$1 = i\, a_{\overline{n}|i} + (1+i)^{-n}$
$i\, a_{\overline{n}|i}$ = discounted value of n interest payments on $1 investment
$(1+i)^{-n}$ = discounted value of $1 principal repaid after n interest periods.

4. If $a_{\overline{2n}|.1} = 1.6 a_{\overline{n}|.1}$, let $(1.1)^{-n} = X$.

Thus $\frac{1-X^2}{.1} = 1.6 \frac{1-X}{.1}$ or $1 - X^2 = 1.6 - 1.6X$ or $X^2 - 1.6X + .6 = 0$.
Solving the quadratic equation for X we obtain
$X = .6$ and $(1.1)^n = \frac{1}{X} = \frac{1}{.6}$.

Then $s_{\overline{2n}|i} = \frac{(1.1)^{2n} - 1}{.1} = \frac{(\frac{1}{.6})^2 - 1}{.1} = 17.\dot{7}$.

EXERCISE 3.3 - PART B

5. $a_{\overline{n}|1/9} = 6$

$\frac{1-(\frac{10}{9})^{-n}}{\frac{1}{9}} = 6$

$(\frac{10}{9})^{-n} = \frac{1}{3}$

Then $a_{\overline{n+2}|i} = \frac{1-(\frac{10}{9})^{-n-2}}{\frac{1}{9}} = \frac{1-(\frac{1}{3})(\frac{10}{9})^{-2}}{\frac{1}{9}} = 6.57$

6. Discount factor $= (1+i)^{-1} + (1+2i)^{-1} + (1+3i)^{-1} + \cdots + (1+ni)^{-1}$

7.
$(1+i)^n = 2$ $\qquad a_{\overline{n}|i} = \frac{1-(1+i)^{-n}}{i} = \frac{1-\frac{1}{2}}{i} = \frac{1}{2i}$
$(1+i)^{-n} = \frac{1}{2}$ $\qquad a_{\overline{2n}|i} = \frac{1-(1+i)^{-2n}}{i} = \frac{1-(\frac{1}{2})^2}{i} = \frac{3}{4i}$
$\qquad\qquad\qquad\qquad s_{\overline{n}|i} = \frac{(1+i)^n-1}{i} = \frac{2-1}{i} = \frac{1}{i}$

$a_{\overline{2n}|i} - a_{\overline{n}|i} = \frac{3}{4i} - \frac{1}{2i} = \frac{3-2}{4i} = \frac{1}{4i}$

$s_{\overline{n}|i} - a_{\overline{2n}|i} = \frac{1}{i} - \frac{3}{4i} = \frac{4-3}{4i} = \frac{1}{4i}$

8. $\frac{1}{1-ia_{\overline{n}|i}} = \frac{1}{1-i\frac{1-(1+i)^{-n}}{i}} = \frac{1}{1-1+(1+i)^{-n}} = (1+i)^n$

$\frac{is_{\overline{n}|i}+1}{1} = i\frac{(1+i)^n-1}{i} + 1 = (1+i)^n$

9. $X(s_{\overline{2n}|i} + a_{\overline{2n}|i}) = s_{\overline{3n}|i} + a_{\overline{n}|i}$

$X\frac{(1+i)^{2n}-1+1-(1+i)^{-2n}}{i} = \frac{(1+i)^{3n}-1+1-(1+i)^{-n}}{i}$

Let $(1+i)^n = a$

$X(a^2 - \frac{1}{a^2}) = a^3 - \frac{1}{a}$

$X\frac{a^4-1}{a^2} = \frac{a^4-1}{a}$

$X = a$
$X = (1+i)^n$

10. a) $A = 150a_{\overline{60}|.0125} = \$6305.19$

b) $S = 150s_{\overline{7}|.0125} = \$1090.21$

c) $X = 6305.19(1.0125)^7 = \$6878.02$

d) Price $= 150a_{\overline{36}|.015} = \$4149.10$ is smaller, since $18\% > 15\%$

11. Let $i = \frac{.10}{12}$

$A = 200a_{\overline{24}|i} + 300a_{\overline{12}|i}(1+i)^{-24} + 400a_{\overline{24}|i}(1+i)^{-36}$
$= 4334.17 + 2796.11 + 6429.65 = \$13\,559.93$

12. Net discounted value of BUY option:
    $100\,000(1.05)^{-12} - (2\,000\,000 + 10\,000 a_{\overline{12}|.05}) = 55\,683.74 - 2\,088\,632.52 = -\$2\,032\,948.78$

    Net discounted value of LEASE option:
    $-240\,000 a_{\overline{12}|.05} = -\$2\,127\,180.40$

    The company should buy the drilling machine.

13. $\begin{aligned}\text{NDV of } A &= 100\,000 a_{\overline{4}|.14}(1.14)^{-1} - 200\,000 \\ &= 255\,588.80 - 200\,000 = \$55\,588.80 \\ \text{NDV of } B &= 90\,000 a_{\overline{4}|.14} + 300\,000(1.14)^{-5} - 400\,000 \\ &= 262\,234.11 + 155\,810.60 - 400\,000 = \$18\,044.71\end{aligned}$

    The company should purchase Machine A.

14. On his 65th birthday:
    $$\begin{aligned}1000 s_{\overline{35}|.1} &= R a_{\overline{15}|.1} \\ R &= \frac{1000 s_{\overline{35}|.1}}{a_{\overline{15}|.1}} \\ R &= \$35\,632.60\end{aligned}$$

15. On her 50th birthday:
    $$\begin{aligned}5500 s_{\overline{10}|.12}(1.11)^{10} + 5500 s_{\overline{10}|.11} &= X a_{\overline{30}|.11} \\ 274\,055.36 + 91\,971.05 &= 8.693792573 X \\ X &= \$42\,102.04\end{aligned}$$

16. Value of the fund on his 64th birthday $= 12\,000 a_{\overline{20}|.09}$
    New payment $R = \dfrac{12\,000 a_{\overline{20}|.09}}{a_{\overline{15}|.09}} = \$13\,589.73$

17. Present value of cottage $= 10\,000 + 350 a_{\overline{240}|.01} = \$41\,786.80$
    Present value of boat $= 1000 + R a_{\overline{48}|.01}$
    $$\begin{aligned}1000 + R a_{\overline{48}|.01} + 41\,786.80 &= 65\,000 \\ R a_{\overline{48}|.01} &= 22\,213.20 \\ R &= \$584.96\end{aligned}$$

EXERCISE 3.4

Part A

1. $A = 500a_{\overline{20}|.04}(1.04) = \$7066.97$
   $S = 500s_{\overline{20}|.04}(1.04) = \$15\,484.60$
   or $S = 7066.97(1.04)^{20} = \$15\,484.60$

2. $Rs_{\overline{10}|.12}(1.12) = 10\,000$
   $R = 10\,000/s_{\overline{10}|.12}(1.12)$
   $R = \$508.79$

3. $Ra_{\overline{12}|.05/12}(1 + \frac{.05}{12}) = 120$
   $R = 120/a_{\overline{12}|.05/12}(1 + \frac{.05}{12})$
   $R = \$10.23$

4. $A = 45a_{\overline{12}|.005}(1.005) = \$525.47$

5. $Ra_{\overline{120}|.055/12}(1 + \frac{.055}{12}) = 100\,000$
   $R = 100\,000/a_{\overline{120}|.055/12}(1 + \frac{.055}{12})$
   $R = \$1080.31$

6. $Ra_{\overline{18}|.015}(1.015) = 9550$
   $R = 9550/a_{\overline{18}|.015}(1.015)$
   $R = \$600.34$

7. $S = 2900s_{\overline{20}|.0325}(1.0325) = \$82\,534.24$

8. $A = 60a_{\overline{16}|.185/12}(1 + \frac{.185}{12}) = \$858.06$

9. $A = 1000a_{\overline{10}|.08}(1.08)^{-5} = \$4566.77$

10. $A = 500a_{\overline{14}|.035}(1.035)^{-7} = \$4291.72$

11. $A = 1500a_{\overline{6}|.04}(1.04)^{-37} = \$1842.32$

12. $Ra_{\overline{15}|.09}(1.09)^{-9} = 150\,000$
    $R = 150\,000(1.09)^9/a_{\overline{15}|.09}$
    $R = \$40\,416.40$

13. $Ra_{\overline{25}|.08}(1.08)^{-14} = 8500$
    $R = 8500(1.08)^{14}/a_{\overline{25}|.08}$
    $R = \$2338.80$

14. $A = 100a_{\overline{40}|.0175}(1.0175)^{-7} = \$2532.43$

15. $A = 500a_{\overline{12}|.05625}(1.05625)^{-6} = \$3081.69$

16. $Ra_{\overline{18}|.015}(1.015)^{-2} = 900$
    $R = 900(1.015)^2/a_{\overline{18}|.015}$
    $R = \$59.16$

17. $Ra_{\overline{20}|.1}(1.1)^{-9} = 1\,000\,000$
    $R = 1\,000\,000(1.1)^9/a_{\overline{20}|.1}$
    $R = \$276\,963.65$

EXERCISE 3.4

Part B

1. At his 65th birthday:
$$5000s_{\overline{25}|.09}(1.09) = Ra_{\overline{15}|.12}(1.12)$$
$$R = 5000s_{\overline{25}|.09}(1.09)/a_{\overline{15}|.12}(1.12)$$
$$R = \$60\,515.17$$

2. a) $A = 500a_{\overline{16}|.065} = \$4883.88$

   b) $A = 500a_{\overline{15}|.065}(1.065) = \$5006.92$

   c) $S = 500s_{\overline{4}|.065} = \$2203.59$

3. $S = R[(1+i) + (1+i)^2 + \cdots + (1+i)^n] = R(1+i)\frac{(1+i)^n - 1}{(1+i)-1} = R(1+i)s_{\overline{n}|i}$

   Now we show:
   $$(1+i)s_{\overline{n}|i} = (1+i)\frac{(1+i)^n - 1}{i} = \frac{(1+i)^{n+1} - 1 - i}{i} = \frac{(1+i)^{n+1} - 1}{i} - 1 = s_{\overline{n+1}|i} - 1$$

4. $A = R[1 + (1+i)^{-1} + (1+i)^{-2} + \cdots + (1+i)^{-(n-1)}]$
   $= R\frac{1-(1+i)^{-n}}{1-(1+i)^{-1}} \times \frac{(1+i)}{(1+i)} = R(1+i)\frac{1-(1+i)^{-n}}{1+i-1} = R(1+i)a_{\overline{n}|i}$

   Now we show:
   $$(1+i)a_{\overline{n}|i} = (1+i)\frac{1-(1+i)^{-n}}{i} = \frac{1+i-(1+i)^{-(n-1)}}{i} = \frac{1-(1+i)^{-n-1}}{i} + 1 = a_{\overline{n-1}|i} + 1$$

5. $1000(1.1)^n = 2590$
   $n = \frac{\log 2.59}{\log 1.1} \doteq 10$
   $S = 1000s_{\overline{10}|.1}(1.1) = \$17\,531.17$

6. $a_{\overline{k+n}|i} - a_{\overline{k}|i} = \frac{1-(1+i)^{-(k+n)} - 1 + (1+i)^{-k}}{i} = \frac{(1+i)^{-k}[1-(1+i)^{-n}]}{i}$
   $= (1+i)^{-k}a_{\overline{n}|i}$

   Thus $A = Ra_{\overline{n}|i}(1+i)^{-k} = R(a_{\overline{k+n}|i} - a_{\overline{k}|i})$

7. a) $\ddot{a}_{\overline{n}|i} = (1+i)a_{\overline{n}|i} = (1+i)\frac{1-(1+i)^{-n}}{i} = \frac{1+i-(1+i)^{-(n-1)}}{i}$
   $= 1 + \frac{1-(1+i)^{-(n-1)}}{i} = 1 + a_{\overline{n-1}|i}$

   b) $\ddot{s}_{\overline{n}|i} = (1+i)s_{\overline{n}|i} = (1+i)\frac{(1+i)^n - 1}{i} = \frac{(1+i)^{n+1} - 1 - i}{i}$
   $= \frac{(1+i)^{n+1} - 1}{i} - 1 = s_{\overline{n+1}|i} - 1$

   c) $s_{\overline{n+1}|i} - \ddot{a}_{\overline{n+1}|i} = s_{\overline{n+1}|i} - (1 + a_{\overline{n}|i}) = (s_{\overline{n+1}|i} - 1) - a_{\overline{n}|i} = \ddot{s}_{\overline{n}|i} - a_{\overline{n}|i}$

8. Value of the account on his 65th birthday:
   $1000s_{\overline{20}|.13}(1.13) = \$91\,469.92$
   Find X such that $Xa_{\overline{15}|.145}(1.145) = 91\,469.92$
   $$X = 91\,469.92/a_{\overline{15}|.145}(1.145)$$
   $$X = \$13\,332.71$$

9. At 1: $X = a_{\overline{7}|i}(1+i)^{-3}$
   At 5: $X = a_{\overline{7}|i}(1+i)$
   At 8: $X = s_{\overline{4}|i} + a_{\overline{3}|i}$
   At 12: $X = s_{\overline{7}|i}(1+i)$
   At 15: $X = s_{\overline{7}|i}(1+i)^4$

10. a) At 9: $X = 3s_{\overline{3}|i}(1+i)^7 + 2s_{\overline{3}|i}(1+i)^4 + s_{\overline{3}|i}(1+i)$
    $= \ddot{s}_{\overline{3}|i}[3(1+i)^6 + 2(1+i)^3 + 1]$

    b) At 4: $X = 2s_{\overline{3}|i}(1+i)^2 + 3a_{\overline{3}|i}(1+i)$

11. Accumulated value at the end of 8 years:
    $S = 100s_{\overline{36}|.08/12}(1 + \frac{.08}{12})^{25}(1.005)^{35} + 200s_{\overline{36}|.005}$
    $= 5698.89 + 7867.22 = \$13\,566.11$

12. At 599:
    $Xs_{\overline{300}|.08/12}(1 + \frac{.08}{12})^{60}(1 + \frac{.07}{12})^{239} = 2500s_{\overline{240}|.07/12}$
    $5689.23159X = 130\,231.66$
    $X = \$228.91$

13. $1000a_{\overline{n}|.125} = 6053$
    $\frac{1-(1.125)^{-n}}{.125} = 6.053$
    $(1.125)^{-n} = 1 - (.125)(6.053)$
    $(1.125)^{-n} = .243375$
    Present Value $= 1000a_{\overline{2}|.125}(1.125)^{-n} + 6053 = 1000a_{\overline{2}|.125}(.243375) + 6053$
    $= 408.63 + 6053 = \$6461.63$

14. At simple interest:
    $20 \times 100 + 100i(20 + 19 + 18 + \cdots + 2 + 1) = 2840$
    $2000 + 100i\frac{(20)(21)}{2} = 2840$
    $21\,000i = 840$
    $i = .04$

    At compound interest:
    Accumulated value $= 100s_{\overline{20}|.04}(1.04) = \$3096.92$

EXERCISE 3.5

Part A

1. $4000 = 400 a_{\overline{n}|.06}$
$\frac{1-(1.06)^{-n}}{.06} = 10$
$(1.06)^{-n} = .4$
$n = -\frac{\log .4}{\log 1.06} = 15.72520854 \to n = 15$ full payments

At the present: $400 a_{\overline{15}|.06} + X(1.06)^{-16} = 4000$
$3884.90 + .393646284 X = 4000$
$X = \$292.39$

2. $25\,000 = 250 a_{\overline{n}|.0075}$
$\frac{1-(1.0075)^{-n}}{.0075} = 100$
$(1.0075)^{-n} = .25$
$n = -\frac{\log .25}{\log 1.0075} = 185.5315321 \to n = 185$ full payments

Procedure 1: At 185: $250 s_{\overline{185}|.0075} + X = 25\,000(1.0075)^{185}$
$99\,471.50 + X = 99\,603.63$
$X = \$132.13$

Thus the 185th payment will be $382.13.

Procedure 2: At 186: $250 s_{\overline{185}|.0075}(1.0075) + Y = 25\,000(1.0075)^{186}$
$100\,217.54 + Y = 100\,305.65$
$Y = \$133.11$

Thus the 186th payment will be $133.11.

3. $10\,000 = 250 s_{\overline{n}|.015}$
$\frac{(1.015)^n - 1}{.015} = 40$
$(1.015)^n = 1.6$
$n = \frac{\log 1.6}{\log 1.015} = 31.56799396 \to n = 31$ full deposits

Procedure 1: At 31: $250 s_{\overline{31}|.015} + X = 10\,000$
$9775.44 + X = 10\,000$
$X = \$224.56$

The 31st deposit will be $250 + 224.56 = \$474.56$

Procedure 2: At 32: $250s_{\overline{31}|.015}(1.015) + Y = 10\,000$
$9922.07 + Y = 10\,000$
$Y = \$77.93$

The 32nd deposit will be $77.93.

4. $25\,000 = 5000a_{\overline{n}|.1}$
$\frac{1-(1.1)^{-n}}{.1} = 5$
$(1.1)^{-n} = .5$
$n = -\frac{\log .5}{\log 1.1} = 7.272540897 \to n = 7$ full payments

At 8: $5000s_{\overline{7}|.1}(1.1) + X = 25\,000(1.1)^8$
$52\,179.44 + X = 53\,589.72$
$X = \$1410.28$

5. $20\,000 = 2500s_{\overline{n}|.08}$
$\frac{(1.08)^n - 1}{.08} = 8$
$(1.08)^n = 1.64$
$n = \frac{\log 1.64}{\log 1.08} = 6.427878762 \to 6$ full payments

At 7: $2500s_{\overline{6}|.08}(1.08) + X = 20\,000$
$19\,807.01 + X = 20\,000$
$X = \$192.99$

6. $10\,000 = 400a_{\overline{n}|.01}(1.01)^{-11}$
$\frac{1-(1.01)^{-n}}{.01} = 27.89170867$
$(1.01)^{-n} = .721082913$
$n = -\frac{\log .721082913}{\log 1.01} = 32.86334449 \to 32$ full payments

At 44: $400s_{\overline{32}|.01}(1.01) + X = 10\,000(1.01)^{44}$
$15\,147.60 + X = 15\,493.18$
$X = \$345.58$

7. $8000 = 2000s_{\overline{n}|.06}$
$\frac{(1.06)^n - 1}{.06} = 4$
$(1.06)^n = 1.24$
$n = \frac{\log 1.24}{\log 1.06} = 3.691700884 \to 3$ full deposits

At 4: $2000s_{\overline{3}|.06}(1.06) + X = 8000$
$6749.23 + X = 8000$
$X = \$1250.77$

EXERCISE 3.5 - PART A   61

8. $\quad 10\,000 = 500 a_{\overline{n}|.03125}$
$\quad \frac{1-(1.03125)^{-n}}{.03125} = 20$
$\quad (1.03125)^{-n} = .375$
$\quad n = -\frac{\log .375}{\log 1.03125} = 31.87443562 \to 31$ full withdrawals

At 32 (July 1, 2011):
$500 s_{\overline{31}|.03125}(1.03125) + X = 10\,000(1.03125)^{32}$
$\quad 26\,331.84 + X = 26\,769.90$
$\quad X = \$438.06$

9. a) $\quad 200\,000 = 5000 a_{\overline{n}|.01}(1.01)^{-23}$
$\quad a_{\overline{n}|.01} = 40(1.01)^{23}$
$\quad \frac{1-(1.01)^{-n}}{.01} = 40(1.01)^{23}$
$\quad (1.01)^{-n} = .497134793$
$\quad n = -\frac{\log .497134793}{\log 1.01} = 70.23827523 \to 70$ full payments

One month after the last \$5000 payment:
$5000 s_{\overline{70}|.01}(1.01) + X = 200\,000(1.01)^{94}$
$\quad 508\,415.50 + X = 509\,611.40$
$\quad X = \$1195.90$

b) $R a_{\overline{36}|.01}(1.01)^{-11} = 200\,000$
$\quad R = 200\,000(1.01)^{11}/a_{\overline{36}|.01}$
$\quad R = \$7411.23$

10. a) Value of the fund on January 1, 2005 $= 500 s_{\overline{10}|.055}(1.055)^8 = \$9879.82$.
Find n such that
$\quad 800 a_{\overline{n}|.055} = 9879.82$
$\quad a_{\overline{n}|.055} = 12.349775$
$\quad \frac{1-(1.055)^{-n}}{.055} = 12.349775$
$\quad n = -\frac{\log .320762375}{\log 1.055}$
$\quad n = 21.23717608 \to 21$ full withdrawals
Date of the last withdrawal $=$ January 1, 2016.
Size of the last withdrawal $= 9879.82(1.055)^{22} - 800 s_{\overline{21}|.055}(1.055)$
$\quad = 32\,085.08 - 31\,891.45 = \$193.63$

b) $R = 9879.82/a_{\overline{21}|.055} = \$804.86$

11. Value of the fund in October 1999 $= 30\,000(1.08)^2 = \$34\,992$
Find n such that
$\quad 4000 a_{\overline{n}|.08} = 34\,992$
$\quad a_{\overline{n}|.08} = 8.748$
$\quad \frac{1-(1.08)^{-n}}{.08} = 8.748$
$\quad (1.08)^{-n} = .30016$
$\quad n = -\frac{\log .30016}{\log 1.08} = 15.63699757 \to 15$ full scholarships

12.
$$18\,000(1.14) = 3000a_{\overline{n}|.14}$$
$$\frac{1-(1.14)^{-n}}{.14} = 6.84$$
$$(1.14)^{-n} = .0424$$
$$n = -\frac{\log .0424}{\log 1.14}$$
$$n = 24.12156628 \to 24 \text{ full payments}$$

At 25:
$$3000s_{\overline{24}|.14}(1.14) + X = 18\,000(1.14)^{26}$$
$$542\,612.48 + X = 542\,998.51$$
$$X = \$386.03$$

EXERCISE 3.5

Part B

1. Value on May 1, 2000 $= 100s_{\overline{33}|.01} = \$3886.90$

$$\begin{aligned}
3886.90(1.00875)^n + 100s_{\overline{n}|.00875} &= 10\,000 \\
3886.90(1.00875)^n + 100\tfrac{(1.00875)^n - 1}{.00875} &= 10\,000 \\
3886.90(1.00875)^n + 11\,428.57[(1.00875)^n - 1] &= 10\,000 \\
(1.00875)^n(3886.90 + 11\,428.57) &= 21\,428.57 \\
(1.00875)^n &= 1.399145439 \\
n &= \tfrac{\log 1.399145439}{\log 1.00875} \\
n &= 38.55187553 \to 38 \text{ full deposits}
\end{aligned}$$

At 39 (August 1, 2003):
$$\begin{aligned}
100s_{\overline{33}|.01}(1.00875)^{39} + 100s_{\overline{38}|.00875}(1.00875) + X &= 10\,000 \\
5459.61 + 4524.21 + X &= 10\,000 \\
X &= \$16.18
\end{aligned}$$

Final deposit of $16.18 will be made on August 1, 2003.

2. a) Value after 3 years $= 80\,000(1.015)^{12} - 1800s_{\overline{12}|.015}$
$$= 95\,649.45 - 23\,474.18 = \$72\,175.27$$

$$\begin{aligned}
1800a_{\overline{n}|.0175} &= 72\,175.27 \\
(1.0175)^{-n} &= .298295986 \\
n &= -\tfrac{\log .298295986}{\log 1.0175} \\
n &= 69.72703103 \to 69 \text{ additional payments}
\end{aligned}$$

She will receive $12 + 69 = 81$ payments of $1800.

b) At 81:
$$\begin{aligned}
1800s_{\overline{12}|.015}(1.0175)^{69} + 1800s_{\overline{69}|.0175} + X &= 80\,000(1.015)^{12}(1.0175)^{69} \\
77\,707.92 + 237\,636.72 + X &= 316\,633.84 \\
X &= \$1289.20
\end{aligned}$$

Additional sum paid with the last full payment is $1289.20.

c) Payment Y 3 months after the last full payment:
$Y = 1289.20(1.0175) = \$1311.76$

3. a) Value on his 49th birthday $= 2000s_{\overline{25}|.1} = \$196\,694.12$

$$\begin{aligned}
196\,694.12 &= 20\,000a_{\overline{n}|.1} \\
\tfrac{1-(1.1)^{-n}}{.1} &= 9.834706 \\
(1.1)^{-n} &= .0165294 \\
n &= -\tfrac{\log .0165294}{\log 1.1} = 43.04487384 \to 43 \text{ full withdrawals}
\end{aligned}$$

b) At 43 (on his 92nd birthday):
$$\begin{aligned}
20\,000s_{\overline{43}|.1} + X &= 196\,694.12(1.1)^{43} \\
11\,848\,013.80 + X &= 11\,848\,867.33 \\
X &= \$853.53
\end{aligned}$$

c) Payment on his 93rd birthday $= 853.53(1.1) = \$938.88$

4. $250\,000 = 50\,000 a_{\overline{n}|.12}$
$\frac{1-(1.12)^{-n}}{.12} = 5$
$(1.12)^{-n} = .4$
$n = -\frac{\log .4}{\log 1.12} = 8.085249815 \to 8$ full payments

At 9: $50\,000 s_{\overline{8}|.12}(1.12) + X = 250\,000(1.12)^9$
$688\,782.82 + X = 693\,269.69$
$X = \$4486.87$

Selling price $= 50\,000 a_{\overline{4}|.13} + 4486.87(1.13)^{-5} = 148\,723.57 + 2435.29$
$= \$151\,158.86$

5. Outstanding balance after 5 years:
$20\,000(1.18)^5 - 4000 s_{\overline{5}|.18} = 45\,755.16 - 28\,616.84 = 17\,138.32$

$4500 a_{\overline{n}|.18} = 17\,138.32$
$\frac{1-(1.18)^{-n}}{.18} = 3.808515556$
$(1.18)^{-n} = .3144672$
$n = -\frac{\log .3144672}{\log 1.18} = 6.989574514 \to 6$ additional payments

At the end of 12 years:
$4000 s_{\overline{5}|.18}(1.18)^7 + 4500 s_{\overline{6}|.18}(1.18) + X = 20\,000(1.18)^{12}$
$91\,158.19 + 50\,136.85 + X = 145\,751.85$
$X = \$4456.81$

Total number of payments is 12, last payment is $4456.81.

6. $S = R \frac{(1+i)^n - 1}{i}$
$(1+i)^n - 1 = \frac{S}{R} i$
$(1+i)^n = \frac{S}{R} i + 1$
$n \log(1+i) = \log(\frac{S}{R} i + 1)$
$n = \frac{\log(\frac{S}{R} i + 1)}{\log(1+i)}$

7. $A = R \frac{1 - (1+i)^{-n}}{i}$
$1 - (1+i)^{-n} = \frac{A}{R} i$
$(1+i)^{-n} = 1 - \frac{A}{R} i$
$-n \log(1+i) = \log(1 - \frac{A}{R} i)$
$n = -\frac{\log(1 - \frac{A}{R} i)}{\log(1+i)}$

EXERCISE 3.5 - PART B

8. $2000s_{\overline{4}|.065} = 800a_{\overline{n}|.065}$
    $a_{\overline{n}|.065} = 11.01793656$
    $(1.065)^{-n} = .283834123$
    $n = -\frac{\log .28384123}{\log 1.065}$
    $n = 19.99792458 \rightarrow 20$ payments required
    Final payment $= 2000s_{\overline{4}|.065}(1.065)^{20} - 800s_{\overline{19}|.065}(1.065)$
    $= 31\ 058.64 - 30\ 260.25 = \$798.39$

9. At n:
    $263.34\frac{(1.01)^{n-1}-1}{.01}(1.01) + 263.24 = 10\ 000(1.01)^n$
    $263.34[(1.01)^n - 1.01] + 2.6324 = 100(1.01)^n$
    $163.34(1.01)^n = 263.341$
    $(1.01)^n = 1.612226032$
    $n = \frac{\log 1.612226032}{\log 1.01}$
    $n = 48$

EXERCISE 3.6

Part A

1. $500s_{\overline{10}|i} = 6000$
$s_{\overline{10}|i} = 12$

Starting value to solve $s_{\overline{10}|i} = 12$ is $i = \frac{(\frac{12}{10})^2 - 1}{12} = .036666667$ or $j_2 = 2i = 7.33\%$

$$.2747 \left\{ .2686 \left\{ \begin{array}{c|c} s_{\overline{10}|i} & j_2 \\ \hline 11.7314 & 7\% \\ 12.0000 & j_2 \\ 12.0061 & 8\% \end{array} \right\} d \right\} 1\% \qquad \begin{array}{l} \frac{d}{1\%} = \frac{.2686}{.2747} \\ d \doteq .98\% \\ j_2 = 7.98\% \end{array}$$

2. $500s_{\overline{10}|i} = 12\,000$
$s_{\overline{10}|i} = 24$

Starting value to solve $s_{\overline{10}|i} = 24$ is $i = \frac{(\frac{24}{10})^2 - 1}{24} = .198333333$ or $j_1 = 19.83\%$

$$1.1876 \left\{ .4787 \left\{ \begin{array}{c|c} s_{\overline{10}|} & j_1 \\ \hline 23.5213 & 18\% \\ 24.0000 & j_1 \\ 24.7089 & 19\% \end{array} \right\} d \right\} 1\% \qquad \begin{array}{l} \frac{d}{1\%} = \frac{.4787}{1.1876} \\ d \doteq .40\% \\ j_1 = 18.40\% \end{array}$$

3. $1000a_{\overline{120}|i} = 80\,000$
$a_{\overline{120}|i} = 80$

Starting value to solve $a_{\overline{120}|i} = 80$ is $i = \frac{1 - (\frac{80}{120})^2}{120} = .00462963$ or $j_{12} = 12i = 5.56\%$

$$3.4798 \left\{ 2.4215 \left\{ \begin{array}{c|c} a_{\overline{120}|i} & j_{12} \\ \hline 82.4215 & 8\% \\ 80.0000 & j_{12} \\ 78.9417 & 9\% \end{array} \right\} d \right\} 1\% \qquad \begin{array}{l} \frac{d}{1\%} = \frac{2.4215}{3.4798} \\ d \doteq .70\% \\ j_{12} = 8.70\% \end{array}$$

4. $100 + 60a_{\overline{12}|i} = 749$
$a_{\overline{12}|i} = 10.8167$

Starting value to solve $a_{\overline{12}|i} = 10.8167$ is $i = \frac{1 - (\frac{10.8167}{12})^2}{10.8167} = .017333666$ or $j_{12} = 12i = 20.80\%$

$$.0560 \left\{ .0344 \left\{ \begin{array}{c|c} a_{\overline{12}|i} & j_{12} \\ \hline 10.8511 & 19\% \\ 10.8167 & j_{12} \\ 10.7951 & 20\% \end{array} \right\} d \right\} 1\% \qquad \begin{array}{l} \frac{d}{1\%} = \frac{.0344}{.0560} \\ d \doteq .61\% \\ j_{12} = 19.61\% \end{array}$$

Annual effective rate $j = (1 + \frac{.1961}{12})^{12} - 1 \doteq 21.47\%$

EXERCISE 3.6 - PART A

5. $160 a_{\overline{12}|i} = 1600$
   $a_{\overline{12}|i} = 10$

   Starting value to solve $a_{\overline{12}|i} = 10$ is $i = \frac{1-(\frac{10}{12})^2}{10} = .030555556$ or $j_{12} = 12i = 36.67\%$

   $$.0497 \left\{ .0037 \left\{ \begin{array}{c|c} a_{\overline{12}|i} & j_{12} \\ \hline 10.0037 & 35\% \\ 10.0000 & j_{12} \\ 9.9540 & 36\% \end{array} \right\} d \right\} 1\% \quad \begin{array}{l} \frac{d}{1\%} = \frac{.0037}{.0497} \\ d \doteq .07\% \\ j_{12} = 35.07\% \end{array}$$

6. $5 + 5 a_{\overline{11}|i} = 55$
   $a_{\overline{11}|i} = 10$

   Starting value to solve $a_{\overline{11}|i} = 10$ is $i = \frac{1-(\frac{10}{11})^2}{10} = .017355372$ or $j_{12} = 12i = 20.83\%$

   $$.0479 \left\{ .0229 \left\{ \begin{array}{c|c} a_{\overline{11}|i} & j_{12} \\ \hline 10.0229 & 19\% \\ 10.0000 & j_{12} \\ 9.9750 & 20\% \end{array} \right\} d \right\} 1\% \quad \begin{array}{l} \frac{d}{1\%} = \frac{.0229}{.0479} \\ d \doteq .48\% \\ j_{12} = 19.48\% \end{array}$$

7. $1000 s_{\overline{17}|.105} = 42\,472.13 \rightarrow s_{\overline{17}|.015} = 42.4721$
   $1000 s_{\overline{17}|.11} = 44\,500.84 \rightarrow s_{\overline{17}|.11} = 44.5008$

   $$2.0287 \left\{ 1.0279 \left\{ \begin{array}{c|c} s_{\overline{17}|i} & j_1 \\ \hline 42.4721 & 10.5\% \\ 43.5000 & j_1 \\ 44.5008 & 11\% \end{array} \right\} d \right\} .5\% \quad \begin{array}{l} \frac{d}{.5\%} = \frac{1.0279}{2.0287} \\ d \doteq .25\% \\ j_1 = 10.75\% \end{array}$$

EXERCISE 3.6

Part B

1. $453.33 a_{\overline{36}|i} = 12\,000$
$a_{\overline{36}|i} = 26.4708$

Starting value to solve $a_{\overline{36}|i} = 26.4708$ is $i = \frac{1-(\frac{26.4708}{36})^2}{26.4708} = .017352476$ or $j_{12} = 12i = 20.82\%$

$$.3582 \left\{ .0720 \left\{ \begin{array}{c|c} a_{\overline{36}|i} & j_{12} \\ \hline 26.5428 & 21\% \\ 26.4708 & j_{12} \\ 26.1846 & 22\% \end{array} \right\} d \right\} 1\% \qquad \frac{d}{1\%} = \frac{.0720}{.3582}$$
$d \doteq .20\%$
$j_{12} = 21.20\%$

2. $2400 + 300 a_{\overline{12}|i} = 5400$
$a_{\overline{12}|i} = 10$

Same as part A, question 5. Thus $j_{12} = 35.07\%$.

3. $100 + 88.50 a_{\overline{12}|i} = 1000$
$a_{\overline{12}|i} = 10.1695$

Starting value to solve $a_{\overline{12}|i} = 10.1695$ is $i = \frac{1-(\frac{10.1695}{12})^2}{10.1695} = .027711724$ or $j_{12} = 12i = 33.25\%$

$$.0512 \left\{ .0367 \left\{ \begin{array}{c|c} a_{\overline{12}|i} & j_{12} \\ \hline 10.2062 & 31\% \\ 10.1695 & j_{12} \\ 10.1550 & 32\% \end{array} \right\} d \right\} 1\% \qquad \frac{d}{1\%} = \frac{.0367}{.0512}$$
$d \doteq .72\%$
$j_{12} = 31.72\%$

4. Payment on a loan of $\$X = \frac{1.15X}{12}$
$\frac{1.15X}{12} a_{\overline{12}|i} = X$
$a_{\overline{12}|i} = 10.4348$

Starting value to solve $a_{\overline{12}|i} = 10.4348$ is $i = \frac{1-(\frac{10.4348}{12})^2}{10.4348} = .023369285$ or $j_{12} = 12i = 28.04\%$.

$$.0531 \left\{ .0331 \left\{ \begin{array}{c|c} a_{\overline{12}|i} & j_{12} \\ \hline 10.4679 & 26\% \\ 10.4348 & j_{12} \\ 10.4148 & 27\% \end{array} \right\} d \right\} 1\% \qquad \frac{d}{1\%} = \frac{.0331}{.0531}$$
$d \doteq .62\%$
$j_{12} = 26.62\%$

Annual effective rate $j = (1 + \frac{.2662}{12})^{12} - 1 \doteq 30.12\%$

EXERCISE 3.6 - PART B   69

5. Option 1: $1600 + 450 a_{\overline{36}|i} = 13\,600$
   $$a_{\overline{36}|i} = 26.6667$$

   Starting value to solve $a_{\overline{36}|i} = 26.6667$ is $i = \frac{1-(\frac{26.6667}{36})^2}{26.6667} = .016923796$ or $j_{12} = 12i = 20.31\%$

   $$.3653 \left\{ .2414 \left\{ \begin{array}{c|c} a_{\overline{36}|i} & j_{12} \\ \hline 26.9081 & 20\% \\ 26.6667 & j_{12} \\ 26.5428 & 21\% \end{array} \right\} d \right\} 1\% \quad \begin{array}{l} \frac{d}{1\%} = \frac{.2414}{.3653} \\ d \doteq .66\% \\ j_{12} = 20.66\% \end{array}$$

   Annual effective rate $j = (1 + \frac{.2066}{12})^{12} - 1 \doteq 22.73\%$

   Option 2: $1060 a_{\overline{20}|i} = 13\,600$
   $$a_{\overline{20}|i} = 12.8302$$

   Starting value to solve $a_{\overline{20}|i} = 12.8302$ is $i = \frac{1-(\frac{12.8302}{20})^2}{12.8302} = .045865608$ or $j_4 = 4i = 18.35\%$

   $$.2772 \left\{ .1777 \left\{ \begin{array}{c|c} a_{\overline{20}|i} & j_4 \\ \hline 13.0079 & 18\% \\ 12.8302 & j_4 \\ 12.7307 & 19\% \end{array} \right\} d \right\} 1\% \quad \begin{array}{l} \frac{d}{1\%} = \frac{.1777}{.2772} \\ d \doteq .64\% \\ j_4 = 18.64\% \end{array}$$

   Annual effective rate $j = (1 + \frac{.1864}{4})^4 - 1 \doteq 19.98\%$

   Option 2, borrowing from a loan company, is better.

6. Monthly payment R to pay off a loan of $642 to buy a T.V. set:
   $R = \frac{642}{a_{\overline{36}|.21/12}} = \$24.19$

   At $j_{12} = 21\%$ it is cheaper to borrow $642 for 3 years and buy a T.V. set than rent it for $25 a month.

7. $f(i) \equiv 600 a_{\overline{12}|i}(1+i)^{-6} + 500 a_{\overline{12}|i}(1+i)^{-18} = 10\,000$
   Using a trial and error method and interpolating between $j_{12} = 19\%$ and $j_{12} = 20\%$ we obtain

   $$140.19 \left\{ 14.23 \left\{ \begin{array}{c|c} f(i) & j_{12} \\ \hline 10\,014.23 & 19\% \\ 10\,000.00 & j_{12} \\ 9874.04 & 20\% \end{array} \right\} d \right\} 1\% \quad \begin{array}{l} \frac{d}{1\%} = \frac{14.23}{140.19} \\ d \doteq .10\% \\ j_{12} = 19.10\% \end{array}$$

   Annual effective rate $j = (1 + \frac{.1910}{12})^{12} - 1 \doteq 20.86\%$

8. On July 1, 2006

$f(i) \equiv 1000 s_{\overline{10}|i}(1+i) - 8500(1+i)^{10} = 0$

Using a trial and error method and interpolating between $j_2 = 7\%$ and $j_2 = 8\%$ we obtain

$$247.63 \left\{ 151.90 \left\{ \begin{array}{c|c} f(i) & j_2 \\ \hline 151.90 & 7\% \\ 0 & j_2 \\ -95.73 & 8\% \end{array} \right\} d \right\} 1\% \qquad \begin{array}{rl} \frac{d}{1\%} & = \frac{151.90}{247.63} \\ d & \doteq .61\% \\ j_2 & = 7.61\% \end{array}$$

REVIEW EXERCISES 3.7

1. a) $S = 500s_{\overline{120}|.0075} = \$96\,757.14$
   $A = 500a_{\overline{120}|.0075} = \$39\,470.85$
   b) $S = 500s_{\overline{240}|.0075} = \$333\,943.43$
   $A = 500a_{\overline{240}|.0075} = \$55\,572.48$

2. a) $R = 100\,000/a_{\overline{80}|.0125} = \$1984.65$
   b) $R = 100\,000/a_{\overline{80}|.0175} = \$2332.09$

3. $A = 60a_{\overline{36}|.05/12} + 80a_{\overline{24}|.05/12}(1 + \tfrac{.05}{12})^{-36}$
   $= 2001.94 + 1570.00 = \$3571.94$

4. a) $X = 400s_{\overline{5}|.0125} = \$2050.63$
   b) $Y = 400 + 400a_{\overline{24}|.0125} = \$8649.69$

5. At $j_{12} = 18\%$: $R = \dfrac{10\,000}{a_{\overline{60}|.015}} = \$253.93$
   At $j_{12} = 16\%$: $R = \dfrac{10\,000}{a_{\overline{60}|.16/12}} = \$243.18$
   Monthly savings in interest $= \$10.75$

6. $S = 500s_{\overline{8}|.05}(1.06)^{12} + 500s_{\overline{12}|.06} = 9607.34 + 8434.97 = \$18\,042.31$
   $A = 500a_{\overline{8}|.05} + 500a_{\overline{12}|.06}(1.05)^{-8} = 3231.61 + 2837.26 = \$6068.87$

7. $A = 900a_{\overline{120}|.0075}(1.0075) = \$71\,580.38$

8. $S = 15\,000s_{\overline{5}|.11}(1.11) = \$103\,692.89$

9. Balance of the fund in 5 years:
   $X = 100\,000(1.13)^5 - 15\,000s_{\overline{5}|.13}(1.13)$
   $= 184\,243.52 - 109\,840.59 = \$74\,402.93$

10. $Rs_{\overline{60}|.0075}(1.0075) = 150\,000$
    $R = \dfrac{150\,000}{s_{\overline{60}|.0075}(1.0075)}$
    $R = \$1973.95$

11. $A = 4000 + 350a_{\overline{36}|.015}(1.015)^{-2} = 4000 + 9397.21 = \$13\,397.21$

12. $Ra_{\overline{12}|.005}(1.005) = 30\,000$
    $R = \dfrac{30\,000}{a_{\overline{12}|.005}(1.005)}$
    $R = \$2569.15$

13. $Ra_{\overline{8}|.1375}(1.1375)^{-4} = 80\,000$
    $R = \dfrac{80\,000(1.1375)^4}{a_{\overline{8}|.1375}}$
    $R = \$28\,630.72$

14. $1000 s_{\overline{n}|.01} = 100\,000$
    $\frac{(1.01)^n - 1}{.01} = 100$
    $(1.01)^n = 2$
    $n = \frac{\log 2}{\log 1.01} = 69.66071689 \rightarrow 69$ full deposits

   Procedure 1:
   At 69: $1000 s_{\overline{69}|.01} + X = 100\,000$
   $X = \$1310.56$

   Concluding deposit $= 1000 + 1310.56 = \$2310.56$

   Procedure 2:
   At 70: $1000 s_{\overline{69}|.01}(1.01) + Y = 100\,000$
   $Y = \$323.66$

   Concluding deposit is $323.66

15. $800 a_{\overline{n}|.045} = 10\,000$
    $\frac{1 - (1.045)^{-n}}{.045} = 12.5$
    $(1.045)^{-n} = .4375$
    $n = -\frac{\log .4375}{\log 1.045} = 18.78094203 \rightarrow 18$ full payments

   At 19: $800 s_{\overline{18}|.045}(1.045) + X = 10\,000(1.045)^{19}$
   $22\,450.85 + X = 23\,078.60$
   $X = \$627.75$

16. $100 a_{\overline{n}|.015} = 1800$
    $\frac{1 - (1.015)^{-n}}{.015} = 18$
    $(1.015)^{-n} = .73$
    $n = -\frac{\log .73}{\log 1.015} = 21.13768123 \rightarrow 21$ full payments

   At 22 (April 1, 1995):

   $100 s_{\overline{21}|.015}(1.015) + X = 1800(1.015)^{22}$
   $2483.76 + X = 2497.61$
   $X = \$13.85$

   Final payment of $13.85 is made on April 1, 2005.

REVIEW EXERCISES 3.7

17. $1000 + 800a_{\overline{6}|i} = 5000$
$a_{\overline{6}|i} = 5$

Starting value to solve $a_{\overline{6}|i} = 5$ is $i = \frac{1-(\frac{5}{6})^2}{5} = .061111111$ or
$j_{12} = 12i = 73.33\%$

$$.0133\left\{.0088\left\{\begin{array}{c|c} a_{\overline{6}|i} & j_{12} \\ \hline 5.0088 & 65\% \\ 5.0000 & j_{12} \\ 4.9955 & 66\% \end{array}\right\}d\right\}1\% \quad \begin{array}{l} \frac{d}{1\%} = \frac{.0088}{.0133} \\ d \doteq .66\% \\ j_{12} = 65.66\% \end{array}$$

18. $200s_{\overline{36}|i} = 10\,000$
$s_{\overline{36}|i} = 50$

Starting value to solve $s_{\overline{36}|i} = 50$ is $i = \frac{(\frac{50}{36})^2-1}{50} = .018580247$ or
$j_{12} = 12i = 22.30\%$

$$.7937\left\{.4339\left\{\begin{array}{c|c} s_{\overline{36}|i} & j_{12} \\ \hline 49.5661 & 21\% \\ 50.0000 & j_{12} \\ 50.3598 & 22\% \end{array}\right\}d\right\}1\% \quad \begin{array}{l} \frac{d}{1\%} = \frac{.4399}{.7937} \\ d \doteq .55\% \\ j_{12} = 21.55\% \end{array}$$

19. $550a_{\overline{12}|i} = 6000$
$a_{\overline{12}|i} = 10.9091$

Starting value to solve $a_{\overline{12}|i} = 10.9091$ is $i = \frac{1-(\frac{10.9091}{12})^2}{10.9091} = .015908951$ or
$j_{12} = 12i = 19.09\%$

$$.0568\left\{.0552\left\{\begin{array}{c|c} a_{\overline{12}|i} & j_{12} \\ \hline 10.9643 & 17\% \\ 10.9091 & j_{12} \\ 10.9075 & 18\% \end{array}\right\}d\right\}1\% \quad \begin{array}{l} \frac{d}{1\%} = \frac{.0552}{.0568} \\ d \doteq .97\% \\ j_{12} = 17.97\% \end{array}$$

20. $200 + 41.67a_{\overline{12}|i} = 552.50$
$a_{\overline{12}|i} = 8.4593$

Starting value to solve $a_{\overline{12}|i} = 8.4593$ is $i = \frac{1-(\frac{8.4593}{12})^2}{8.4593} = .059467952$ or
$j_{12} = 12i = 71.36\%$

$$.0387\left\{.0017\left\{\begin{array}{c|c} a_{\overline{12}|i} & j_{12} \\ \hline 8.4610 & 70\% \\ 8.4593 & j_{12} \\ 8.4223 & 71\% \end{array}\right\}d\right\}1\% \quad \begin{array}{l} \frac{d}{1\%} = \frac{.0017}{.0387} \\ d \doteq .04\% \\ j_{12} = 70.04\% \end{array}$$

21. $300s_{\overline{n}|.02} = 5000$
$\frac{(1.02)^n - 1}{.02} = \frac{50}{3}$
$(1.02)^n = 1.333333333$
$n = \frac{\log 1.333333333}{\log 1.02} = 14.52746992 \to 14$ full deposits

At 15 (January 1, 2007):
$300s_{\overline{14}|.02}(1.02) + X = 5000$
$4888.03 + X = 5000$
$X = \$111.97$

Concluding deposit of \$111.97 is needed on January 1, 2007.

22. At the end of 5 years:
$Rs_{\overline{60}|.005} = 800a_{\overline{36}|.005}$
$R = \frac{800a_{\overline{36}|.005}}{s_{\overline{60}|.005}}$
$R = \$376.91$

23. $400a_{\overline{n}|.055/12} = 5680$

$\frac{1 - (1 + \frac{.055}{12})^{-n}}{\frac{.055}{12}} = 14.2$

$(1 + \frac{.055}{12})^{-n} = .934916667$

$n = -\frac{\log .934916667}{\log(1 + \frac{.055}{12})}$

$n = 14.71679717$

The date of the last \$400 withdrawal is May 1, 2004.
Balance on May 1, 2004 after \$400 withdrawal:
$5680(1 + \frac{.055}{12})^{14} - 400s_{\overline{14}|.055/12} = \$285.60$

Find n such that

$285.60(1 + \frac{.055}{12})^n = 400$

$(1 + \frac{.055}{12})^n = 1.400560224$

$n = \frac{\log 1.400560224}{\log(1 + \frac{.055}{12})}$

$n = 73.66772238 \to$ at least 74 months

By July 1, 2010 the balance will again exceed \$400.

24. $S = 800s_{\overline{5}|.015} + 800a_{\overline{15}|.015} = 4121.81 + 10\,674.59 = 14\,796.40$

25. Balance X on December 1, 2007:
$X = 1000(1.01)^{93} + 300s_{\overline{60}|.01}(1.01)^{33} - 1000s_{\overline{20}|.01}(1.01)^{13}$
$= 2522.83 + 34\,024.16 - 25\,059.68 = \$11\,487.31$

REVIEW EXERCISES 3.7

26. a) At $j_{12} = 16\%$: $R = \frac{15\ 000}{a_{\overline{36}|.16/12}} = \$527.36$
At $j_{12} = 15\%$: $R = \frac{15\ 000}{a_{\overline{36}|.15/12}} = \$519.98$
Monthly savings $= 527.36 - 519.98 = \$7.38$

b) Total interest $= 36 \times 519.98 - 15\ 000 = \$3719.28$

c) $600 a_{\overline{n}|.0125}\ \ = 15\ 000$
$\frac{1-(1.025)^{-n}}{.0125}\ = 25$
$(1.0125)^{-n}\ = .6875$
$n\ = -\frac{\log .6875}{\log 1.0125}$
$n\ = 30.16243479$

It will take him 31 months.
At 31: $X + 600 s_{\overline{30}|.0125}(1.0125)\ = 15\ 000(1.0125)^{31}$
$X + 21\ 948.41\ = 22\ 046.38$
$X\ = \$97.97$

Concluding payment is $97.97.

27. $250 a_{\overline{n}|.1/12}\ = 4000$
$\frac{1-(\frac{1}{12})^{-n}}{.1/12}\ = 16$
$1 - (1 + \frac{1}{12})^{-n}\ = .1\dot{3}$
$(1 + \frac{1}{12})^{-n}\ = .8\dot{6}$
$n\ = -\frac{\log .8\dot{6}}{\log(1+\frac{1}{12})}$
$n\ = 17.2435527$

Number of full payments is 17.

On May 10, 2002: $X + 250 s_{\overline{17}|.1/12}(1 + \frac{1}{12})\ = 4000(1+\frac{1}{12})^{18}$
$X + 4583.37\ = 4644.45$
$X\ = \$61.08$

Concluding payment on May 10, 2002 is $61.08.

28. $100 a_{\overline{12}|i}\ = 1080$
$a_{\overline{12}|i}\ = 10.8$

Starting value to solve $a_{\overline{12}|i} = 10.8$ is $i = \frac{1-(\frac{10.8}{12})^2}{10.8} = .017592593$ or $j_{12} = 12i = 21.11\%$

$$.0560 \left\{ .0511 \left\{ \begin{array}{c|c} a_{\overline{12}|i} & j_{12} \\ 10.8511 & 19\% \\ 10.8000 & j_{12} \\ 10.7951 & 20\% \end{array} \right\} d \right\} 1\% \qquad \begin{array}{rl} \frac{d}{1\%} &= \frac{.0511}{.0560} \\ d &\doteq .91\% \\ j_{12} &= 19.91\% \end{array}$$

29. a) $R = \frac{20\,000}{s_{\overline{24}|.025}} = \$618.26$

b) At 24: $618.26 s_{\overline{16}|.025}(1.02)^8 + X s_{\overline{8}|.02} = 20\,000$
$$14\,038.84 + 8.582969051 X = 20\,000$$
$$8.582969051 X = 5961.16$$
$$X = \$694.53$$

c) Total interest $= 20\,000 - (16 \times 618.26 + 8 \times 694.53) = \$4551.60$

30. Present value of the cottage $= 100\,000 + 4000 a_{\overline{180}|.01} = \$433\,286.66$
Present value of the yacht $= 600\,000 - 433\,286.66 = \$166\,713.34$
$R = \frac{146\,713.34}{a_{\overline{60}|.01}} = \$3263.56$

31. a) Value of the fund on September 1, 1995 $= 100 s_{\overline{64}|.01} = \$8904.62$
Value of the fund on December 1, 2002 $= 100 s_{\overline{126}|.01}(1.01)^{25} = \$32\,104.75$

b) Value of the fund on April 1, 2005 $= 32\,104.75(1.01)^{28} = \$42\,419.72$
Find n such that $1000 a_{\overline{n}|.01} = \$42\,419.72$
$$\frac{1-(1.01)^{-n}}{.01} = 42.41972$$
$$(1.01)^{-n} = .5758028$$
$$n = -\frac{\log .5758028}{\log 1.01}$$
$$n = 55.47454111 \to 55 \text{ full withdrawals}$$

Date of the last withdrawal $=$ December 1, 2009
Size of the last withdrawal $= 42\,419.72(1.01)^{56} - 1000 s_{\overline{55}|.01}(1.01)$
$= 74\,056.76 - 73\,580.98 = \$475.78$

32. Monthly payment on a \$1000 purchase price $= \frac{1050}{15} = \$70$

$$70 a_{\overline{15}|i} = 950$$
$$a_{\overline{15}|i} = 13.5714$$

Starting value to solve $a_{\overline{15}|i} = 13.5714$ is $i = \frac{1-(\frac{13.5714}{15})^2}{13.5714} = .013367032$ or $j_{12} = 12i = 16.04\%$.

	$a_{\overline{15}|i}$	j_{12}		
	13.6005	15%	$\frac{d}{1\%}$	$= \frac{.0291}{.0865}$
.0865 { .0291 {	13.5714	j_{12} } d } 1%	d	$\doteq .34\%$
	13.5140	16%	j_{12}	$= 15.34\%$

Annual effective rate $j = (1 + \frac{.1534}{12})^{12} - 1 = 16.47\%$.

33. At the time of the last deposit:
$$X s_{\overline{20}|.1584} = 30\,000 a_{\overline{25}|.1584}$$
$$X = \$1630.72$$

REVIEW EXERCISES 3.7

Case Study I: Car loans

a) First we verify the figures in the second last paragraph of the article.
For a car loan of $8239.05 at $j_{12} = 14.2\%$ for 4 years:
monthly payment = $\frac{8239.05}{a_{\overline{48}|.142/12}} = \$225.97$
total interest on the loan = $48(225.97) - 8239.05 = \$2607.51$

Interest on $8239.05 invested at $j_{12} = 8\%$ for 4 years is
$$8239.05[(1 + \tfrac{.08}{12})^{48} - 1] = \$3095.13$$

b) Analysis and conclusions, assuming the buyer has cash of $8239.05 available to purchase the car:

Option 1:
Pay $8239.05 cash for the car and invest the car loan payment savings of $225.97 per month at $j_{12} = 8\%$ for 4 years.

Value of the savings at the end of 4 years = $225.97 s_{\overline{48}|.08/12} = \$12\ 733.39$

Option 2:
Take a 4 year car loan and invest the cash of $8239.05 at $j_{12} = 8\%$ for 4 years.

Value of the investment at the end of 4 years = $\$8239.05(1 + \tfrac{.08}{12})^{48} = \$11\ 334.18$.

Difference = 12 733.39 - 11 334.18 = $1399.21 in favour of Option 1
Present value of the savings using Option 1 = $1399.21(1 + \tfrac{.08}{12})^{-48} = \$1017.11$
The buyer of the car would save the equivalent of $1017.11 at the time of purchase by paying $8239.05 cash for the car.

Alternative analysis:

Assume that under Option 2 the car loan is paid from the account where the cash of $8239.05 is invested at $j_{12} = 8\%$. How long will the account be able to service the loan?

We want to solve for n: $\quad 225.97 a_{\overline{n}|.08/12} = 8239.05$
$\quad\quad\quad\quad\quad\quad\quad\quad\quad\quad\quad\quad n \doteq 42$ months
After 42 months, the account has no money left to pay for the last 6 payments on the loan.

Conclusion: **Borrowing at a higher rate than the savings rate is never better.**

CHAPTER 4

EXERCISE 4.1

Part A

1. $(1+i)^1 = (1.015)^4 \to i = (1.015)^4 - 1 = .061363551$
   Accumulated value $S = 200 s_{\overline{5}|i}(1+i) = \$1199.86$

2. $(1+i)^4 = (1.07)^2 \to i = (1.07)^{1/2} - 1 = .034408043$
   Value of the car $= 2000 + 300 a_{\overline{12}|i} = \$4909.13$

3. $(1+i)^{12} = (1.0125)^4 \to i = (1.0125)^{1/3} - 1 = .004149425$
   Discounted value $A = 15 a_{\overline{240}|i}(1+i) = \$2286.27$

4. a) $A = 1000 a_{\overline{20}|.06} = \$11\ 469.92$

   b) $(1+i)^2 = (1.03)^4 \to i = (1.03)^2 - 1 = .0609$
   $A = 1000 a_{\overline{20}|i} = \$11\ 386.59$

   c) $(1+i)^2 = 1.12 \to i = (1.12)^{1/2} - 1 = .058300524$
   $A = 1000 a_{\overline{20}|i} = \$11\ 629.86$

   d) $(1+i)^2 = e^{.12} \to i = e^{.06} - 1 = .061836547$
   $A = 1000 a_{\overline{20}|i} = \$11\ 300.85$

5. a) $(1+i)^4 = (1.005)^{12} \to i = (1.005)^3 - 1 = .015075125$
   Accumulated value $S = 100 s_{\overline{20}|i} = \$2314.08$

   b) Accumulated value $S = 100 s_{\overline{20}|.015} = \$2312.37$

   c) $(1+i)^4 = 1.06 \to i = (1.06)^{1/4} - 1 = .014673846$
   Accumulated value $S = 100 s_{\overline{20}|i} = \$2304.96$

   d) $(1+i)^4 = e^{.06} \to i = e^{.015} - 1 = .015113065$
   Accumulated value $S = 100 s_{\overline{20}|i} = \$2314.94$

6. a) $(1+i)^{12} = (1.0225)^4 \to i = (1.0225)^{1/3} - 1 = .007444443$
   Monthly payment $= \frac{3000}{a_{\overline{48}|i}} = \$74.56$

   b) $(1+i)^{12} = e^{.09} \to i = e^{.09/12} - 1 = .007528195$
   Monthly payment $= \frac{3000}{a_{\overline{48}|i}} = \$74.40$

7. $(1+i)^1 = (1.05)^2 \to i = (1.05)^2 - 1 = .1025$
   Discounted value $A = 200 a_{\overline{20}|i}(1+i)^{-4} = \$1133.07$

8. a) $(1+i)^{12} = (1.03)^4 \to i = (1.03)^{1/3} - 1 = .009901634$
   Monthly payment $= 10\ 000/a_{\overline{60}|i} = \$221.85$

   b) $(1+i)^{12} = 1.12 \to i = (1.12)^{1/12} - 1 = .009488793$
   Monthly payment $= 10\ 000/a_{\overline{60}|i} = \$219.36$

EXERCISE 4.1 - PART A

9. $(1+i)^{12} = (1.055)^2 \to i = (1.055)^{1/6} - 1 = .008963394$
   Monthly payment $= 8000/a_{\overline{60}|i} = \$172.97$

10. a) $(1+i)^4 = (1.005)^{12} \to i = (1.005)^3 - 1 = .015075125$
       Quarterly deposit $= 4000/s_{\overline{16}|i} = \$222.93$
    b) $(1+i)^4 = (1.03)^2 \to i = (1.03)^{1/2} - 1 = .014889157$
       Quarterly deposit $= 4000/s_{\overline{16}|i} = \$223.25$
    c) $(1+i)^4 = (1 + \frac{.06}{365})^{365} \to i = (1 + \frac{.06}{365})^{365/4} - 1 = .015111813$
       Quarterly deposit $= 4000/s_{\overline{16}|i} = \$222.87$

11. $(1+i)^{12} = 1.06 \to i = (1.06)^{1/12} - 1 = .004867551$
    Monthly income $= 30\,000/a_{\overline{120}|i} = \$330.67$

12. $(1+i)^2 = (1 + \frac{.07}{12})^{12} \to i = (1 + \frac{.07}{12})^6 - 1 = .035514404$
    Semi-annual payment $= 500\,000/s_{\overline{40}|i} = \$5843.61$

13. a) Quarterly deposit $= 600 + 200(.09)(3/12) = \$604.50$
       Accumulated value $S = 604.50 s_{\overline{20}|.0225} = \$15\,059.01$
    b) $(1+i)^{12} = 1.0225^4 \to i = (1.0225)^{1/3} - 1 = .007444443$
       Accumulated value $S = 200 s_{\overline{60}|i} = \$15\,058.46$

14. a) $(1+i)^{12} = 1.05 \to i = (1.05)^{1/12} - 1 = .004074124$
       Accumulated value $S = 100 s_{\overline{60}|i} = \$6781.37$
    b) Annual deposit $= 100[1 + (.05)(\frac{11}{12})] + 100[1 + (.05)(\frac{10}{12})] + \ldots +$
       $100[1 + (.05)(\frac{1}{12})] + 100 = 12(100) + 100(.05)[\frac{11+10+9+\ldots+1}{12}] = \$1227.50$
       Accumulated value $= 1227.50 s_{\overline{5}|.05} = \$6782.71$

15. Discounted value of buying $= 14\,000 - 4000(1.079)^{-3} = \$10\,815.83$
    $(1+i)^{12} = 1.079 \to i = (1.079)^{1/12} - 1 = .00635634$
    Discounted value of renting $= 350 a_{\overline{36}|i} = \$11\,230.60$
    Buying is cheaper.

16. $(1+i)^{12} = 1.05 \to i = (1.05)^{1/12} - 1 = .004074124$
    Cost of annuity $= 250 a_{\overline{120}|i} = \$23\,691.40$

17. $100 s_{\overline{18}|i} = 2000$
    $s_{\overline{18}|i} = 20$

    Starting value to solve $s_{\overline{18}|i} = 20$ is $i = \frac{(\frac{20}{18})^2 - 1}{20} = .011728395$ or
    $j_{12} = 12i = 14.07\%$.

    $$.1451 \begin{cases} .0989 \begin{cases} \begin{array}{c|c} s_{\overline{18}|i} & j_{12} \\ \hline 19.9011 & 14\% \\ 20.0000 & j_{12} \\ 20.0462 & 15\% \end{array} \end{cases} d \end{cases} 1\% \qquad \frac{d}{1\%} = \frac{.0989}{.1451}$$
    $$d = .68\%$$
    $$j_{12} = 14.68\%$$

Find j_4 equivalent to $j_{12} = 14.68\%$:

$$(1+i)^4 = (1 + \tfrac{.1468}{12})^{12}$$

$$i = (1 + \tfrac{.1468}{12})^3 - 1$$

$$j_4 = 4i = 4[(1 + \tfrac{.1468}{12})^3 - 1] = 14.86\%$$

18. $300 + 100 a_{\overline{18}|i} = 1890$

    $a_{\overline{18}|i} = 15.9$

Starting value to solve $a_{\overline{18}|i} = 15.9$ is $i = \frac{1-(\frac{15.9}{18})^2}{15.9} = .013819008$ or $j_{12} = 12i = 16.58\%$.

$$.1290 \Bigg\{ .0093 \begin{cases} \begin{array}{c|c} a_{\overline{18}|i} & j_{12} \\ \hline 15.9093 & 16\% \\ 15.9000 & j_{12} \\ 15.7903 & 17\% \end{array} \end{cases} d \Bigg\} 1\% \quad \begin{array}{l} \frac{d}{1\%} = \frac{.0093}{.1290} \\ d = .07\% \\ j_{12} = 16.07\% \end{array}$$

Find j_2 equivalent to $j_{12} = 16.07\%$:

$$(1+i)^2 = (1 + \tfrac{.1607}{12})^{12}$$

$$i = (1 + \tfrac{.1607}{12})^6 - 1$$

$$j_2 = 2[(1 + \tfrac{.1607}{12})^6 - 1] = 16.62\%$$

19. $(1+i)^{52} = (1.005)^{12} \rightarrow i = (1.005)^{12/52} - 1 = .001151634$

    $25 \frac{(1+i)^n - 1}{i} = 3000$

    $(1+i)^n = 1.138196049$

    $n = \frac{\log 1.138196049}{\log(1+i)}$

    $n = 112.4655464 \rightarrow 112$ full deposits

    At 113: $25 s_{\overline{112}|i}(1+i) + X = 3000$

    $2990.20 + X = 3000$

    $X = \$9.80$

20. $(1+i)^{12} = (1.02)^4 \rightarrow i = (1.02)^{1/3} - 1 = .00662271$

    At 36: $250 s_{\overline{24}|i}(1+i)^{12} + X s_{\overline{12}|i} = 10\,000$

    $7014.11 + 12.44689341 X = 10\,000$

    $X = \$239.89$

EXERCISE 4.1 - PART A

21. $(1+i)^4 = 1.12 \to i = (1.12)^{1/4} - 1 = .028737345$

   a) Value $= 300 a_{\overline{40}|i} = \$7078.18$

   b) Value $= 300 s_{\overline{40}|i} = \$21\,983.75$

   c) Value $= 300 a_{\overline{40}|i}(1+i) = \$7281.59$

   d) Value $= 300 s_{\overline{40}|i}(1+i) = \$22\,615.51$

   e) Value $= 300 a_{\overline{40}|i}(1+i)^{-16} = \$4498.31$

22. $(1+i)^{12} = (1 + \frac{.0825}{4})^4 \to i = (1 + \frac{.0825}{4})^{1/3} - 1 = .006828269$

   a) $X = 400 s_{\overline{41}|i}(1+i) = \$18\,980.78$

   b) Monthly withdrawal $= \frac{18\,980.78}{a_{\overline{13}|i}} = \$1530.80$

23. $(1+i)^{12} = (1.08)^2 \to = (1.08)^{1/6} - 1 = .012909457$

   Monthly payment $R = \frac{1000}{a_{\overline{10}|i}(1+i)^{-11}} = \$123.49$

24. $(1+i)^{12} = (1 + \frac{.11}{4})^4 \to i = (1 + \frac{.11}{4})^{1/3} - 1 = .0090839$

$$
\begin{aligned}
150 a_{\overline{n}|i} &= 4200(1+i)^{11} \\
\tfrac{1-(1+i)^{-n}}{i} &= 30.92844438 \\
(1+i)^{-n} &= .719049117 \\
n &= -\tfrac{\log .719049117}{\log(1+i)} \\
n &= 36.47347719 \to 36 \text{ full payments}
\end{aligned}
$$

At 37: $150 s_{\overline{36}|i}(1+i) + X = 4200(1+i)^{48}$
$\phantom{\text{At 37: }}6411.55 + X = 6482.74$
$\phantom{\text{At 37: }6411.55 + }X = \$71.19$

25. a) $(1+i)^{12} = (1 + \frac{.04}{365})^{365} \to i = (1 + \frac{.04}{365})^{365/12} - 1 = .003338712$

   Monthly payment $= \frac{96\,000}{a_{\overline{240}|i}} = \$582.07$

   b) $(1+i)^{12} = e^{.04} \to i = e^{.04/12} - 1 = .003338895$

   Monthly payment $= \frac{96\,000}{a_{\overline{240}|i}} = \$582.08$

EXERCISE 4.1

Part B

1.

	$m=2$	$m=4$	$m=12$
$p=2$	$i=.06$	$i=(1.03)^2-1$	$i=(1.01)^6-1$
	$s_{\overline{20}|i}$	$s_{\overline{20}|i}$	$s_{\overline{20}|i}$
$p=4$	$i=(1.06)^{1/2}-1$	$i=.03$	$i=(1.01)^3-1$
	$s_{\overline{40}|i}$	$s_{\overline{40}|i}$	$s_{\overline{40}|i}$
$p=12$	$i=(1.06)^{1/6}-1$	$i=(1.03)^{1/3}-1$	$i=.01$
	$s_{\overline{120}|i}$	$s_{\overline{120}|i}$	$s_{\overline{120}|i}$

2. Let i' be the rate per payment period, i.e. $(1+i')^p = (1+i)^m$.
At the end of 1 year:

$$R[1+(1+i)+(1+i)^2+\cdots+(1+i)^{m-1}] = W[1+(1+i')+(1+i')^2+\cdots+(1+i')^{p-1}]$$

$$R\frac{(1+i)^m-1}{i} = W\frac{(1+i')^p-1}{i'}$$

$$R\frac{(1+i)^m-1}{i} = W\frac{(1+i)^m-1}{(1+i)^{m/p}-1}$$

$$\frac{R}{i} = \frac{W}{(1+i)^{m/p}-1}$$

$$R = \frac{W}{\frac{(1+i)^{m/p}-1}{i}}$$

$$R = W\frac{1}{s_{\overline{m/p}|i}}$$

3.

	$m=2$	$m=4$	$m=12$
$p=2$	$a_{\overline{20}|.06}$	$\dfrac{a_{\overline{40}|.03}}{s_{\overline{2}|.03}}$	$\dfrac{a_{\overline{120}|.01}}{s_{\overline{6}|.01}}$
$p=4$	$\dfrac{a_{\overline{20}|.06}}{s_{\overline{1/2}|.06}}$	$a_{\overline{40}|.03}$	$\dfrac{a_{\overline{120}|.01}}{s_{\overline{3}|.01}}$
$p=12$	$\dfrac{a_{\overline{20}|.06}}{s_{\overline{1/6}|.06}}$	$\dfrac{a_{\overline{40}|.03}}{s_{\overline{1/3}|.03}}$	$a_{\overline{120}|.01}$

4. a) Yearly payment $R = 500/s_{\overline{1/2}|.08} = \$1019.62$

b) Quarterly payment $W = 500 s_{\overline{1/2}|.05} = \$246.95$

EXERCISE 4.1 - PART B

5. a) Monthly payment $R = 1000/s_{\overline{3}|.16/12} = \$328.93$

b) Yearly payment $W = 1000 s_{\overline{4}|.0325} = \$4199.26$

6. Let i' be the rate per payment period

$$(1+i')^p = (1+i)^m \rightarrow i' = (1+i)^{m/p} - 1$$

Accumulated value $S = W s_{\overline{kp}|i'} = W \frac{(1+i')^{kp}-1}{i'} = W \frac{(1+i)^{km}-1}{(1+i)^{m/p}-1}$

Discounted value $A = W a_{\overline{kp}|i'} = W \frac{1-(1+i')^{kp}}{i'} = W \frac{1-(1+i)^{-km}}{(1+i)^{m/p}-1}$

7. Let i' be the rate per payment period
$(1+i')^p = (1+i)^m \rightarrow (1+i') = (1+i)^{m/p}$ and $i' = (1+i)^{m/p} - 1$

Accumulated Value $S = W s_{\overline{kp}|i'}(1+i') = W \frac{(1+i')^{kp}-1}{i'}(1+i')$

$$= W \frac{(1+i)^{km}-1}{(1+i)^{m/p}-1}(1+i)^{m/p} = \frac{[(1+i)^{km}-1]/i}{[(1+i)^{m/p}-1]/i}(1+i)^{m/p}$$

$$= W \frac{s_{\overline{km}|i}}{s_{\overline{m/p}|i}}(1+i)^{m/p}$$

Discounted Value $A = W a_{\overline{kp}|i'}(1+i') = W \frac{1-(1+i')^{-kp}}{i'}(1+i')$

$$= W \frac{1-(1+i)^{-km}}{(1+i)^{m/p}-1}(1+i)^{m/p} = W \frac{[1-(1+i)^{-km}]/i}{[(1+i)^{m/p}-1]/i}(1+i)^{m/p}$$

$$= W \frac{a_{\overline{km}|i}}{s_{\overline{m/p}|i}}(1+i)^{m/p}$$

8. $(1+i)^{12} = (1.02)^4 \rightarrow i = (1.02)^{1/3} - 1 = .00662271$

Value of the fund:
$[2000 + 300 a_{\overline{8}|i}(1+i)][1 + (1.02)^{-4} + (1.02)^{-8} + (1.02)^{-12}] = \$15\,495.16$

9. $600 + 400 a_{\overline{20}|i}(1+i)^{-5} = 7600$

$a_{\overline{20}|i}(1+i)^{-5} = 17.5$

	$a_{\overline{20}|i}(1+i)^{-5}$	j_{12}
	17.6061	10%
	17.5000	j_{12}
	17.3863	11%

.2198 { .1061 { ... } d } 1%

$\frac{d}{1\%} = \frac{.1061}{.2198}$

$d = .48\%$

$j_{12} = 10.48\%$

Annual effective rate $j = (1 + \frac{.1048}{12})^{12} - 1 = 11\%$

10. $f(i) \equiv 175a_{\overline{24}|i} + 160a_{\overline{24}|i}(1+i)^{-24} = 5000$

$$80.81\left\{23.77\left\{\begin{array}{c|c} f(i) & j_{12} \\ \hline 5023.77 & 26\% \\ 5000.00 & j_{12} \\ 4942.96 & 27\% \end{array}\right\}d\right\}1\% \quad \begin{array}{l} \frac{d}{1\%} = \frac{23.77}{80.81} \\ d = .29\% \\ j_{12} = 26.29\% \end{array}$$

$j_1 = (1 + \frac{.2629}{12})^{12} - 1 = 29.70\%$

11. $(1+i)^4 = (1 + \frac{.12}{365})^{365} \to i = (1 + \frac{.12}{365})^{365/4} - 1 = .030449453$

At the end of 3 years:

$$\begin{aligned} 4000s_{\overline{8}|i}(1+i)^{12} + Rs_{\overline{12}|i} &= 100\,000 \\ 51\,060.95 + Rs_{\overline{12}|i} &= 100\,000 \\ R &= 48\,939.05/s_{\overline{12}|i} \\ R &= \$3439.55 \end{aligned}$$

12. At $j_{365} = 13\%$: $(1+i)^{12} = (1 + \frac{.13}{365})^{365} \to i = (1 + \frac{.13}{365})^{365/12} - 1 = .010890276$

Monthly payment $= 8\,200\,000/a_{\overline{36}|i} = \$276\,560.37$

At $j_1 = 13\%$: $(1+i)^{12} = 1.13 \to i = (1.13)^{1/12} - 1 = .010236844$
Monthly payment $= 8\,200\,000/a_{\overline{36}|i} = \$273\,471.80$

Size of the award $= 36(276\,560.37 - 273\,471.80) = \$111\,188.52$

13. a) $(1+i) = (1.05)^2 - 1 \to i = (1.05)^2 - 1 = .1025$

At 54: $11\,500s_{\overline{20}|i}(1+i)^3 = Ra_{\overline{30}|i}$
$908\,125.55 = 9.233799768R$
$R = \$98\,347.98$

b) $(1+i) = e^{.1} \to i = e^{.1} - 1 = .105170918$

At age 54: $11\,500s_{\overline{20}|i}(1+i)^3 = Ra_{\overline{30}|i}$
$943\,033.72 = 9.034939972R$
$R = \$104\,376.31$

14. Find i per quarter-year such that
$(1+i)^4 = e^{.1}$
$i = e^{.025} - 1 = .025315121$

a) Balance on October 1, 2005:
$X = 2000(1+i)^{14} + 300s_{\overline{14}|i} = 2838.14 + 4966.21 = \$7804.35$

EXERCISE 4.1 - PART B

b) Balance on October 1, 2011:
$$X = 2000(1+i)^{38} + 300s_{\overline{20}|i}(1+i)^{18} - 1000s_{\overline{13}|i}$$
$$= 5171.42 + 12\,056.80 - 15\,170.01 = \$2058.21$$

15. Consider an ordinary annuity of n payments of \$1 each, p payments per year over t years as shown on a time diagram below.

$$\begin{array}{ccccccc} & 1 & 1 & \cdots & & 1 & 1 \\ \hline 0 & 1 & 2 & & n-1 & n=pt \end{array}$$
$$\downarrow$$
$$s_{\overline{n}|j_\infty}$$

We calculate the accumulated value $s_{\overline{n}|j_\infty}$ by accumulating each \$1 payment to the date of the last payment, at j_∞:

$$s_{\overline{n}|j_\infty} = 1 + 1e^{j_\infty 1/p} + 1e^{j_\infty 2/p} + \cdots + 1e^{j_\infty n-1/p}$$

The expression on the right is a geometric progression of n terms with the first term $t_1 = 1$ and the common ratio $e^{j_\infty/p}$. Thus

$$s_{\overline{n}|j_\infty} = 1\frac{(e^{j_\infty/p})^n - 1}{(e^{j_\infty/p}) - 1} = \frac{e^{j_\infty n/p} - 1}{e^{j_\infty/p} - 1} = \frac{e^{j_\infty t} - 1}{e^{j_\infty/p} - 1}$$

The accumulated value S of an ordinary annuity of n payments of \$$R$ each, p payments per year over t years is then

$$S = Rs_{\overline{n}|j_\infty} = R\frac{e^{j_\infty t} - 1}{e^{j_\infty/p} - 1}$$

16. The discounted value $a_{\overline{n}|j_\infty}$ of an ordinary annuity of n payments of \$1 each, p payments per year over t years may be obtained as a discounted value of

$$s_{\overline{n}|j_\infty} \text{ for } t = \frac{n}{p} \text{ years at } j_\infty$$

$$a_{\overline{n}|j_\infty} = s_{\overline{n}|j_\infty} e^{-j_\infty t} = \frac{e^{j_\infty t} - 1}{e^{j_\infty/p} - 1} e^{-j_\infty t} = \frac{1 - e^{-j_\infty t}}{e^{j_\infty/p} - 1}$$

The discounted value A of an ordinary annuity of n payments of \$$R$ each, p payments per year over t years is then

$$A = Ra_{\overline{n}|j_\infty} = R\frac{1 - e^{-j_\infty t}}{e^{j_\infty/p} - 1}$$

EXERCISE 4.2

Part A

1. $(1+i)^{12} = (1.03125)^2 \to i = (1.03125)^{1/6} - 1 = .005141784$
   Monthly payment $= 105\,000/a_{\overline{300}|i} = \$687.48$

2. $(1+i)^{12} = (1.07375)^2 \to i = (1.07375)^{1/6} - 1 = .011930135$
   Monthly payment $= 93\,000/a_{\overline{240}|i} = \$1177.89$

3. $(1+i)^{12} = (1.0375)^2 \to i = (1.0375)^{1/6} - 1 = .006154524$
   Monthly payment $= 200\,000/a_{\overline{264}|i} = \$1534.67$

4. $(1+i)^{12} = (1.04875)^2 \to i = (1.04875)^{1/6} - 1 = .007964714$
   Monthly payment $= 135\,000/a_{\overline{144}|i} = \$1579.05$

5. a) $(1+i)^{12} = (1.025)^2 \to i = (1.025)^{1/6} - 1 = .004123915$
      Monthly payment $= 100\,000/a_{\overline{300}|i} = \$581.60$

   b) $(1+i)^{12} = (1.035)^2 \to i = (1.035)^{1/6} - 1 = .00575004$
      Monthly payment $= 100\,000/a_{\overline{300}|i} = \$700.42$

   c) $(1+i)^{12} = (1.045)^2 \to i = (1.045)^{1/6} - 1 = .007363123$
      Monthly payment $= 100\,000/a_{\overline{300}|i} = \$827.98$

6. $(1+i)^{12} = (1.05125)^2 \to i = (1.05125)^{1/6} - 1 = .00836478$

   a) 20 year option:
      Monthly payment $= 150\,000/a_{\overline{240}|i} = \$1451.28$

   b) 25 year option:
      Monthly payment $= 150\,000/a_{\overline{300}|i} = \$1367.04$

   c) 30 year option:
      Monthly payment $= 150\,000/a_{\overline{360}|i} = \$1320.54$

7. $\$160\,000$ mortgage at $j_2 = 9\%$:
   $(1+i)^{12} = (1.045)^2 \to i = (1.045)^{1/6} - 1 = .007363123$
   Monthly payment $= 160\,000/a_{\overline{300}|i} = \$1324.76$

   $\$180\,000$ mortgage at $j_2 = 6\%$:
   $(1+i)^{12} = (1.03)^2 \to i = (1.03)^{1/6} - 1 = .004938622$
   Monthly payment $= 180\,000/a_{\overline{300}|i} = \$1151.65$

   They would be better off with the government mortgage at $j_2 = 6\%$.

8. $(1+i)^{12} = (1.0375)^2 \to i = (1.0375)^{1/6} - 1 = .006154524$
   Monthly payment on $\$130\,000$ mortgage $= 130\,000/a_{\overline{300}|i} = \$951.02$
   Monthly payment on $\$160\,000$ mortgage $= 160\,000/a_{\overline{300}|i} = \$1170.49$
   The difference in monthly payments $= 1170.49 - 951.02 = \$219.47$

EXERCISE 4.2 - PART A

9. $(1+i)^{12} = (1.03375)^2 \to i = (1.03375)^{1/6} - 1 = .005547492$

$$\begin{aligned} 900a_{\overline{n}|i} &= 120\,000 \\ a_{\overline{n}|i} &= 133.\dot{3} \\ (1.005547492)^{-n} &= .260334415 \\ n &= -\frac{\log .260334415}{\log 1.005547492} \\ n &= 243.2662767 \to 243 \text{ full payments} \end{aligned}$$

At 244: $900s_{\overline{243}|i}(1+i) + X = 120\,000(1+i)^{244}$
$462\,580.27 + X = 462\,820.40$
$X = \$240.13$

10. At $j_2 = 7\%$:
$(1+i)^{12} = (1.035)^2 \to i = (1.35)^{1/6} - 1 = .00575004$
Monthly payment $= 165\,000/a_{\overline{300}|i} = \$1155.69$

At $j_2 = 6\%$:
$(1+i)^{12} = (1.03)^2 \to i = (1.03)^{1/6} - 1 = .004938622$
Monthly payment $= 175\,000/a_{\overline{300}|i} = \$1119.66$

The Belangers should take the seller's offer.

11. $(1+i)^{12} = (1.038)^2 \to i = (1.038)^{1/6} - 1 = .006235323$

a) 25 years: Monthly payment $= 120\,000/a_{\overline{300}|i} = \$885.42$
20 years: Monthly payment $= 120\,000/a_{\overline{240}|i} = \$965.42$
15 years: Monthly payment $= 120\,000/a_{\overline{180}|i} = \$1111.21$

b)
$$\begin{aligned} 1000a_{\overline{n}|i} &= 120\,000 \\ a_{\overline{n}|i} &= 120 \\ (1.006235323)^{-n} &= .251761202 \\ n &= -\frac{\log .251761202}{\log 1.006235323} \\ n &= 221.8922481 \text{ months} \end{aligned}$$

They should request 19 year repayment period.

EXERCISE 4.2

Part B

1. $(1+i)^{12} = (1.03375)^2 \to i = .005547492$
   Mortgage loan $= 920 a_{\overline{300}|i} = \$134\,296.84$

2. $828 a_{\overline{240}|i} = 100\,000$
   $a_{\overline{240}|i} = 120.7729$

   Starting value to solve $a_{\overline{240}|i} = 120.7729$ is $i = \frac{1-(\frac{120.7729}{240})^2}{120.7729} = .006183251$ or $j_{12} = .074199018 \doteq 7.42\%$

   $$9.4282 \left\{ 8.2096 \left\{ \begin{array}{c|c} a_{\overline{240}|i} & j_{12} \\ \hline 128.9825 & 7\% \\ 120.7729 & j_{12} \\ 119.5543 & 8\% \end{array} \right\} d \right\} 1\% \qquad \frac{d}{1\%} = \frac{8.2096}{9.4282}$$
   $$d \doteq .87\%$$
   $$j_{12} = 7.87\%$$

   $(1+i)^2 = (1+\frac{.0787}{12})^{12} \to i = (1+\frac{.0787}{12})^6 - 1$

   $j_2 = 2[(1+\frac{.0787}{12})^6 - 1] \doteq 8.00\%$

3. $(1+i)^{12} = (1.03225)^2 \to i = (1.03225)^{1/6} - 1 = .005304165$

   $750 a_{\overline{n}|i} = 89\,000$
   $a_{\overline{n}|i} = 118.\dot{6}$
   $(1.005304165)^{-n} = .3705724$
   $n = -\frac{\log .3705724}{\log 1.005304165}$
   $n = 187.6519355$

   Repayment period is 188 months, i.e. 15 years 8 months

4. $(1+i)^{12} = (1.0281)^2 \to i = (1.0281)^{1/6} - 1 = .004629423$
   Monthly payment $= 80\,000/a_{\overline{204}|i} = \$606.90$

5. $(1+i)^{12} = (1.035)^2 \to i = (1.035)^{1/6} - 1 = .00575004$
   Monthly payment $= 135\,000/a_{\overline{300}|i} = \$945.56$

   $(1+i)^{52} = (1.035)^2 \to i = (1.035)^{1/26} - 1 = .001324008$
   Weekly payment $= 135\,000/a_{\overline{1300}|i} = \$217.73$

6. $(1+i_R)^{12} = (1.039)^2 \to i_R = (1.039)^{1/6} - 1 = .006396825$
   Monthly payment on the red house $= 155\,000/a_{\overline{240}|i_R} = \$1265.42$

   $(1+i_B)^{12} = (1.0355)^2 \to i_B = (1.0355)^{1/6} - 1 = .005831001$
   Mortgage on the blue house $= 1265.42 a_{\overline{300}|i_B} = \$179\,085.59$

EXERCISE 4.2 - PART B

7. $(1+i)^{52} = (1.045)^2 \to i = (1.045)^{1/26} - 1 = .001694391$

$$\begin{aligned}
300 a_{\overline{n}|i} &= 105\,000 \\
\frac{1-(1+i)^{-n}}{i} &= 350 \\
(1+i)^{-n} &= .406963154 \\
n &= -\frac{\log .406963154}{\log(1+i)} \\
n &= 531.0427618 \text{ weeks} \\
n &\doteq 10.21 \text{ years}
\end{aligned}$$

You should request 11 year repayment period.
Weekly payment = $\frac{105\,000}{a_{\overline{572}|i}} = \$286.81$

EXERCISE 4.3

Part A

1. a) $A = 50/.0075 = \$6666.67$
   b) $A = 50/.01 = \$5000$
   c) $A = 50/.0125 = \$4000$

2. a) $A = 400/.08 = \$5000$
   b) $A = 400/.1248 = \$3205.13$

3. a) $A = 1500/.14 = \$10\,714.29$
   b) $A = 10\,714.29 + 1500 = \$12\,214.29$
   c) $A = 10\,714.29(1.14)^{-4} = \$6343.72$

4. a) $\begin{aligned} Ra_{\overline{40}|.05}(1.05) &= 50\,000 \\ R &= 50\,000/a_{\overline{40}|.05}(1.05) \\ R &= \$2775.15 \end{aligned}$

   b) $\begin{aligned} Ra_{\overline{40}|.05}(1.05)^{-3} &= 50\,000 \\ R &= 50\,000(1.05)^3/a_{\overline{40}|.05} \\ R &= \$3373.21 \end{aligned}$

5. a) $\begin{aligned} R/.05 + R &= 50\,000 \\ R(1/.05 + 1) &= 50\,000 \\ 21R &= 50\,000 \\ R &= \$2380.95 \end{aligned}$

   b) $\begin{aligned} (R/.05)(1.05)^{-3} &= 50\,000 \\ R &= 50\,000(1.05)^3(.05) \\ R &= \$2894.06 \end{aligned}$

6. $A = 100/.0125 = \$8000$

7. a) $A = 2000/[(1.125)^{1/2} - 1] = \$32\,970.56$
   b) $A = 2000/.0625 = \$32\,000$
   c) $A = 2000/[(1.0075)^6 - 1] = \$43\,618.37$

8. $A = 4200 + 4200/[(1.0875)^4 - 1] = \$14\,734.88$

9. $i = \frac{4}{64} = .0625 \rightarrow j_2 = 12.5\%$
   $j_1 = (1.0625)^2 - 1 \doteq 12.89\%$

10. a) $R = Ai = 20\,000[(1.04)^{1/6} - 1] = \$131.16$
    b) $\begin{aligned} R + \frac{R}{(1.04)^2 - 1} &= 20\,000 \\ R[1 + 12.25490196] &= 20\,000 \\ R &= \$1508.88 \end{aligned}$

EXERCISE 4.3 - PART A

11. At the beginning of the 20th year:
$$1000 s_{\overline{20}|.12} = \frac{R}{.12}$$
$$R = 1000 s_{\overline{20}|.12}(.12)$$
$$R = \$8646.29$$

12. $i = \frac{R}{A} = \frac{330}{3000} = .11 = 11\%$

13. $A = \frac{1000}{.04}(1.04)^{-5} = \$20\,548.18$

14. At the present time:
$$X a_{\overline{15}|.08} = \frac{2000}{.08}(1.08)^{-9}$$
$$X = \$1461.10$$

EXERCISE 4.3

Part B

1. $A = [1 + (1+i)^{-1} + (1+i)^{-2} + \cdots]$
   $= R\frac{1}{1-(1+i)^{-1}} = R\frac{1+i}{1+i-1} = \frac{R}{i}(1+i)$

2. $a_{\overline{n}|i} = \frac{1}{i} - \frac{1}{i}(1+i)^{-n} = \frac{1-(1+i)^{-n}}{i} = a_{\overline{n}|i}$

3. a) $i = 240\,000/2\,000\,000 = .12 = 12\%$

   b) $R = 2\,000\,000(.1) = \$200\,000$

   c) Find n such that $240\,000 a_{\overline{n}|.1} = 2\,000\,000$
   $$\frac{1-(1.1)^{-n}}{.1} = 8.\dot{3}$$
   $$(1.1)^{-n} = .1\dot{6}$$
   $$n = -\frac{\log .1\dot{6}}{\log 1.1}$$
   $$n = 18.7992455 \to 18 \text{ full payments}$$

4. $A = 3000 a_{\overline{5}|.12} + \frac{5000}{.12}(1.12)^{-5} = 10\,814.33 + 23\,642.79 = \$34\,457.12$

5. $L = 200 + 350(1.1)^{-1} + \frac{500}{.1}(1.1)^{-1} = 200 + 318.18 + 4545.45 = \$5063.63$
   Find n such that $300 a_{\overline{n}|.015} = 5063.63$
   $$\frac{1-(1.015)^{-n}}{.015} = 16.878767$$
   $$(1.015)^{-n} = .7468185$$
   $$n = -\frac{\log .7468185}{\log 1.015}$$
   $$n = 19.60781069 \to 19 \text{ full payments}$$

   Final payment at the end of 20 months:
   $X = 5063.63(1.015)^{20} - 300 s_{\overline{19}|.015}(1.105)$
   $ = 6819.98 - 6637.10 = \$182.88$

6. Sum available $= 60\,000/.08 = \$750\,000$
   Find R such that $R a_{\overline{25}|.08}(1.08)^{-3} = 750\,000$
   $$R = 750\,000(1.08)^3 / a_{\overline{25}|.08}$$
   $$R = \$88\,506.21$$

7. $(1+i) = (1.0075)^{12} \to i = (1.0075)^{12} - 1 = .093806898$
   At 15 years:
   $X s_{\overline{10}|.06}(1.06)^5 = \frac{2500}{i}(1+i)$
   $ X = \$1652.63$

8. $(1+i) = (1.0375)^4 \to i = (1.0375)^4 - 1 = .158650415$
   Discounted value of the perpetuity $= 1000/i = \$6303.17$

   $(1+i)^{12} = (1.0375)^4 \to i = (1.0375)^{1/3} - 1 = .012346926$
   Monthly payment $X = 6303.17 / a_{\overline{120}|i} = \$100.98$

EXERCISE 4.3 - PART B

9. $\quad 250 a_{\overline{n}|i} = 6303.17$ where $i = .012346926$
$\quad \frac{1-(1+i)^{-n}}{i} = 25.21268$
$\quad (1.012346926)^{-n} = .688700906$
$\quad n = -\frac{\log .688700906}{\log 1.012346926}$
$\quad n = 30.39184606 \to 30$ full payments

At 31: $250 s_{\overline{30}|i}(1+i) + X = 6303.17(1+i)^{31}$
$\quad\quad\quad\quad 9122.49 + X = 9220.82$
$\quad\quad\quad\quad\quad\quad\quad X = \$98.33$

10. $(1+i)^2 = (1 + \frac{.08}{365})^{365} \to i = (1 + \frac{.08}{365})^{365/2} - 1 = .040806212$

a) $R a_{\overline{40}|i}(1+i) = 100\,000$
$\quad R = 100\,000 / a_{\overline{40}|i}(1+i)$
$\quad R = \$4912.66$

b) $R a_{\overline{40}|i}(1+i)^{-3} = 100\,000$
$\quad R = 100\,000(1+i)^3 / a_{\overline{40}|i}$
$\quad R = \$5764.96$

11. a) $R + R/i = 100\,000$
$\quad R = 100\,000/(1 + \frac{1}{i})$
$\quad R = \$3920.63$

b) $\frac{R}{i}(1+i)^{-3} = 100\,000$
$\quad R = 100\,000(1+i)^3 i$
$\quad R = \$4600.83$

12. $A = \frac{362.99}{(1.04)^4 - 1}(1.04) = \$2222.49$

13. At the end of 7 years (84 months):
$X s_{\overline{60}|.08/12}(1 + \frac{.08}{12})^{24} = 400 + \frac{400}{.09/12}$
$\quad\quad\quad 86.180118 X = 53\,733.33$
$\quad\quad\quad\quad\quad\quad X = \$623.50$

14. $(1+i) = (1 + \frac{.07}{4})^4 \to i = (1.0175)^4 - 1 = .071859031$

At the end of $(10 + n)$ years:
$1000 s_{\overline{10}|.08}(1.08)^n = 3000 + \frac{3000}{i}$
$\quad\quad\quad (1.08)^n = 3.088959574$
$\quad\quad\quad\quad\quad n = \frac{\log 3.088959574}{\log 1.08}$
$\quad\quad\quad\quad\quad n = 14.65461368$ years

15. We calculate the following equivalent rates for $j_1 = 8\%$:

Quarterly rate $i_1 = (1.08)^{1/4} - 1$

Rate per 2 years $i_2 = (1.08)^2 - 1$

Semi-annual rate $i_3 = (1.08)^{1/2} - 1$

Equivalent annual payment at the end of each even-numbered year is

$$1000 s_{\overline{4}|i_1} = \$4118.08$$

Then we have a perpetuity of $4000 at the end of each year plus perpetuity of $118.08 at the end of each 2 years.

Discounted value of the 1st perpetuity is $\frac{4000}{.08} = \$50\,000$

Discounted value of the 2nd perpetuity is $\frac{118.08}{i_2} = \$709.62$

Discounted value of both perpetuities is $50 709.61.

Semi-annual payment of a new perpetuity is $50\,709.62 i_3 = \$1989.36$

EXERCISE 4.4
Part A

1. $A = 500[(1.05)^{-1} + (1.02)(1.05)^{-2} + \cdots + (1.02)^{19}(1.05)^{-20}]$
   $= 500(1.05)^{-1}[\frac{1-(1.02)^{20}(1.05)^{-20}}{1-(1.02)(1.05)^{-1}}] = \$7332.70$

2. $A = 45\,000[(1.04)(1.05)^{-1} + (1.04)^2(1.05)^{-2} + \cdots + (1.04)^{30}(1.05)^{-30}]$
   $= 45\,000(1.04)(1.05)^{-1}[\frac{1-(1.04)^{30}(1.05)^{-30}}{1-(1.04)(1.05)^{-1}}] = \$1\,167\,898.49$

3. $A = 300 a_{\overline{15}|.06} + 300 \frac{a_{\overline{15}|.06} - 15(1.06)^{-15}}{.06} = 2913.67 + 17\,266.37 = \$20\,180.04$

4. $S = 10\,000 + 1200 s_{\overline{5}|.1} = 10\,000 + 7326.12 = \$17\,326.12$
   At rate i: $S = 10\,000 + 10\,000 i s_{\overline{5}|i} = 10\,000[1 + i\frac{(1+i)^5-1}{i}] = 10\,000(1+i)^5$

5. $S = 6000 + 100(1.06)^5 + 200(1.06)^4 + \cdots + 500(1.06) + 600$
   $= 6000 + 100 s_{\overline{6}|.06} + 100\frac{s_{\overline{6}|.06}-6}{.06} = 6000 + 697.53 + 1625.53 = \$8323.06$

6. $A = 5000[1 + (1.06)(1.1)^{-1} + (1.06)^2(1.1)^{-2} + \cdots] = 5000\frac{1}{1-(1.06)(1.1)^{-1}} = \$137\,500$

7. $A = 1200 + 1200(1.03)^5(1.06)^{-5} + 1200(1.03)^{10}(1.06)^{-10} + \cdots$
   $= 1200[1 + (1.03)^5(1.06)^{-5} + (1.03)^{10}(1.06)^{-10} + \cdots]$
   $= 1200\frac{1}{1-(1.03)^5(1.06)^{-5}} = \$8973.78$

8. $(1+i)^4 = (1.01)^{12} \to i = (1.01)^3 - 1 = .030301$
   $S = 100 s_{\overline{80}|i} + 10\frac{s_{\overline{80}|i}-80}{i} = 32\,647.61 + 81\,342.58 = \$113\,990.19$

9. $(1+i)^4 = (1.04)^2 \to i = (1.04)^{1/2} - 1 = .019803903$
   $A = 100 a_{\overline{80}|i} + 10\frac{a_{\overline{80}|i}-80(1+i)^{-80}}{i} = 3997.75 + 11\,772.63 = \$15\,770.38$

10. $A = 100 + 100(1.08)(1.134)^{-1} + \cdots + 100(1.08)^{29}(1.134)^{-29}$
    Let $1 + i = \frac{1.134}{1.08}$ or $i = .05$
    Then $A = 100 a_{\overline{30}|i}(1+i) = 100 a_{\overline{30}|.05}(1.05) = \$1614.11$

11. $A = 500(1.08)^{-1} + 500(1.06)(1.08)^{-2} + \cdots + 500(1.06)^{19}(1.08)^{-20}$
    $= \frac{500}{1.06}[(\frac{1.08}{1.06})^{-1} + (\frac{1.08}{1.06})^{-2} + \cdots + (\frac{1.08}{1.06})^{-20}]$ Let $1+i = \frac{1.08}{1.06}$ or $i = .018867925$. Then
    $A = \frac{500}{1.06} a_{\overline{20}|i} = \$7797.87$

12. $(1+i)^4 = (1.05)^2 \to i = (1.05)^{1/2} - 1$
    $S = 100 s_{\overline{60}|i} + 10\frac{s_{\overline{60}|i}-60}{i} = 13\,451.84 + 30\,175.41 = \$43\,627.25$

13. $(1+i)^2 = (1 + \frac{.08}{12})^{12} \to i = (1 + \frac{.08}{12})^6 - 1$
    $A = 800 a_{\overline{10}|i} - 50\frac{a_{\overline{10}|i}-10(1+i)^{-10}}{i} = 6467.04 - 1686.27 = \$4780.77$

14. $(1+i)^{12} = e^{.1} \to i = e^{.1/12} - 1$
    $A = 20 a_{\overline{100}|i} - 5\frac{a_{\overline{100}|i}-100(1+i)^{-100}}{i} = 1351.32 - 14\,403.47 = \$15\,754.79$

EXERCISE 4.4

Part B

1. $\begin{aligned} A &= R(1+i_1)(1+i_2)^{-1} + R(1+i_1)^2(1+i_2)^{-2} + \cdots + R(1+i_1)^n(1+i_2)^{-n} \\ &= R[(1+i)^{-1} + (1+i)^{-2} + \cdots + (1+i)^{-n}] \\ &= R(1+i)^{-1}\frac{1-(1+i)^{-n}}{1-(1+i)^{-1}} \times \frac{1+i}{1+i} = R\frac{1-(1+i)^{-n}}{i} = Ra_{\overline{n}|i} \end{aligned}$

2. a)

    [timeline diagram: payments of n, n-1, n-2, ..., 2, 1 at times 1, 2, 3, ..., n-1, n]

    $\begin{aligned} a_{\overline{1}|i} + a_{\overline{2}|i} + \cdots + a_{\overline{n}|i} &= \frac{1-(1+i)^{-1} + 1-(1+i)^{-2} + \cdots + 1-(1+i)^{-n}}{i} \\ &= \frac{n - [(1+i)^{-1} + (1+i)^{-2} + \cdots + (1+i)^{-n}]}{i} \\ &= \frac{n - a_{\overline{n}|i}}{i} \end{aligned}$

    b)

    [timeline diagram: payments of 1, 2, ..., n-2, n-1 at times 1, 2, ..., n-1, n]

    $\begin{aligned} s_{\overline{1}|i} + s_{\overline{2}|i} + \cdots + s_{\overline{n-1}|i} &= \frac{(1+i) - 1 + (1+i)^2 - 1 + \cdots + (1+i)^{n-1} - 1}{i} \\ &= \frac{[1 + (1+i) + (1+i)^2 + \cdots + (1+i)^{n-1}] - n}{i} \\ &= \frac{s_{\overline{n}|i} - n}{i} \end{aligned}$

3. Using Exercise 4.4, Part B, problem 2a we obtain

    $$A = R[a_{\overline{1}|i} + a_{\overline{2}|i} + \cdots + a_{\overline{n}|i}] = \frac{R}{i}(n - a_{\overline{n}|i})$$

4. Using the equation of question 3 the purchase price of the loan is
    $1000a_{\overline{5}|.05} + 225(1.05)^{-1} + 180(1.05)^{-2} + 135(1.05)^{-3} + 90(1.05)^{-4} + 45(1.05)^{-5}$
    $= 1000a_{\overline{5}|.05} + \frac{45}{.05}(5 - a_{\overline{5}|.05}) = 4329.48 + 603.47 = \$4932.95$

EXERCISE 4.4 - PART B   97

5. $X = 5[a_{\overline{40\times 12}|.01} + a_{\overline{39\times 12}|.01} + a_{\overline{38\times 12}|.01} + \cdots + a_{\overline{1\times 12}|.01}]$

$= 5\dfrac{1-[(1.01)^{12}]^{40}+1-[(1.01)^{12}]^{39}+\cdots+1-[(1.01)^{-12}]^{1}}{.01}$

$= 5\dfrac{40-\{[(1.01)^{-12}]^{40}+[(1.01)^{-12}]^{39}+\cdots+[(1.01)^{-12}]^{1}\}}{.01}$

$= \dfrac{5}{.01}\left\{40 - (1.01)^{-12}\dfrac{1-[(1.01)^{-12}]^{40}}{1-(1.01)^{-12}}\right\}$

$= \dfrac{5}{.01}\left\{40 - \dfrac{1-[(1.01)^{-12}]^{40}}{(1.01)^{12}-1}\right\} = \$16\ 090.80$

6. Fund A:
$X = 3000[(1.015)^{-1} + (1.01)(1.015)^{-2} + \cdots + (1.01)^{99}(1.015)^{-100}]$
$= \dfrac{3000}{1.01}[(1.01)(1.015)^{-1} + (1.01)^{2}(1.015)^{-2} + \cdots + (1.01)^{100}(1.015)^{-100}]$

Let $1+i = \dfrac{1.015}{1.01}$ or $i = .004950495$

Then $X = \dfrac{3000}{1.01}a_{\overline{100}|i} = \$233\ 828.61$

Fund B:
$X = 4500 a_{\overline{100}|.015} = \$232\ 311.17$

She should choose fund A.

7. $\quad X = p[(1+i)^{-2} + (1+i)^{-4} + \cdots] + q(1+i)^{-4} + 2q(1+i)^{-6} + \cdots$
$(1+i)^2 X = p[1 + (1+i)^{-2} + (1+i)^{-4} + \cdots] + q(1+i)^{-2}$
$\qquad\qquad + 2q(1+i)^{-4} + 3q(1+i)^{-6} + \cdots$

Subtracting the first equation from the second we obtain

$$\begin{aligned}
X[(1+i)^2 - 1] &= p + q[(1+i)^{-2} + (1+i)^{-4} + \cdots] \\
iX\dfrac{(1+i)^2-1}{i} &= p + q\dfrac{(1+i)^{-2}}{1-(1+i)^{-2}} \\
iX\, s_{\overline{2}|i} &= p + q\dfrac{1}{(1+i)^2-1} \\
iX\, s_{\overline{2}|i} &= p + q\dfrac{1}{is_{\overline{2}|i}} \\
X &= \dfrac{1}{is_{\overline{2}|i}}\left(p + \dfrac{q}{is_{\overline{2}|i}}\right)
\end{aligned}$$

8.

```
          p   2p              (n-2)p  (n-1)p   np
          R   R   R              R      R     R
       +--+---+---+--- ... ---+------+------+------+
       0  1   2   3           n-1    n      n+1
```

$$A = \tfrac{R}{i} + p[(1+i)^{-2} + 2(1+i)^{-3} + \cdots + (n-1)(1+i)^{-n}] + \tfrac{np}{i}(1+i)^{-n}$$
$$(1+i)A = \tfrac{R}{i} + R + p[(1+i)^{-1} + 2(1+i)^{-2} + \cdots + (n-1)(1+i)^{-(n-1)}]$$
$$\qquad + \tfrac{np}{i}(1+i)^{-n}(1+i)$$

Subtracting the first equation from the second we obtain
$$iA = R + p[(1+i)^{-1} + (1+i)^{-2} + \cdots + (1+i)^{-(n-1)}]$$
$$\qquad - p(n-1)(1+i)^{-n} + \tfrac{np}{i}(1+i)^{-n}[(1+i)-1]$$
$$iA = R + pa_{\overline{n-1}|i} - pn(1+i)^{-n} + p(1+i)^{-n} + np(1+i)^{-n}$$
$$iA = R + pa_{\overline{n}|i}$$
$$A = \tfrac{R + pa_{\overline{n}|i}}{i}$$

9. At the end of the n-th year:
The accumulated value of the interest fund is
$$6(1.04)^{n-1} + 12(1.04)^{n-2} + 18(1.04)^{n-3} + \cdots + 6(n-1)(1.04) + 6n$$
$$= 6s_{\overline{n}|.04} + 6\tfrac{s_{\overline{n}|.04} - n}{.04} = \tfrac{6s_{\overline{n}|.04}(1.04) - 6n}{.04}$$

The accumulated value of the principal fund $= 100n$

Now we want to find n such that
$$\tfrac{6s_{\overline{n}|.04}(1.04) - 6n}{.04} > 100n$$
$$6s_{\overline{n}|.04}(1.04) - 6n > 4n$$

or $f(n) \equiv 6s_{\overline{n}|.04}(1.04) - 10n > 0$ first time.

Note: $f(n) < 0$ for $n \leq 23$, $f(23) = -1.5$
$\qquad\quad f(n) > 0$ for $n \geq 24$, $f(24) = 3.87$
Thus $n = 24$

10. At the present time:
$$1000a_{\overline{20}|.08} = x(1.08)^{-1} + x(1.1)(1.08)^{-2} + \cdots + x(1.1)^{19}(1.08)^{-20}$$
$$9818.15 = x(1.08)^{-1}[1 + (1.1)(1.08)^{-1} + \cdots + (1.1)^{19}(1.08)^{-19}]$$
$$9818.15 = x(1.08)^{-1}\{[(\tfrac{1.1}{1.08})^{20} - 1]/(\tfrac{1.1}{1.08} - 1)\}$$
$$9818.15 = x(22.168653)$$
$$x = \$442.88$$
Final payment $= x(1.1)^{19} = 442.88(1.1)^{19} = \$2708.61$

EXERCISE 4.4 - PART B

11. $(1+i)^{12} = 1.03 \rightarrow i = (1.03)^{1/12} - 1 = .00246627$

$$\begin{aligned} A &= 1000a_{\overline{12}|i} + 1100a_{\overline{12}|i}(1.03)^{-1} + 1200a_{\overline{12}|i}(1.03)^{-2} \\ &\quad + \cdots + 1900a_{\overline{12}|i}(1.03)^{-9} \\ (1.03)A &= 1000a_{\overline{12}|i}(1.03) + 1100a_{\overline{12}|i} + 1200a_{\overline{12}|i}(1.03)^{-1} \\ &\quad + \cdots + 1900a_{\overline{12}|i}(1.03)^{-8} \end{aligned}$$

Subtracting the first equation from the second we obtain

$$\begin{aligned} .03A &= 1000a_{\overline{12}|i}(1.03) + 100a_{\overline{12}|i}[1 + (1.03)^{-1} + \cdots + (1.03)^{-8}] \\ &\quad - 1900a_{\overline{12}|i}(1.03)^{-9} \\ .03A &= 100a_{\overline{12}|i}[10.3 + a_{\overline{9}|.03}(1.03) - 19(1.03)^{-9}] \\ A &= \tfrac{100a_{\overline{12}|i}}{.03}[10.3 + a_{\overline{9}|.03}(1.03) - 19(1.03)^{-9}] \\ A &= \$147\,928.85 \end{aligned}$$

12. Set $P = 1$, $Q = 1$ in the equations of Example 3 of Section 4.4.

$$(Ia)_{\overline{n}|i} = a_{\overline{n}|i} + \frac{a_{\overline{n}|i} - n(1+i)^{-n}}{i} = \frac{a_{\overline{n}|i}(1+i) - n(1+i)^{-n}}{i} = \frac{\ddot{a}_{\overline{n}|i} - nv^n}{i}$$

$$(Is)_{\overline{n}|i} = s_{\overline{n}|i} + \frac{s_{\overline{n}|i} - n}{i} = \frac{s_{\overline{n}|i}(1+i) - n}{i} = \frac{\ddot{s}_{\overline{n}|i} - n}{i}$$

13. Set $P = n$, $Q = -1$ in the equations of Example 3 of Section 4.4.

$$(Da)_{\overline{n}|i} = na_{\overline{n}|i} - \frac{a_{\overline{n}|i} - n(1+i)^{-n}}{i} = \frac{n[1-(1+i)^{-n}] - a_{\overline{n}|i} + n(1+i)^{-n}}{i} = \frac{n - a_{\overline{n}|i}}{i}$$

$$(Ds)_{\overline{n}|i} = ns_{\overline{n}|i} - \frac{s_{\overline{n}|i} - n}{i} = \frac{n[(1+i)^n - 1] - s_{\overline{n}|i} + n}{i} = \frac{n(1+i)^n - s_{\overline{n}|i}}{i}$$

14. $\displaystyle\lim_{n\to\infty}\left\{Pa_{\overline{n}|i} + \frac{Qa_{\overline{n}|i} - n(1+i)^{-n}}{i}\right\} = Pa_{\overline{\infty}|i} + \frac{Qa_{\overline{\infty}|i}}{i} = \frac{P}{i} + \frac{Q}{i^2}$

since $a_{\overline{\infty}|i} = \tfrac{1}{i}$ and $\displaystyle\lim_{n\to\infty}\frac{n}{(1+i)^n} = \lim_{n\to\infty}\frac{1}{n(1+i)^{n-1}} = 0$

15. a) Set $P = 1$, $Q = 1$ in the equation of question 14

$$(Ia)_{\overline{\infty}|i} = \tfrac{1}{i} + \tfrac{1}{i^2}$$

b) The present value $= \frac{100}{.005} + \frac{2}{(.005)^2} = 20\,000 + 80\,000 = \$100\,000$

16. $(Is)_{\overline{100}|.02}(1.02)^{99} + (Ds)_{\overline{99}|.02}$

$= \frac{\ddot{s}_{\overline{100}|.02} - 100}{.02}(1.02)^{99} + \frac{99(1.02)^{99} - s_{\overline{99}|.02}}{.02}$

$= 77\,587.66 + 19\,901.36 = \$97\,489.02$

17. Accumulated value of the deposits $= 36X$
Accumulated value of the interest payments $= .0075X(Is)_{\overline{36}|.005}$
$= \frac{.0075X}{.005}[(1.005)s_{\overline{36}|.005} - 36] = 5.299178236X$
Thus $41.299178236X = 18\,000$
$X = \$435.84$

18. $(1+i) = (1.06)^2 \rightarrow i = (1.06)^2 - 1 = .1236$
From question 14:
The discounted value of an **ordinary increasing perpetuity** is $\frac{P}{i} + \frac{Q}{i^2}$.
The discounted value of an **increasing perpetuity due** is

$$(\tfrac{P}{i} + \tfrac{Q}{i^2})(1+i).$$

Setting $P = 100$, $Q = 100$ we obtain

$$(\tfrac{100}{.1236} + \tfrac{100}{(.1236)^2})(1.1236) = \$8263.93$$

REVIEW EXERCISES 4.5

1. a) $(1+i)^4 = (1.025)^2 \to i = (1.025)^{1/2} - 1 = .012422837$
   At the end of 1 year: $X s_{\overline{2}|.025} = 300 s_{\overline{4}|i}$
   $X = 300 s_{\overline{4}|i}/s_{\overline{2}|.025}$
   $X = \$603.73$

   b) $(1+i)^{12} = (1 + \frac{.14}{4})^4 \to i = (1 + \frac{.14}{4})^{1/3} - 1 = .011533142$
   At the end of 1 year: $X s_{\overline{12}|i} = 300 s_{\overline{4}|.035}$
   $X = 300 s_{\overline{4}|.035}/s_{\overline{12}|i}$
   $X = \$98.86$

2. $(1+i)^4 = (1 + \frac{.04}{12})^{12} \to i = (1 + \frac{.04}{12})^3 - 1 = .01003337$
   Accumulated value $S = 100 s_{\overline{40}|i} = \$4892.00$
   Discounted value $A = 100 a_{\overline{40}|i} = \$3281.39$

3. a) Semi-annual payment $= 600 + 100(.08)(\frac{15}{12}) = \$610$
   Accumulated value $= \$610 s_{\overline{6}|.04} = \$4046.12$

   b) $(1+i)^{12} = (1.04)^2 \to i = (1.04)^{1/6} - 1 = .006558197$
   Accumulated value $= 100 s_{\overline{36}|i} = \$4045.61$

4. a) $(1+i)^{12} = (1.0325)^2 \to i = (1.0325)^{1/6} - 1 = .00534474$

   $100 s_{\overline{n}|i} = 3000$
   $\frac{(1+i)^n - 1}{i} = 30$
   $(1.00534474)^n = 1.160342202$
   $n = \frac{\log 1.160342202}{\log 1.00534474}$
   $n = 27.89883695 \to 27$ full deposits

   At 28: $100 s_{\overline{27}|i}(1+i) + X = 3000$
   $2911.71 + X = 3000$
   $X = \$88.29$

   b) $(1+i)^{12} = (1.0375)^4 \to i = (1.0375)^{1/3} - 1 = .012346926$

   $100 s_{\overline{n}|i} = 3000$
   $\frac{(1+i)^n - 1}{i} = 30$
   $(1.012346926)^n = 1.37040778$
   $n = \frac{\log 1.37040778}{\log 1.012346926}$
   $n = 25.67843011 \to 25$ full deposits

   At 26: $100 s_{\overline{25}|i}(1+i) + X = 3000$
   $2943.88 + X = 3000$
   $X = \$56.12$

5. $(1+i)^{12} = (1 + \frac{.05}{365})^{365} \to i = (1 + \frac{.05}{365})^{365/12} - 1 = .004175073$
   Monthly deposit $= \frac{150\,000}{s_{\overline{96}|i}} = \$1273.45$

6. $(1+i)^{12} = 1.142 \to i = (1.142)^{1/12} - 1 = .011126537$

$$\begin{aligned}
500 a_{\overline{n}|i} &= 12\,000 \\
\tfrac{1-(1+i)^{-n}}{i} &= 24 \\
(1.011126537)^{-n} &= .732963108 \\
n &= -\tfrac{\log .732963108}{\log 1.011126537} \\
n &= 28.0756718 \to 28 \text{ full payments}
\end{aligned}$$

At 29: $500 s_{\overline{28}|i}(1+i) + X = 12\,000(1+i)^{29}$
$\phantom{\text{At 29: }} 16\,502.18 + X = 16\,540.21$
$\phantom{\text{At 29: }} X = \$38.03$

7. $50 a_{\overline{18}|i} = 800$
   $a_{\overline{18}|i} = 16$

   Starting value to solve $a_{\overline{18}|i} = 16$ is $i = \frac{1-(\frac{16}{18})^2}{16} = .013117284$ or $j_{12} = 12i = 15.74\%$.

$$.1202 \left\{ .0295 \left\{ \begin{array}{c|c} a_{\overline{18}|i} & j_{12} \\ \hline 16.0295 & 15\% \\ 16.0000 & j_{12} \\ 15.9093 & 16\% \end{array} \right\} d \right\} 1\% \qquad \begin{aligned} \tfrac{d}{1\%} &= \tfrac{.0295}{.1202} \\ d &\doteq .25\% \\ j_{12} &= 15.25\% \end{aligned}$$

Find j_2: $(1+i)^2 = (1 + \frac{.1525}{12})^{12} \to i = (1 + \frac{.1525}{12})^6 - 1 = .078713968$

$\phantom{\text{Find } j_2:} j_2 = 2[(1 + \frac{.1525}{12})^6 - 1] \doteq 15.74\%$

Find j: $(1+j) = (1 + \frac{.1525}{12})^{12} \to j = (1 + \frac{.1525}{12})^{12} - 1 \doteq 16.36\%$

8. $(1+i)^2 = (1 + \frac{.06}{365})^{365} \to i = (1 + \frac{.06}{365})^{365/2} - 1 = .030451993$
   Cash value of the lot $= 8000 + 3000 a_{\overline{6}|i}(1+i)^{-3} = \$22\,830.71$

9. $(1+i)^{12} = (1.035)^4 \to i = (1.035)^{1/3} - 1 = .011533142$
   Accumulated value $S = 100 s_{\overline{60}|i}(1+i) = \$8681.10$
   Discounted value $A = 100 a_{\overline{60}|i}(1+i) = \$4362.83$

10. $(1+i)^{12} = 1.1105 \to i = (1.1105)^{1/12} - 1 = .008772451$

    a) Value $= 200 a_{\overline{60}|i}(1+i) = \$9380.77$
    b) Value $= 200 a_{\overline{60}|i}(1+i)^{-23} = \$7606.79$
    c) Value $= 200 s_{\overline{60}|i} = \$15\,705$

REVIEW EXERCISES 4.5

11. $(1+i)^{12} = 1.08 \to i = (1.08)^{1/12} - 1 = .00643403$
Present value of option I $= 13\,600 - 3600(1+i)^{-36} = \$10\,742.20$
Present value of option II $= 318a_{\overline{36}|i}(1+i) = \$10\,255.34$
Lease option is cheaper by \$486.86 at the present time.

12. a) $1 + i = (1 + \frac{.08}{365})^{365} \to i = (1 + \frac{.08}{365})^{365} - 1 = .083277571$

$$Ra_{\overline{10}|i}(1+i) = 300\,000$$
$$R = \$41\,884.02$$

b) $1 + i = (1 + \frac{1}{12})^{12} \to i = (1 + \frac{1}{12})^{12} - 1 = .104713067$

$$Ra_{\overline{10}|i}(1+i)^{-2} = 300\,000$$
$$R = \$60\,795.57$$

13. $(1+i)^{12} = (1.03375)^2 \to i = (1.03375)^{1/6} - 1 = .005547492$

a) 30 years: Monthly payment $= 95\,000/a_{\overline{360}|i} = \$610.31$
20 years: Monthly payment $= 95\,000/a_{\overline{240}|i} = \$717.10$
10 years: Monthly payment $= 95\,000/a_{\overline{120}|i} = \$1086.31$

b) $\quad\quad\quad\quad 850a_{\overline{n}|i} = 95\,000$
$\quad\quad\quad\quad \frac{1-(1+i)^{-n}}{i} = 111.7647059$
$\quad\quad (1.005547492)^{-n} = .379986201$
$\quad\quad\quad\quad\quad n = -\frac{\log .379986201}{\log 1.005547492}$
$\quad\quad\quad\quad\quad n = 174.9081961$

They should request 15 year amortization period.
Monthly payment $= \frac{95\,000}{a_{\overline{180}|i}} = \$835.77$

14. $(1+i_1) = (1.01)^{12} \to i_1 = (1.01)^{12} - 1 = .12682503$
$(1+i_2)^2 = (1.01)^{12} \to i_2 = (1.01)^6 - 1 = .061520151$

At the present time: $Xa_{\overline{24}|i_2} = 200a_{\overline{20}|i_1}$
$\quad\quad\quad 12.37597059X = 1432.20$
$\quad\quad\quad\quad\quad\quad X = \$115.72$

15. $(1+i_1) = (1.02)^4 \to i_1 = (1.02)^4 - 1 = .08243216$
At age 65, amount in the account $= 2000s_{\overline{30}|i_1} = \$236\,926.05$

$(1+i_2)^{12} = (1.02)^4 \to i_2 = (1.02)^{1/3} - 1 = .00662271$
Monthly withdrawal $= \frac{236\,926.05}{a_{\overline{180}|i_2}} = \$2256.98$

16. $(1+i)^{12} = (1+\frac{.07}{4})^4 \to i = (1+\frac{.07}{4})^{1/3} - 1 = .005799633$

At the end of 3 years: $5000(1+i)^{36} + Xs_{\overline{36}|i} = 40\,000$
$$6157.20 + 39.9058582X = 40\,000$$
$$X = \$848.07$$

17. a) $A = 500a_{\overline{36}|.005} = \$16\,435.51$
b) $a = 500a_{\overline{36}|.005}(1.005) = \$16\,517.69$
c) $A = 500a_{\overline{36}|.005}(1.005)^{-23} = \$14\,654.25$

18. $(1+i)^{12} = 1.03 \to i = (1.03)^{1/12} - 1 = .00246627$

$$Xa_{\overline{120}|i}(1+i) = 100\,000(1.05)^7$$
$$X = \frac{100\,000(1.05)^7}{a_{\overline{120}|i}(1+i)}$$
$$X = \$1352.74$$

19. $(1+i)^4 = 1.12 \to i = (1.12)^{1/4} - 1 = .028737345$
$A = \frac{4}{i} = \$139.19$

20. a) $X = \frac{1000}{.12}(1.12)^{-2} = \$6643.28$
b) $X = 1000 + 1000/[(1.01)^{12} - 1] = 1000 + 7884.88 = \$8884.88$

21. a) $A = \frac{15\,000}{.08} = \$187\,500$
b) $(1+i) = (1.0125)^{12} \to i = (1.0125)^{12} - 1 = .160754518$
$A = \frac{15\,000}{i} = \$93\,309.97$

22. Interest payments are 80 at 2, 2(80) at 3, ... 8(80) at 9, and 9(80) at 10.
Using Exercise 4.4 B2b), the accumulated value of all interest payments is

$$80\frac{s_{\overline{10}|.04} - 10}{.04} = \$4012.21$$

At the end of 10 years Mr. Jenkins has $14 012.21

23. At rate i: Accumulated value of all interest payments is

$$1000i\frac{s_{\overline{10}|i} - 10}{i} = 1000s_{\overline{10}|i} - 10\,000$$

Total accumulated value $= 10\,000 + 1000s_{\overline{10}|i} - 10\,000 = 1000s_{\overline{10}|i}$

24. $A = 2000a_{\overline{20}|.12} - 1000\frac{a_{\overline{20}|.12} - 20(1.12)^{-20}}{.12} = 14\,938.89 - 4496.76 = \$10\,442.13$
$S = 10\,442.13(1.12)^{20} = \$100\,727.85$
Alternative solution: Using Exercise 4.4, B3 we obtain

$$A = \frac{100}{.12}(20 - a_{\overline{20}|.12}) = \$10\,442.13$$
$$\text{and} \quad S = 10\,442.13(1.12)^{20} = \$100\,727.85$$

REVIEW EXERCISES 4.5

25. $A = 18\,000(1.1)^{-1} + 20\,000(1.1)^{-2} + 22\,000(1.1)^{-3} + \cdots$
$1.1A = 18\,000 + 20\,000(1.1)^{-1} + 22\,000(1.1)^{-2} + \cdots$

Subtracting the first equation from the second we obtain
$.1A = 18\,000 + 2000[(1.1)^{-1} + (1.1)^{-2} + \cdots]$
$.1A = 18\,000 + \frac{2000}{.1}$
$A = [18\,000 + 20\,000]/.1$
$A = \$380\,000$

Alternative solution: Using Exercise 4.4, B14
$A = \frac{18\,000}{.1} + \frac{2000}{(.1)^2} = \$380\,000$

26. $(1+i)^{12} = e^{.12} \to i = e^{.01} - 1 = .010050167$

At the end of 4 years: $Xs_{\overline{48}|i} = 500a_{\overline{36}|i}$
$X = \frac{500a_{\overline{36}|i}}{s_{\overline{48}|i}}$
$X = \$245.36$

27. $(1+i)^{12} = 1.05 \to i = (1.05)^{1/12} - 1 = .004074124$
The discounted value at the beginning of the 4th year
$= 6250a_{\overline{24}|i} + 50\,000a_{\overline{5}|.05}(1.05)^{-2}$
$= 142\,623.49 + 196\,348.15 = \$338\,971.64$

28. $(1+i_1) = (1.05)^4 \to i_1 = (1.05)^4 - 1 = .21550625$
$(1+i_2)^4 = (1.05)^2 \to i_2 = (1.05)^{1/2} - 1 = .024695077$

At her 65th birthday: $Xa_{\overline{56}|i_2} = 1000s_{\overline{7}|i_1}$
$30.16416491X = 13\,550.09$
$X = \$449.21$

29. $(1+i) = (1.005)^{12} \to i = (1.005)^{12} - 1 = .061677812$

$A = 1000a_{\overline{7}|i} + 5000a_{\overline{8}|i}(1+i)^{-7} + 2000a_{\overline{10}|i}(1+i)^{-15}$
$= 5549.24 + 20\,287.07 + 5950.82 = \$31\,787.13$

30. $(1+i)^4 = 1.14 \to i = (1.14)^{1/4} - 1 = .033299485$

$Xa_{\overline{3}|i} + 2Xa_{\overline{7}|i}(1+i)^{-3} = 5000$
$2.810762505X + 11.15516883X = 5000$
$13.96593133X = 5000$
$X = \$358.01$

31. At the end of 20 years and 6 months:
$Xa_{\overline{60}|.0125}(1.0125) = 100s_{\overline{240}|.005}(1.005)^6$
$42.56002419X = 47\,607.65$
$X = \$1118.60$

32. Future contributions: $1500 at age 36, $1500(1.03)$ at age 37, $1500(1.3)^2$ at age 38, ..., $1500(1.03)^{38}$ at age 64, $1500(1.03)^{29}$ at age 65.
Present value A of future contributions is given by
$A = 1500(1.07)^{-1} + 1500(1.03)(1.07)^{-2} + 1500(1.03)^2(1.07)^{-3} + ... + 1500(1.03)^{29}(1.07)^{-30}$
We have a sum of $n = 30$ terms of a geometric progression with the first term $t_1 = 1500(1.07)^{-1}$ and the ratio $r = \frac{1.03}{1.07}$.
Thus
$$A = t_1 \frac{1-r^n}{1-r} = 1500(1.07)^{-1} \frac{1-(\frac{1.03}{1.07})^{30}}{1-(\frac{1.03}{1.07})} = \$25\,542.66$$

Case study I: Canadian mortgages

a) Find i per month equivalent to .035 per half-year
$(1+i)^{12} = (1.035)^2 \rightarrow i = (1.035)^{1/6} - 1 = .00575004$

Monthly payment for a 25-year period $= \frac{100\,000}{a_{\overline{300}|i}} = \$700.42$

Monthly payment for a 20-year period $= \frac{100\,000}{a_{\overline{240}|i}} = \$769.31$

Monthly payment for a 15-year period $= \frac{100\,000}{a_{\overline{180}|i}} = \$893.25$

b) Concluding payment $= 100\,000(1+i)^{240} - 769.31 s_{\overline{239}|i}(1+i) = \$769.64$
Concluding payment is slightly higher than regular payment due to the rounding off (down) of the regular payment.
Total interest $= (239 \times 769.31 + 769.64) - 100\,000 = \$84\,634.73$
Interest part of the 1st payment $= 100\,000 i = \$575.00$ or $\frac{575.00}{769.31} \doteq 74.74\%$
Principal part of the 1st payment $= 769.31 - 575.00 = \$194.31$ or $\frac{194.31}{769.31} \doteq 25.26\%$
Note: For higher mortgage rates the interest part of early payments may reach 90% and more.

c) Find n (in months) such that $1000 a_{\overline{n}|i} = 100\,000$
or $(1+i)^{-n} = .42499605$
$n \doteq 149.24$ months
$n \doteq 12.44$ years
Request 13-year repayment period and you actual monthly payment will be
$$\frac{100\,000}{a_{\overline{156}|i}} = \$972.67$$

d) Using monthly payments of $1000:
From part c), there will be 149 payments of $1000 plus concluding payment
$= 100\,000(1+i)^{150} - 1000 s_{\overline{149}|i}(1+i) = \$240.04$
Total payout $= 149 \times 1000 + 240.04 = \$149\,240.04$

Using weekly payments of $250:
Find i_w per week equivalent to .035 per half-year
$(1+i_w)^{52} = (1.035)^2 \to i_w = (1.035)^{1/26} - 1 = .001324008$
Find n (in weeks) such that $250 a_{\overline{n}|i_w} = 100\,000$
$$(1+i_w)^{-n} = .470396992$$
$$n \doteq 569.99 \text{ weeks}$$
Concluding payment $= 100\,000(1+i_w)^{570} - 250 s_{\overline{569}|i_w}(1+i_w) = \$248.71$
Total payout $= 569 \times 250 + 248.71 = \$142\,498.71$

By paying $250 per week instead of paying $1000 per month you save
$149\,240.04 - 142\,498.71 = \$6741.33$ or $\frac{6741.33}{49\,240.04} = 13.69\%$ of total interest.

CHAPTER 5

EXERCISE 5.1

Part A

1. Quarterly payment $R = \frac{5000}{a_{\overline{20}|.03}} = \$336.078538$

   a) Rounded up to the cent $R = \$336.08$
   Concluding payment $X = 5000(1.03)^{20} - 336.08 s_{\overline{19}|}(1.03)$
   $= 9030.56 - 8694.52 = \$336.04$

   b) Rounded up to the dime $R = \$336.10$
   Concluding payment $X = 5000(1.03)^{20} - 336.10 s_{\overline{19}|.03}(1.03)$
   $= 9030.56 - 8695.03 = \$335.53$

2. Monthly payment $R = \frac{20\,000}{a_{\overline{36}|.08/12}} = \$626.7273089$

   a) Rounded up to the cent $R = \$626.73$
   Concluding payment $X = 20\,000(1 + \frac{.08}{12})^{36} - 626.73 s_{\overline{35}|.08/12}(1 + \frac{.08}{12})$
   $= 25\,404.74 - 24\,778.12 = \$626.62$

   b) Rounded up to the dime $R = \$626.80$
   Concluding payment $X = 20\,000(1 + \frac{.08}{12})^{36} - 626.80 s_{\overline{35}|.08/12}(1 + \frac{.08}{12})$
   $= 25\,404.74 - 24\,780.89 = \$623.85$

3. Semi-annual payment $R = \frac{5000}{a_{\overline{8}|.07}} = \$837.34$

Payment Number	Periodic Payment	Interest Payment	Principal Repaid	Outstanding Principal
				5000.00
1	837.34	350.00	487.34	4512.66
2	837.34	315.89	521.45	3991.21
3	837.34	279.38	557.96	3433.25
4	837.34	240.33	597.01	2836.25
5	837.34	198.54	638.80	2197.44
6	837.34	153.82	683.52	1513.92
7	837.34	105.97	731.37	782.55
8	837.33*	54.78	782.55	0

EXERCISE 5.1 - PART A   109

4. Monthly payment $R = \frac{900}{a_{\overline{6}|.01}} = 155.29353 = \$155.30$

Payment Number	Periodic Payment	Interest Payment	Principal Repaid	Outstanding Principal
				900.00
1	155.30	9.00	146.30	753.70
2	155.30	7.54	147.76	605.94
3	155.30	6.06	149.24	456.70
4	155.30	4.57	150.73	305.97
5	155.30	3.06	152.24	153.73
6	155.27*	1.54	153.73	0

5. Use $i = (1 + \frac{.06}{12})^3 - 1 = .015075125$
$R = \frac{1000}{a_{\overline{8}|i}} = \$133.63$

Payment Number	Periodic Payment	Interest Payment	Principal Repaid	Outstanding Principal
				1000.00
1	133.63	15.08	118.55	881.45
2	133.63	13.29	120.34	761.11
3	133.63	11.47	122.16	639.95
4	133.63	9.63	124.00	514.95
5	133.63	7.76	125.87	389.08
6	133.63	5.87	127.76	261.32
7	133.63	3.94	129.69	131.63
8	133.61*	1.98	131.63	0

6.

Payment Number	Periodic Payment	Interest Payment	Principal Repaid	Outstanding Principal
				50 000.00
1	10 000.00	1000.00	9000.00	41 000.00
2	10 000.00	820.00	9180.00	31 820.00
3	10 000.00	636.40	9363.60	22 456.40
4	10 000.00	449.13	9550.87	12 905.53
5	10 000.00	258.11	9741.89	3 163.64
6	3 226.91	63.27	3163.64	0

7. Rate i per half year: $i = (1.01)^6 - 1 = .061520151$

Payment Number	Periodic Payment	Interest Payment	Principal Repaid	Outstanding Principal
				10 000.00
1	2500.00	615.20	1884.80	8 115.20
2	2500.00	499.25	2000.75	6 114.45
3	2500.00	376.16	2123.84	3 990.61
4	2500.00	245.50	2254.50	1 736.11
5	1842.92	106.81	1736.11	0

8. Debt at the end of 5 months = $2000(1 + \frac{.09}{12})^5 = \$2076.13$.

Payment Number	Periodic Payment	Interest Payment	Principal Repaid	Outstanding Principal
				2076.13
1	500.00	15.57	484.43	1591.70
2	500.00	11.94	488.06	1103.64
3	500.00	8.28	491.72	611.92
4	500.00	4.59	495.41	116.51
5	117.38	.87	116.51	0

9. Debt at the end of 2 months = $1500(1.015)^2 = \$1545.34$.

Payment Number	Periodic Payment	Interest Payment	Principal Repaid	Outstanding Principal
				1545.34
1	200.00	23.18	176.82	1368.52
2	200.00	20.53	179.47	1189.05
3	200.00	17.84	182.16	1006.89
4	200.00	15.10	184.90	821.99
5	200.00	12.33	187.67	634.32
6	200.00	9.51	190.49	443.83
7	200.00	6.66	193.34	250.49
8	200.00	3.76	196.24	54.25
9	55.06	.81	54.25	0

10. Monthly payment $R = \frac{15\ 000}{a_{\overline{36}|.0125}} = \$519.98$.

Payment Number	Periodic Payment	Interest Payment	Principal Repaid	Outstanding Principal
				15 000.00
1	519.98	187.50	332.48	14 667.52
2	519.98	183.34	336.64	14 330.88
3	519.98	179.14	340.84	13 990.04

EXERCISE 5.1 - PART A

11. $i = (1.05)^{1/6} - 1 = .008164846$
$R = \frac{40\,000}{a_{\overline{180}|i}} = \$424.91$

Payment Number	Periodic Payment	Interest Payment	Principal Repaid	Outstanding Principal
				40 000.00
1	424.91	326.59	98.32	39 901.68
2	424.91	325.79	99.12	39 802.56
3	424.91	324.98	99.93	39 702.63
4	424.91	324.17	100.74	39 601.89
5	424.91	323.34	101.57	39 500.32
6	424.91	322.51	102.40	39 397.92

12. $i = (1.035)^{1/6} - 1 = .005750039$
$R = \frac{170\,000}{a_{\overline{300}|i}} = \$1190.71$

Payment Number	Periodic Payment	Interest Payment	Principal Repaid	Outstanding Principal
				170 000.00
1	1190.71	977.51	213.20	169 786.80
2	1190.71	976.28	214.43	169 572.37
3	1190.71	975.05	215.66	169 356.71
4	1190.71	973.81	216.90	169 139.81
5	1190.71	972.56	218.15	168 921.66
6	1190.71	971.31	219.40	169 702.26
			1297.74	

The amount of the principal repaid in the first 6 months is $487.40.

13. $i = (1.1075)^{1/6} - 1 = .017163160$
$R = \frac{120\,000}{a_{\overline{300}|i}} = \$2072.15$

Payment Number	Periodic Payment	Interest Payment	Principal Repaid	Outstanding Principal
				120 000.00
1	2072.15	2059.58	12.57	119 987.43
2	2072.15	2059.36	12.79	119 974.64
3	2072.15	2059.14	13.01	119 961.63
4	2072.15	2058.92	13.23	119 948.40
5	2072.15	2058.69	13.46	119 934.94
6	2072.15	2058.46	13.69	119 921.25
			78.75	

The amount of the principal repaid in the first 6 months is $78.75.

EXERCISE 5.1

Part B

1. a) $P_{15} = 40(1.01)^9 = \$43.75$

   b) $P_6 = R(1.01)^{-31} = \$40$
   $R = 40(1.01)^{31} = 54.45309618$
   $L = Ra_{\overline{36}|.01} = \$1639.45$

2. Principal repaid in the 7th payment $= 100(1.10)^4 = \$146.41$.

3. Monthly rate $i_1 = (1.04)^{1/6} - 1 = .006558197$

   a) Monthly payment $X = \frac{180\,000}{a_{\overline{300}|i_1}} = \$1373.79$

   b) Weekly payment $= \frac{X}{4} = \$343.45$

   c) Weekly rate $i_2 = (1.04)^{1/26} - 1 = .001509627$
   Find n such that $180\,000 = 343.45 a_{\overline{n}|i_2}$
   $$\begin{aligned} a_{\overline{n}|i_2} &= 524.0937545 \\ \frac{1-(1+i_2)^{-n}}{i_2} &= 524.0937545 \\ 1-(1+i_2)^{-n} &= .791186245 \\ (1+i_2)^{-n} &= .208813755 \\ -n\log(1+i_2) &= \log .208813755 \\ n &= 1038.33212 \text{ weeks} \\ n &= 19 \text{ years } 51 \text{ weeks} \end{aligned}$$
   The debt will be paid off in 19 years 51 weeks.

   d) The Gibsons will save a lot of interest paying $343.45 weekly.

4. Let the original loan value be L. Then
   $$\begin{aligned} L(1.015)^4 - 100 s_{\overline{4}|.015} &= 1200 \\ L &= \$1516.06 \end{aligned}$$

5. In the kth payment: Interest $= 1 - (1+i)^{-(20-k+1)}$
   Principal $= (1+i)^{-(20-k+1)}$

   Find k such that
   $$\begin{aligned} 1 - (1+i)^{-(20-k+1)} &= (1+i)^{-(20-k+1)} \\ (1+i)^{-(20+k+1)} &= \tfrac{1}{2} \\ (1+i)^{(20-k+1)} &= 2 \\ \frac{(1.15)^{21}}{(1+i)^k} &= 2 \\ (1+i)^k &= 9.410759001 \\ k &= \frac{\log(9.410759001)}{\log(1.15)} \\ k &= 16.04051555 \end{aligned}$$

   In the 16th payment, the principal and interest portions are most nearly equal.

EXERCISE 5.1 - PART B 113

6. Total annual payment = $150
   Principal portion of 7th payment = $150(1+i)^{-4} = 110.25$
   $$(1+i)^4 = \frac{150}{110.25}$$
   $$(1+i) = \left(\frac{150}{110.25}\right)^{1/4}$$
   $$1+i = 1.080010966$$
   $$i \doteq 8\%$$

7. Total yearly payments = $750 \times 12 = \$9000$
   Principal portion in 8th year = $400

   Principal portion in 10th year = $400(1.09)^2 = \$475.24$
   Total interest in 10th year = $9000 - 475.24 = \$8524.76$

8. a) Monthly payment = $274.75
   b) At i per month $(1+i) = \frac{31.94}{31.68} = 1.008207071$ or $i = .008207071$
   c) Semi-annual rate = $(1.008207071)^6 - 1 = .050263889$
      Nominal rate $j_2 = 2(.050263889) = .100527777$ or $j_2 \doteq 10\%$
   d) The correct i per month is found using
      $$(1+i)^6 = 1.05$$
      $$1+i = (1.05)^{1/6}$$
      $$i = .008164846$$
      Let the outstanding principal after the 1st payment be X. Then
      $$Xi = 242.81$$
      $$X = \frac{242.81}{i}$$
      $$X = \$29\ 738.47$$
   e) Find n such that $274.75 a_{\overline{n}|i} = 29\ 738.47$
      $$\frac{1-(1+i)^{-n}}{i} = 108.2382894$$
      $$1-(1+i)^{-n} = .883748969$$
      $$(1+i)^n = 8.602074269$$
      $$n = \frac{\log 8.602074269}{\log(1.008164846)}$$
      $$n = 264.6439181 \text{ months}$$
      $$n \doteq 22 \text{ years}$$

9. Annual payment $R = \frac{1000}{a_{\overline{n}|i}}$
   Total payments $= nR = \frac{1000n}{a_{\overline{n}|i}}$

   Total principal repaid = $1000
   Total interest repaid $= \frac{1000n}{a_{\overline{n}|i}} - 1000 = 1000\left(\frac{n}{a_{\overline{n}|i}} - 1\right)$

   Total commission = 10% of $1000\left(\frac{n}{a_{\overline{n}|i}} - 1\right) = 100\left(\frac{n}{a_{\overline{n}|i}} - 1\right)$

10. U.S. uses $j_{12} = 6\frac{1}{2}\%$ (Computer Software)
    Canada uses $j_2 = 6\frac{1}{2}\%$ (Bank Statement)
    The bank statement is correct.

11. a) Monthly rate $i_1 = (1.045)^{1/6} - 1 = .007363123$
Monthly payment $= \frac{150\ 000}{a_{\overline{300}|i_1}} = \$1241.97$

b) Weekly rate $i_2 = (1.045)^{1/26} - 1 = .001694391$
Weekly payment $= \frac{12}{52}(1241.97) = \$286.61$
Find n such that $286.61 a_{\overline{n}|i_2} = 150\ 000$
$$\frac{1-(1+i_2)^{-n}}{i_2} = 523.3592687$$
$$(1+i_2)^{-n} = .113224771$$
$$-n \log(1+i_2) = \log .113224771$$
$$n = 1286.730938 \text{ weeks}$$
$$n = 24 \text{ years } 39 \text{ weeks}$$
The mortgage will be fully paid in 24 years 39 weeks.

c) At the end of 1287 weeks:
$$286.61 s_{\overline{1286}|i_2}(1+i_2) + X = 150\ 000(1+i_2)^{1287}$$
$$1\ 325\ 192.50 + X = 1\ 325\ 402.04$$
$$X = \$209.54$$

12. Payment $= 440.31 + 160.07 = \$600.38$
Interest rate i per period must satisfy $1 + i = \frac{161.67}{160.07}$
$$i = .009995627$$
Outstanding principal X in line 1 must satisfy $Xi = 438.71$
$$X = \$43\ 890.19$$
Required partial schedule:

Payment	Interest	Principal	Outstanding Principal
600.38	440.31	160.07	43 890.19
600.38	438.71	161.67	43 728.52
600.38	437.09	163.29	43 565.23
600.38	435.46	164.92	43 400.31

13. Semi-annual payment $= \frac{15\ 000}{a_{\overline{16}|.045}} = \$1335.24$
Find i per half-year such that $(1+i)^2 = (1 + \frac{.07}{12})^{12}$
$$i = (1 + \tfrac{.07}{12})^6 - 1$$
$$i = .035514404$$

Accumulated value of deposits $= 1335.24 s_{\overline{16}|i} = \$28\ 116.14$
Find the annual-effective rate j such that $15\ 000(1+j)^8 = 28\ 116.14$
$$1 + j = \left(\tfrac{28\ 116.14}{15\ 000}\right)^{1/8}$$
$$j = .081703051$$
$$j = 8.17\%$$

EXERCISE 5.1 - PART B   115

14. Let i be the rate per half-year.
Then
$$10\,000i + 9000i + \cdots + 1000i = 2200$$
$$i\tfrac{10}{2}(10\,000 + 1000) = 2200$$
$$55\,000i = 2200$$
$$i = .04$$
$$\text{and } j_2 = 2i = .08$$

15. $30.83(1+i)^{15} = 100$
$1+i = \left(\tfrac{100}{30.83}\right)^{1/15}$
$i = .081604366$

Annual effective rate $j = (1+i)^2 - 1 = 16.99\%$

16. Let L be the amount of the loan.
$L = 50(1.02)^{-1} + 100(1.02)^{-2} + \cdots + 800(1.02)^{-16}$
Using formula from Example 3a from Section 4.4
$L = 50a_{\overline{16}|.02} + 50\dfrac{a_{\overline{16}|.02} - 16(1.02)^{-16}}{.02} = \$5485.33$

Total interest $= (1 + 2 + \cdots + 16)50 - 5485.33 = \tfrac{16}{2}(17)(50) - 5485.33 = \$1314.67$

17. In the k-th payment
Interest: $R - R(1+i)^{-(n-k+1)}$
Principal: $R(1+i)^{-(n-k+1)}$

Find k s.t. $R - R(1+i)^{-(n-k+1)} = R(1+i)^{-(n-k+1)}$
or $1 - (1.005)^{-(180-k+1)} = (1.005)^{-(180-k+1)}$
$(1.005)^{k-181} = \tfrac{1}{2}$
$(k-181)\ln 1.005 = -\ln 2$
$k = 42.02$

In the 43rd payment, the interest portion wil be less than the principal portion, for the first time.

18. Mortgage A:
i_1 per month $= (1.035)^{1/6} - 1 = .005750039$
Monthly payment $= \dfrac{160\,000}{a_{\overline{240}|i_1}} = \$1230.90$
i_2 per week $= (1.035)^{1/26} - 1 = .001324007$
Weekly payment $= \dfrac{1230.90}{4} = \$307.73$

Find n such that $307.73 a_{\overline{n}|i_2} = 160\,000$
$\dfrac{1-(1+i_2)^{-n}}{i_2} = \dfrac{160\,000}{307.73}$
$(1+i_2)^{-n} = 0.311600419$
$-n\log(1+i_2) = \log(.311600419)$
$n \doteq 881.27$ weeks

Concluding payment $= 160\,000(1+i_2)^{882} - 307.73 s_{\overline{881}|i_2}(1+i_2) = \$82.49$
Total interest $= (881 \times 307.73 + 82.49) - 160\,000 = \$111\,192.62$

Mortgage B:
$\quad i_1$ per month $= (1.035)^{1/6} - 1 = .005750039$
Monthly payment $= \dfrac{160\,000}{a_{\overline{240}|i_1}} = \$1230.90$

Equivalent semi-annual payment if you double the monthly payment every 6 months is

$$1230.90 s_{\overline{6}|i_1} + 1230.90 = \$8723.28$$

Find n such that $8723.28 a_{\overline{n}|.035} = 160\,000$
$\qquad\qquad\qquad \dfrac{1-(1.035)^{-n}}{.035} = 18.34172467$
$\qquad\qquad\qquad (1.035)^{-n} = .358039636$
$\qquad\qquad\qquad n = \dfrac{\ln .358039636}{\ln(1.035)}$
$\qquad\qquad\qquad n = 29.85665655$ half-years

Concluding payment at the end of 15 years:
$160\,000(1+i_1)^{180} - 8723.28 s_{\overline{29}|.035}(1.035) - 1230.90 s_{\overline{5}|i_1}(1+i_1)$
$= 449\,086.99 - 441\,595.79 - 6261.48$
$= \$1229.72$

Total interest $= [179(1230.90) + 1229.72] - 160\,000 = \$61\,560.82$

Mortgage B has lower interest charges.

19. The lender will advance \$152 000, but the monthly payment is calculated on the basis of a \$160 000 loan and rate $\frac{.08}{12}$ per month.

Monthly payment $R = \dfrac{160\,000}{a_{\overline{180}|.08/12}} = \$1529.05$

The true monthly interest rate $i = \dfrac{j_{12}}{12}$ is the solution of the equation

$$1529.05 a_{\overline{180}|i} = 152\,000$$
$$\text{or } a_{\overline{180}|i} = 99.4081$$

Applying the method of interpolation, we have:

$$6.0472 \left\{ 5.2325 \left\{ \begin{array}{c|c} a_{\overline{180}|i} & j_{12} \\ \hline 104.6406 & 8\% \\ 99.4081 & j_{12} \\ 98.5934 & 9\% \end{array} \right\} d \right\} 1\% \qquad \begin{array}{l} \dfrac{d}{1\%} = \dfrac{5.2325}{6.0472} \\ d \doteq .87\% \\ j_{12} = 8.87\% \end{array}$$

The true interest rate on the mortgage loan is $j_{12} = 8.87\%$

EXERCISE 5.2

Part A

1. Monthly payment $R = \frac{15\,000}{a_{\overline{36}|.01}} = \$498.22$
   Retrospective method:
   $$P = 15\,000(1.01)^{24} - 498.22 s_{\overline{24}|.01} = 19\,046.02 - 13\,438.72 = \$5607.30$$
   Prospective method:
   $$P = 498.22 a_{\overline{12}|.01} = \$5607.50$$

2. Quarterly payment $R = \frac{10\,000}{a_{\overline{40}|.025}} = \$398.37$
   Outstanding balance $= 10\,000(1.025)^{24} - 398.37 s_{\overline{24}|.025}$
   $= 18\,087.26 - 12\,886.89 = \$5200.37$

3. Monthly payment $R = \frac{30\,000}{a_{\overline{36}|.08/12}} = \$940.10$
   On Dec. 1, 2000 $P = 30\,000(1 + \frac{.08}{12})^5 - 940.10 s_{\overline{5}|.08/12}$
   $= 31\,013.42 - 4763.59 = \$26\,249.83$

   Principal repaid in 2000 $= 30\,000 - 26\,249.83 = \$3750.17$
   Interest paid in 2000 $= 5 \times 940.10 - 3750.17 = \$950.33$

4. $i = (1.055)^{1/6} - 1 = .008963394$
   Monthly payment $R = \frac{110\,000}{a_{\overline{300}|i}} = \$1058.79$
   Outstanding balance after one year $= 110\,000(1 + i)^{12} - 1058.79 s_{\overline{12}|i}$
   $= 122\,432.75 - 13\,350.94 = \$109\,081.81$
   Principal repaid in year one $= 110\,000 - 109\,081.81 = \$918.19$

5. Monthly payment $R = \frac{4000}{a_{\overline{36}|i}}$ where $i = \frac{.09}{12}$
   On December 1, 2000:
   $P = 4000(1 + i)^7 - 127.20 s_{\overline{7}|i} = 4214.78 - 910.69 = \$3304.09$
   On December 1, 2001:
   $P = 4000(1 + i)^{19} - 127.20 s_{\overline{19}|i} = 4610.16 - 2587.08 = \$2023.08$
   Principal repaid in 2001 $= 3304.09 - 2023.08 = \$1281.01$
   Interest paid in 2001 $= (12 \times 127.20) - 1281.01 = \$245.39$

6. Monthly payment $R = \frac{2000}{a_{\overline{24}|.0125}} = \$96.98$
   After the 10th payment $P = 2000(1.0125)^{10} - 96.98 s_{\overline{10}|.0125}$
   $= 2264.54 - 1026.21 = \$1238.33$
   Interest portion of the 11th payment $= 1238.33(.0125) = \$15.48$
   Principal portion of the 11th payment $= 96.98 - 15.48 = \$81.50$

7. Quarterly payment $R = \frac{150\,000}{a_{\overline{60}|.03}} = \$5419.95$
   At the end of 8 years $P = 150\,000(1.03)^{32} - 5419.95 s_{\overline{32}|.03}$
   $= 386\,262.41 - 284\,562.33 = \$101\,700.08$

Principal repaid = 150 000 − 101 700.08 = $48 299.92
Couple's equity = 48 299.92 + 50 000 = $98 299.92

8. $i = (1.0325)^{1/6} − 1 = .005344740$
$R = \frac{216\,000}{a_{\overline{240}|i}} = \$1599.49$
After 5 years: $P = 216\,000(1+i)^{60} − 1599.49 s_{\overline{60}|i}$
$= 297\,409.17 − 112\,791.02 = \$184\,618.15$
Principal repaid = 216 000 − 184 618.15 = $31 381.85
Owner's equity = 31 381.85 + 110 000 = $141 381.85

9. Monthly payment $R = \frac{68\,000}{a_{\overline{180}|.0075}} = \$689.71$
At the end of 9 years:
$P = 68\,000(1.0075)^{108} − 689.71 s_{\overline{108}|.0075} = 152\,396.44 − 114\,135.43 = \$38\,261.01$
Principal repaid = 68 000 − 38 261.01 = $29 738.99
Buyer's equity = 29 738.99 + 12 000 = $41 738.99
Seller's equity = $38 261.01

10. $i = (1.02)^{1/3} − 1 = .006622710$
Outstanding balance at the end of 1 year:
$P = 10\,000(1+i)^{12} − 200 s_{\overline{12}|i} = 10\,824.32 − 2489.38 = \$8334.94$

11. $P = 500 a_{\overline{4}|.15} = \$1427.49$

12. Let X be the original amount of the loan.
At the end of 3 years:

$$X(1.04)^6 − 802 s_{\overline{6}|.04} = 17\,630$$
$$1.265319019 X − 5319.65 = 17\,630$$
$$1.265319019 X = 22\,949.65$$
$$X = \$18\,137.44$$

13. Outstanding balance after 5 installments = $1000 a_{\overline{15}|.05} = \$10\,379.66$
Interest in the 6th installment = 10 379.66(.05) = $518.98
Principal in the 6th installment = 1000 − 518.98 = $481.02

14. Monthly rate $i = (1.06)^{1/6} − 1 = .009758794$
Extra amount = $500 a_{\overline{60}|i} = \$22\,626.01$

EXERCISE 5.2

Part B

1. $i_1 = (1.055)^{1/6} - 1 = .008963394$
   $i_2 = (1.045)^{1/6} - 1 = .007363123$
   Monthly payment $= \frac{100\ 000}{a_{\overline{300}|i_2}} = \$827.98$
   Outstanding balance at the end of 5 years:
   $P = 100\ 000(1 + i_1)^{60} - 827.98 s_{\overline{60}|i_1} = 170\ 814.45 - 65\ 413.78$
   $ = \$105\ 400.67$

2. OPTION I: Pay \$190 000 and get a \$125 000 mortgage at $j_2 = 11\%$
   $i_1 = (1.055)^{1/6} - 1 = .008963394$
   Monthly payment $R = \frac{125\ 000}{a_{\overline{300}|i_1}} = \$1203.17$
   Outstanding balance after 5 years:
   $P = 125\ 000(1 + i_1)^{60} - 1203.17 s_{\overline{60}|i_1} = 213\ 518.06 - 95\ 055.31$
   $ = \$118\ 462.75$

   OPTION II: Pay \$195 000 and get a \$130 000 mortgage at $j_2 = 10\%$
   $i_2 = (1.05)^{1/6} - 1 = .008164846$
   Monthly payment $R = \frac{130\ 000}{a_{\overline{300}|i_2}} = \$1162.84$
   Outstanding balance after 5 years:
   $P = 130\ 000(1 + i_2)^{60} - 1162.84 s_{\overline{60}|i_2} = 211\ 756.30 - 89\ 567.37$
   $ = \$122\ 188.93$
   Accumulated savings $= (1203.17 - 1162.84) s_{\overline{60}|.08/12} = \$2963.32$
   Net amount owing $= 122\ 188.93 - 2963.32 = \$119\ 225.61$

   Take OPTION I.

3. $i_1 = (1.05)^{1/6} - 1 = .008164846$
   Monthly payment $R = \frac{160\ 000}{a_{\overline{300}|i_1}} = \$1431.18$
   Outstanding balance after 6 months $= 160\ 000(1 + i_1)^6 - 1431.18 s_{\overline{6}|i_1}$
   $= 168\ 000 - 8764.28 = \$159\ 235.72$

   $i_2 = (1.06)^{1/6} - 1 = .009758794$
   Outstanding balance after 36 months $= 159\ 235.72(1 + i_2)^{30} - 1431.18 s_{\overline{30}|i_2}$
   $= 213\ 093.31 - 49\ 602.61 = \$163\ 490.70$

   $i_3 = (1.055)^{1/6} - 1 = .008963394$
   Outstanding balance after 48 months $= 163\ 490.70(1 + i_3)^{12} - 1431.18 s_{\overline{12}|i_3}$
   $= 181\ 969.24 - 18\ 046.64 = \$163\ 922.60$

   $i_4 = (1.0475)^{1/6} - 1 = .007764383$
   Outstanding balance after 60 months $= 163\ 922.60(1 + i_4)^{12} - 1431.18 s_{\overline{12}|i_4}$
   $= 179\ 865.10 - 17\ 926.88 = \$161\ 938.22$

4. $i_1 = (1.04)^{1/6} - 1 = .006558197$
Monthly payment $= \frac{90\,000}{a_{\overline{300}|i}} = \$686.90$

Find n such that $786.90 a_{\overline{n}|i} = 90\,000$
$$\begin{aligned}
\frac{1-(1+i)^{-n}}{i} &= 114.3728555 \\
(1+i)^{-n} &= .249920289 \\
-n \log(1+i) &= \log .249920289 \\
n &= 212.1246368 \text{ months}
\end{aligned}$$

It will take 17 years and 9 months to pay off the mortgage.

$$\begin{aligned}
\text{Final payment} &= 90\,000(1+i)^{213} - 786.90 s_{\overline{212}|i}(1+i) \\
&= 362\,181.33 - 362\,082.97 = \$98.36
\end{aligned}$$

5. Outstanding balance on Dec. 31, 1989 $= 3000 a_{\overline{20}|.1} = \$25\,540.69$

Quarterly rate $i = (1.1)^{1/4} - 1 = .024113689$
Quarterly payment $= \frac{25\,540.69}{a_{\overline{80}|i}} = \$723.42$
Reduction $= 20 \times 3000 - 80 \times 723.42 = \$2126.40$

6. $i_1 = (1.04)^{1/6} - 1 = .006558197$
Monthly payment $= \frac{20\,000}{a_{\overline{120}|i_1}} = \$241.29$

Outstanding balance after 2 years $= 20\,000(1+i_1)^{24} - 241.29 s_{\overline{24}|i_1}$
$\phantom{\text{Outstanding balance after 2 years }} = 23\,397.17 - 6249.46 = \$17\,147.71$

a) $i_2 = (1.045)^{1/6} - 1 = .007363123$
Find n such that $17\,147.71 = 241.29 a_{\overline{n}|i_2}$
$$\begin{aligned}
a_{\overline{n}|i_2} &= 71.06680758 \\
1 - (1+i_2)^{-n} &= .523273648 \\
(1+i_2)^{-n} &= .476726352 \\
n &= -\frac{\log .476726352}{\log(1+i_2)} \\
n &= 100.9811525 \text{ months}
\end{aligned}$$

Duration (left) of the loan is 8 years and 5 months.

$$\begin{aligned}
\text{Final payment } X &= 17\,147.71(1+i_2)^{101} - 241.29 s_{\overline{100}|i_2}(1+i_2) \\
&= 35\,974.69 - 35\,737.93 = \$236.76
\end{aligned}$$

b) $i_3 = (1.035)^{1/6} - 1 = .005750039$
Find n such that $17\,147.71 = 241.29 a_{\overline{n}|i_3}$
$$\begin{aligned}
a_{\overline{n}|i_3} &= 71.06680758 \\
1 - (1+i_3)^{-n} &= .408636951 \\
(1+i_3)^{-n} &= .591363049 \\
n &= -\frac{\log .591363049}{\log(1+i_3)} \\
n &= 91.62268024 \text{ months}
\end{aligned}$$

Duration (left) of the loan is 7 years and 8 months.

Final payment $X = 17\,147.71(1+i_3)^{92} - 241.29 s_{\overline{91}|i_3}(1+i_3)$
$= 29\,059.72 - 28\,909.32 = \$150.40$

7. a) Semi-annual payment $= \frac{1\,500\,000}{a_{\overline{20}|.055}} = \$125\,519$
   Total of the payments in 1999 is $2 \times 125\,519 = \$251\,038$

   b) Outstanding balance on December 31, 1998:
   $1\,500\,00(1.055)^3 - 125\,519 s_{\overline{3}|.055} = \$1\,363\,714.74$

   Outstanding balance on December 31, 1999:
   $1\,500\,000(1.055)^5 - 125\,519 s_{\overline{5}|.055} = \$1\,259\,907.05$
   Principal repaid in 1999 $= 1\,363\,714.74 - 1\,259\,907.05 = \$103\,807.69$
   Interest paid in 1999 $= 2 \times 125\,519 - 103\,807.69 = \$147\,230.31$

   The interest deduction on the 1999 tax form will be $\$147\,230.31$

   c) Outstanding balance on January 1, 2001:
   $1\,500\,000(1.055)^7 - 125\,519 s_{\overline{7}|.055} = \$1\,144\,366.49$

   Capital gain $= (650\,000 + 1\,144\,366.49) - 1\,700\,000 = \$94\,366.49$

8. $L = R a_{\overline{n}|i}$
   Outstanding balance after the k-th payment:
   Retrospective method: $L(1+i)^k - R s_{\overline{k}|i}$
   Prospective method: $R a_{\overline{n-k}|i}$
   $$L(1+i)^k - R s_{\overline{k}|i} = R a_{\overline{n}|i}(1+i)^k - R s_{\overline{k}|i}$$
   $$= R \frac{[1-(1+i)^{-n}](1+i)^k - [(1+i)^k - 1]}{i}$$
   $$= R \frac{1-(1+i)^{-(n-k)}}{i}$$
   $$= R a_{\overline{n-k}|i}$$

9. Let L be the amount of the loan.
   Monthly payment $= \frac{L}{a_{\overline{60}|.01}}$
   Outstanding balance at the end of the k-th month is
   $$L(1.01)^k - \frac{L}{a_{\overline{60}|.01}} s_{\overline{k}|.01}$$

   Find n such that
   $$L(1.01)^k - \frac{L}{a_{\overline{60}|.01}} s_{\overline{k}|.01} < \frac{L}{2}$$
   $$(1.01)^k - \frac{1}{a_{\overline{60}|.01}} \frac{(1.01)^k - 1}{.01} < \frac{1}{2}$$
   $$(1.01)^k [1 - \frac{1}{.01 a_{\overline{60}|.01}}] < \frac{1}{2} - \frac{1}{.01 a_{\overline{60}|.01}}$$
   $$(1.01)^k > 1.4083483$$
   $$k > 34.412688$$

   The outstanding principal will fall below one-half of the original amount of the loan in the 35th payment, i.e. on November 30, 2002.

10. $P_{k-1}(1.025) - 300 = 2853.17$
    $P_{k-1} = 3153.17(1.025)^{-1}$
    $P_{k-1} = \$3076.26$

11. Outstanding balance at the end of 5 years:
    $3000(1.07)^5 - 400s_{\overline{5}|.07} = 4207.66 - 2300.30 = \$1907.36$
    Find n such that $450a_{\overline{n}|.07} = 1907.36$
    $\frac{1-(1.07)^{-n}}{.07} = 4.23857778$
    $(1.07)^{-n} = .703299556$
    $n = -\frac{\log .703299556}{\log 1.07}$
    $n = 5.202178517$

    There will be 5 payments of \$400 followed by 5 payments of \$450 and a concluding payment X; 11 payments in total.
    At the end of 11 years:
    $400s_{\overline{5}|.07}(1.07)^6 + 450s_{\overline{5}|.07}(1.07) + X = 3000(1.07)^{11}$
    $3452.12 + 2768.98 + X = 6314.56$
    $X = \$93.46$

12. Outstanding balance after 4 years:
    $1000(1.05)^4 - 100s_{\overline{4}|.05} = 1215.51 - 431.01 = \$784.50$
    Payment at the end of the 5th year $= 784.50(.03) + 100 = \$123.54$

13. a) Monthly rate $i = (1.04)^{1/6} - 1 = .006558197$
    Monthly payment $= \frac{120\,000}{a_{\overline{300}|i}} = \$915.86$

    b) Concluding payment $= 120\,000(1+i)^{300} - 915.86 s_{\overline{299}|i}(1+i)$
    $= 852\,802.00 - 851\,889.73 = \$912.27$

    Total amount of interest $= (299 \times 915.86 + 912.27) - 120\,000$
    $= \$154\,754.41$

    c) i) Equivalent semi-annual payment $= 915.86 s_{\overline{6}|i} + 915.86$
    $= \$6501.91$

    Find n such that $6501.91 a_{\overline{n}|.04} = 120\,000$
    $\frac{1-(1.04)^{-n}}{.04} = \frac{120\,000}{6501.91}$
    $(1.04)^{-n} = .261755392$
    $n = 34.17441251$ half-years

    It would require 17 years and 2 months to pay off the mortgage.

    Note: This is only approximate as we are taking partial credit for the next extra payment of \$915.86 which is due at the end of 6 months

EXERCISE 5.2 - PART B

Let $i_1 = .006558197$ (for the regular monthly payments)
$i_2 = .04$ (for the six-monthly extra payments)
Then the equation for exact solution is:
Find k such that:
$$915.86 a_{\overline{34}|i_2} + 915.86 a_{\overline{(34 \times 6)+k}|i_1} = 120\,000$$
$$a_{\overline{204+k}|i_1} = 112.6131946$$
$$(1+i_1)^{-204} \cdot (1+i_1)^{-k} = .261460492$$
$$(1+i_1)^{-k} = .992063817$$
$$k = -\frac{log\,.992063817}{log(1+i_1)}$$
$$= 1.218923634$$

So it will require 17 years and 2 months!

ii) Concluding payment:
$120\,000(1+i)^{206} - 6501.91 s_{\overline{34}|.04}(1+i)^2 - 915.86(1+i)$
$= 461\,309.67 - 460\,186.96 - 921.87 = \$200.84$

Total amount of interest $= (239 \times 915.86 + 200.84) - 120\,000$
$= \$99\,091.38$

iii) Outstanding balance at the end of 3 years:
$120\,000(1.04)^6 - 6501.91 s_{\overline{6}|.04} = \$108\,711.27$

iv) Interest paid in the 37th $= 108\,711.27 i = \$712.95$
Principal repaid in the 37th payment $= 915.86 - 712.95 = \$202.91$

EXERCISE 5.3

Part A

1. Original payment $= \frac{5000}{a_{\overline{36}|.0125}} = \$173.33$
   At the end of 1 year $P = 5000(1.0125)^{12} - 173.33 s_{\overline{12}|.0125} = \$3574.69$
   New monthly payment $= \frac{3574.69}{a_{\overline{24}|.01}} = \$168.28$
   Monthly savings in interest $= 173.33 - 168.28 = \$5.05$

2. Original monthly payment $= \frac{6000}{a_{\overline{60}|.015}} = \$152.37$
   After the 30th payment $P = 6000(1.015)^{30} - 152.37 s_{\overline{30}|.015}$
   $= 9378.48 - 5719.77 = \$3658.71$
   New monthly payment $= \frac{3658.71}{a_{\overline{30}|.01}} = \$141.77$
   Monthly savings in interest $= 152.37 - 141.77 = \$10.60$

3. Original monthly payment $= \frac{5000}{a_{\overline{48}|.02}} = \$163.01$
   Balance after 20 payments $P = 5000(1.02)^{20} - 163.01 s_{\overline{20}|.02}$
   $= 7429.74 - 3960.71 = \$3469.03$
   Penalty $= 3 \times 163.01 = \$489.03$
   Total to be refinanced $= \$3958.06$
   New monthly payment $= \frac{3958.06}{a_{\overline{28}|.16/12}} = \$170.31$
   Do **not** refinance.

4. Original monthly payment $= \frac{1400}{a_{\overline{36}|.0125}} = \$48.54$
   Balance after 12 payments $= 1400(1.0125)^{12} - 48.54 s_{\overline{12}|.0125}$
   $= 1625.06 - 624.24 = \$1000.82$
   Penalty $= 1000.82 \times .0125 \times 3 = \$37.53$
   Total to be refinanced $= 1000.82 + 37.53 = \$1038.35$
   New monthly payment $= \frac{1038.35}{a_{\overline{24}|.11/12}} = \$48.40$
   They should refinance.

5. $i_1 = (1.0525)^{1/6} - 1 = .008564515$
   Original monthly payment $= \frac{60\,000}{a_{\overline{300}|i_1}} = \$557.00$
   Balance after 5 years $= 60\,000(1 + i_1)^{60} - 557 s_{\overline{60}|i_1}$
   $= 100\,085.76 - 43\,450.15 = \$56\,635.61$

   $i_2 = (1.11)^{1/6} - 1 = .017545481$
   New monthly payment $= \frac{56\,635.61}{a_{\overline{240}|i_2}} = \$1009.23$

   Their budget will have to manage another $452.23 a month.

6. $i = (1.045)^{1/6} - 1 = .007363123$
   Monthly payment $= \frac{85\,000}{a_{\overline{300}|i}} = \$703.79$

EXERCISE 5.3 - PART A   125

Balance after $3\frac{1}{2}$ years $= 85\,000(1+i)^{42} - 703.79 s_{\overline{42}|i}$
$= 115\,673.26 - 34\,492.29 = \$81\,180.97$
Penalty $= (81\,180.97)(i)(3) = \$1793.24$
Amount owing $= 81\,180.97 + 1793.24 = \$82\,974.21$

7. $i = (1.025)^{1/3} - 1 = .008264838$
   Monthly payment $= \frac{15\,000}{a_{\overline{48}|i}} = \$379.85$
   Outstanding balance at the end of 17 months:
   $15\,000(1+i)^{17} - 379.85 s_{\overline{14}|i}(1+i)^3 = 17\,252.81 - 5753.58 = \$11\,499.23$
   New monthly payment $= \frac{11\,499.23}{a_{\overline{31}|i}} = \$422.02$

8. Original payment $= \frac{20\,000}{a_{\overline{13}|.08}} = \$2530.44$
   Balance at the end of 6 years $= 20\,000(1.08)^6 - 2530.44 s_{\overline{4}|.08}(1.08)^2$
   $= 31\,737.49 - 13\,299.81 = \$18\,437.68$
   New payment $= \frac{18\,437.68}{a_{\overline{7}|.1}} = \$3787.21$

9. Original payment $= \frac{50\,000}{a_{\overline{240}|.0075}} = \$449.87$
   Balance at the end of 10 years $= 50\,000(1.0075)^{120} - 449.87 s_{\overline{120}|.0075}$
   $= 122\,567.85 - 87\,056.27 = \$35\,511.58$
   New payment $= \frac{35\,511.58}{a_{\overline{120}|.00875}} = \$479.18$

10. a) Monthly rate $i = (1.09)^{1/6} - 1 = .014466592$
       Monthly payment $= \frac{15\,000}{a_{\overline{120}|i}} = \$264.13$

    b) Balance after 36 payments $= 15\,000(1+i)^{36} - 264.13 s_{\overline{36}|i}$
       $= 25\,156.50 - 12\,362.45 = \$12\,794.05$

       Principal paid by the first 36 payments $= 15\,000 - 12\,794.05$
       $= \$2205.95$
       Interest paid by the first 36 payments $= (36 \times 264.13) - 2205.95$
       $= \$7302.73$

    c) Penalty $= 3(12\,794.05 i) = \$555.26$
       Amount owing $= 12\,794.05 + 555.26 = \$13\,349.31$
       New monthly rate $i = (1.08)^{1/6} - 1 = .012909457$
       New monthly payment $= \frac{13\,349.31}{a_{\overline{84}|i}} = \$261.30$
       They should refinance and save $264.13 - 261.30 = \$2.83$ per month.

EXERCISE 5.3
Part B

1. a) $i_1 = (1.0525)^{1/6} - 1 = .008564515$
   $R_1 = \frac{120\ 000}{a_{\overline{300}|i_1}} = \$1114.00$

   b) Balance after 5 years $= 120\ 000(1+i_1)^{60} - 1114s_{\overline{60}|i_1}$
      $= 200\ 171.52 - 86\ 900.30 = \$113\ 271.20$

   $i_2 = (1.035)^{1/6} - 1 = .005750039$
   $R_2 = \frac{113\ 271.20}{a_{\overline{240}|i_2}} = \$871.41$

   c) Savings $= (1114 - 871.41)s_{\overline{60}|.0025} = \$15\ 682.65$

   d) Balance after 10 years $= 113\ 271.20(1+i_2)^{60} - 871.41s_{\overline{60}|i_2}$
      $= 159\ 780.21 - 62\ 225.64 = \$97\ 554.57$

2. Balance at the end of 2 years $= 100a_{\overline{36}|.01} = \$3010.75$
   To be refinanced $= 3010.75 - 350 = \$2660.75$
   New monthly payment $= \frac{2660.75}{a_{\overline{24}|.01}} = \$125.26$

3. Balance at the end of 18 months $= 1500a_{\overline{24}|.0125}(1.0125)^6 = \$33\ 330.30$
   New monthly payment $= \frac{33\ 330.30}{a_{\overline{18}|.0125}} = \$2079.31$

4. a) $i_1 = (1.055)^{1/6} - 1 = .008963394$
   Find n such that $442.65a_{\overline{n}|i_1} = 28\ 416.60$
   $\frac{1-(1+i_1)^{-n}}{i} = \frac{28\ 416.60}{442.65}$
   $(1+i_1)^{-n} = .424581091$
   $n = -\frac{\log .424581091}{\log(1+i_1)}$
   $n \doteq 96$ months

   The maturity date of the mortgage is 8 years after January 1, 2000, that is January 1, 2008.

   b) Final payment X on January 1, 2008:
   $X = 28\ 416.60(1+i_1)^{96} - 442.65s_{\overline{95}|i_1}(1+i_1)$
   $= 66\ 928.56 - 66\ 485.91 = \$442.62$

   c)
Date	Payment	Interest	Principal	Balance
January 1, 2000	442.65	256.38	186.27	28 416.60
February 1, 2000	442.65	254.71	187.94	28 228.66

   Note: $\frac{\text{February 1, 2000 principal}}{\text{January 1, 2000 principal}} = 1 + i_1$
   or January 1, 2000 principal $= $ (February 1, 2000 principal)$(1+i_1)^{-1}$
   $= 187.94(1+i_1)^{-1} = \$186.27$

EXERCISE 5.3 - PART B

d) $i_2 = (1.04)^{1/6} - 1 = .006558197$
New monthly payment $= \frac{28\ 416.60}{a_{\overline{96}|i_2}} = \$399.84$

e) New monthly payment $= \frac{28\ 416.60}{a_{\overline{119}|i_1}} = \$389.35$

5. Let R_1 be the original monthly payment, R_2 be the new monthly payment.
At the end of 24 months:
$R_1 a_{\overline{36}|.01} = R_2 a_{\overline{18}|.01}$
$\frac{R_2}{R_1} = \frac{a_{\overline{36}|.01}}{a_{\overline{18}|.01}}$
$\frac{R_2}{R_1} = 1.836017314$

6. a) $i_1 = (1.0475)^{1/6} - 1 = .007764383$
Monthly payment $= \frac{150\ 000}{a_{\overline{300}|i_1}} = \$1291.55$
Final payment $= 150\ 000(1 + i_1)^{300} - 1291.55 s_{\overline{299}|i_1}(1 + i_1)$
$= 1\ 526\ 837.58 - 1\ 525\ 556.14 = \$1281.44$

b) Outstanding balance after 2 years:
$150\ 000(1 + i_1)^{24} - 1291.55 s_{\overline{24}|i_1} = 180\ 595.69 - 33\ 929.17 = \$146\ 666.52$
Outstanding balance after 5 years:
$150\ 000(1 + i_1)^{60} - 1291.55 s_{\overline{60}|i_1} = 238\ 578.65 - 98\ 229.53 = \$140\ 349.12$

c) Penalty $= (146\ 666.52)(i_1)(6) = \$6832.65$
Amount to refinance $= 146\ 666.52 + 6832.65 = \$153\ 499.17$
$i_2 = (1.04)^{1/6} - 1 = .006558197$
Let X be the new monthly payment.
At the end of 5 years:
$153\ 499.17(1 + i_2)^{36} - X s_{\overline{36}|i_2} = 140\ 349.12$
$194\ 225.42 - X s_{\overline{36}|i_2} = 140\ 349.12$
$X = \frac{53\ 876.30}{s_{\overline{36}|i_2}}$
$X = \$1331.73$

It would not pay to refinance.

7. a) Monthly rate $i = (1.0325)^{1/6} - 1 = .005344740$
Monthly payment $= \frac{200\ 000}{a_{\overline{300}|i}} = \$1339.65$
Final payment $= 200\ 000(1 + i)^{300} - 1339.65 s_{\overline{299}|i}(1 + i)$
$= 989\ 767.10 - 988\ 429.24 = \$1337.86$

b) In general, the k-th interest payment $= R[1 - (1+i)^{-(n-k+1)}]$

Accumulated value of the k-th interest payment at n
$= R[1 - (1+i)^{-(n-k+1)}](1+i)^{n-k} = R[(1+i)^{n-k} - (1+i)^{-1}]$
$= R(1+i)^{-1}[(1+i)^{n-k+1} - 1]$

Accumulated value of all the interest payments at n
$$= R(1+i)^{-1}[\sum_{k=1}^{n}(1+i)^{n-k+1} - n]$$
$$= R(1+i)^{-1}\{[(1+i)^n + (1+i)^{n-1} + ... + (1+i)] - n\}$$
$$= R(1+i)^{-1}[s_{\overline{n}|i}(1+i) - n] = R[s_{\overline{n}|i} - n(1+i)^{-1}]$$

In our example, assuming all payments are equal, we substitute for $R = 1339.65$, $i = (1.0325)^{1/6} - 1$, $n = 300$ to obtain the accumulated value of all the interest payments at the end of 25 years:

$$1339.65[s_{\overline{300}|i} - 300(1+i)^{-1}] = \$590\ 010.50$$

c) Outstanding balance after 5 years:
$200\ 000(1+i)^{60} - 1339.65 s_{\overline{60}|i} = 275\ 378.86 - 94\ 467.92 = \$180\ 910.94$

d) Find n such that $1339.65 a_{\overline{n}|i} = 175\ 910.94$
$\qquad\qquad\qquad\qquad\qquad n = 227.0085266$ months

Final payment $= 175\ 910.94(1+i)^{228} - 1339.65 s_{\overline{227}|i}(1+i)$
$\qquad\qquad\quad = 593\ 082.54 - 593\ 071.09 = \$11.41$

Total payout $= (227 + 60)1339.65 + 11.41 + 5000 = \$389\ 490.96$
Difference in total payouts $= (299 \times 1339.65 + 1337.86) - 389\ 490.96$
$\qquad\qquad\qquad\qquad\qquad = \$12\ 402.25$

8. Assuming no lump sum payment:

$i_1 = (1.05625)^{1/6} - 1 = .009162538$
Monthly payment $= \frac{175\ 000}{a_{\overline{300}|i_1}} = \$1714.58$
Balance after two years $= 175\ 000(1+i)^{24} - 1714.58 s_{\overline{24}|i_1}$
$\qquad\qquad\qquad\qquad = 217\ 823.60 - 45\ 791.74 = \$172\ 031.86$
Balance after five years at $i_1 = 172\ 031.86(1+i_1)^{36} - 1714.58 s_{\overline{36}|i_1}$
$\qquad\qquad\qquad\qquad = 238\ 896.19 - 72\ 732.34 = \$166\ 163.85$
Interest, years 3 to 5 $= (36 \times 1714.58) - (172\ 031.86 - 166\ 163.85)$
$\qquad\qquad\qquad\quad = \$55\ 856.87$

$i_2 = (1.0375)^{1/6} - 1 = .006154524$
Balance after two years $= \$172\ 031.86$
New monthly payment $= \frac{172\ 031.86}{a_{\overline{276}|i_2}} = \$1297.34$
Balance after five years at $i_2 = 172\ 031.86(1+i_2)^{36} - 1297.34 s_{\overline{36}|i_2}$
$\qquad\qquad\qquad\qquad = 214\ 554.45 - 52\ 103.89 = \$162\ 450.56$
Interest, years 3 to 5 $= (36 \times 1297.34) - (172\ 031.86 - 162\ 450.56)$
$\qquad\qquad\qquad\quad = \$37\ 122.94$

Interest penalty $= 55\ 856.87 - 37\ 122.94 = \$18\ 733.93$

EXERCISE 5.3 - PART B

Assuming 10% lump-sum payment:

Balance after two years = 90% of 172 031.86 = \$154 828.67
At rate i_1 and payments of \$1714.58 monthly
Balance after five years $= 154\,828.67(1+i_1)^{36} - 1714.58 s_{\overline{36}|i_1}$
$\qquad\qquad\qquad\qquad\quad = 215\,006.56 - 72\,732.34 = \$142\,274.22$
Interest, years 3 to 5 $= (36 \times 1714.58) - (154\,828.67 - 142\,274.22)$
$\qquad\qquad\qquad\quad = \$49\,170.43$

At rate i_2, new monthly payment $= \frac{154\,828.67}{a_{\overline{276}|i_2}} = \$1167.61$
Balance after five years $= 154\,828.67(1+i_2)^{36} - 1167.61 s_{\overline{36}|i_2}$
$\qquad\qquad\qquad\qquad\quad = 193\,099.00 - 46\,893.66 = \$146\,205.34$
Interest, years 3 to 5 $= (36 \times 1167.61) - (154\,828.67 - 146\,205.34)$
$\qquad\qquad\qquad\quad = \$33\,410.63$

Interest penalty = 49 170.43 − 33 410.63 = \$15 759.80
Effect on interest penalty of 10% lump-sum payment
= 18 733.93 − 15 759.80 = \$2974.13

9. **Mortgage A:**
$i_1 = (1.05)^{1/6} - 1 = .008164846$
Monthly payment $= \frac{150\,000}{a_{\overline{300}|i_1}} = \$1341.74$
Balance after 3 years $= 150\,000(1+i_1)^{36} - 1341.74 s_{\overline{36}|i_1}$
$\qquad\qquad\qquad\quad = 201\,014.35 - 55\,888.37 = \$145\,125.98$
Penalty $= (145\,125.98)(i_1)(3) = \$3554.79$

Mortgage B:
$i_2 = (1.0525)^{1/6} - 1 = .008564515$
Monthly payment $= \frac{150\,000}{a_{\overline{300}|i_2}} = \$1392.50$
Balance after 3 years $= 150\,000(1+i_2)^{36} - 1392.50 s_{\overline{36}|i_2}$
$\qquad\qquad\qquad\quad = 203\,903.13 - 58\,427.21 = \$145\,475.92$

Savings under mortgage A at $i_3 = (1.06)^{1/12} - 1 = .004867551$:
$(1392.50 - 1341.74) s_{\overline{36}|i_3} = \$1991.96$
Mortgage A net amount owing = 145 125.98 + 3554.79 − 1991.96 = \$146 688.81
Mortgage B amount owing = \$145 475.92

Choose Mortgage B.

EXERCISE 5.4

Part A

1. Monthly payment $= \frac{900}{a_{\overline{6}|.01}} = \$155.30$

   Final payment $= 900(1.01)^6 - 155.30 s_{\overline{5}|.01}(1.01) = \$155.26$
   Total interest paid $= 5 \times 155.30 + 155.26 - 900 = \$31.76$
   Sum of digits from 1 to 6 = 21

Payment Number	Periodic Payment	Interest Payment	Principal Repaid	Outstanding Principal
				900.00
1	155.30	9.07	146.23	753.77
2	155.30	7.56	147.74	606.03
3	155.30	6.05	149.25	456.78
4	155.30	4.54	150.76	306.02
5	155.30	3.02	152.28	153.74
6	155.26	1.51	153.75	−0.01*

   *1 ¢ error due to round off

2. Monthly payment $= \frac{1000}{a_{\overline{12}|.0075}} = \$87.46$

   Final payment $= 1000(1.0075)^{12} - 87.46 s_{\overline{11}|.0075}(1.0075) = \$87.35$
   Total interest $= 87.46 \times 11 + 87.35 - 1000 = \$49.41$
   Sum of digits from 1 to 12 = 78

Payment Number	Periodic Payment	Interest Payment	Principal Repaid	Outstanding Principal
				1000.00
1	87.46	7.60	79.86	920.14
2	87.46	6.97	80.49	839.65
3	87.46	6.33	81.13	758.52
4	87.46	5.70	81.76	676.76
5	87.46	5.07	82.39	594.37
6	87.46	4.43	83.03	511.34
7	87.46	3.80	83.66	427.68
8	87.46	3.17	84.29	343.39
9	87.46	2.53	84.93	258.46
10	87.46	1.90	85.56	172.90
11	87.46	1.27	86.19	86.71
12	87.35	.63	86.72	−0.01*

   *1 ¢ error due to round off.

EXERCISE 5.4 - PART A

3. Original monthly payment $= \frac{15\,000}{a_{\overline{36}|.0075}} = \$477$

Final payment $= 15\,000(1.0075)^{36} - 477 s_{\overline{35}|.0075}(1.0075) = \$476.84$

Total debt $= (477 \times 35 + 476.84)$	$=$	17 171.84
Less interest rebate $= \frac{78}{666} \times 2171.84$	$=$	254.36
Less payments to date $= 24 \times 477$	$=$	11 448.00
Outstanding balance after 2 years	$=$	$\$5\,469.48$

(Amortization balance $= 15\,000(1.0075)^{24} - 477 s_{\overline{24}|.0075} = \$5454.30$)

4. Monthly payment $= \frac{20\,000}{a_{\overline{36}|.00875}} = \$650.05$

Final payment $= 20\,000(1.00875)^{36} - 650.05 s_{\overline{35}|.0075}(1.00875) = \$650.00$

Total debt $= (650.05 \times 35 + 650.00)$	$=$	23 401.75
Less interest rebate $= \frac{210}{666} \times 3401.75$	$=$	1 072.62
Less payments to date $= 16 \times 650.05$	$=$	10 400.80
Outstanding balance after 16 months	$=$	$\$11\,928.33$

(Amortization balance $= 20\,000(1.00875)^{16} - 650.05 s_{\overline{16}|.00875} = \$11\,879.44$)

5. Monthly payment $= \frac{5000}{a_{\overline{36}|.0125}} = \$173.33$

Final payment $= 5\,000(1.0125)^{36} - 173.33 s_{\overline{35}|.0125}(1.0125) = \$173.18$

Total debt $= (173.33 \times 35 + 173.18)$	$=$	6239.73
Less interest rebate $= \frac{300}{666} \times 1239.73$	$=$	558.44
Less payments to date $= 12 \times 173.33$	$=$	2079.96
Outstanding balance after 12 months	$=$	$\$3601.33$

New monthly payment $= \frac{3601.33}{a_{\overline{24}|.01}} = \$169.53$

Monthly savings in interest $= 173.33 - 169.53 = \$3.80$

6. Original monthly payment $= \frac{6000}{a_{\overline{60}|.015}} = \$152.37$

Final payment $= 6\,000(1.015)^{60} - 152.37 s_{\overline{59}|.015}(1.015) = \$151.46$

Total debt $= (152.37 \times 59 + 151.46)$	$=$	9141.29
Less interest rebate $= \frac{465}{1830} \times 3141.29$	$=$	798.20
Less payments to date $= 30 \times 152.37$	$=$	4571.10
Outstanding principal after 30 payments	$=$	$\$3771.99$

New monthly payment $= \frac{3771.99}{a_{\overline{30}|.01}} = \$146.16$

Monthly savings in interest $= 152.37 - 146.16 = \$6.21$

7. Monthly payment $= \frac{10\,000}{a_{\overline{180}|.0125}} = \$139.96$

Final payment $= 10\,000(1.0125)^{180} - 139.96 s_{\overline{179}|.0125}(1.0125) = \$139.10$

a) Total debt $= (139.96 \times 179 + 139.10)$ $=$ $25\,191.94$
    Less interest rebate $= \frac{12\,246}{16\,290} \times 15\,191.94$ $=$ $11\,420.53$
    Less 24 payments $= 24 \times 139.96$ $=$ $\underline{3\,359.04}$
    Outstanding principal at the end of 2 years $=$ $\$10\,412.37$

Outstanding principal at the end of 2 years by the amortization method:
$10\,000(1.0125)^{24} - 139.96 s_{\overline{24}|.0125} = 13\,473.51 - 3889.22 = \$9584.29$

b) Total debt $= (139.96 \times 179 + 139.10)$ $=$ $\$25\,191.94$
    Less interest rebate $= \frac{7260}{16\,290} \times 15\,191.94$ $=$ $6\,770.63$
    Less 60 payments $= 60 \times 139.96$ $=$ $\underline{8\,397.60}$
    Outstanding principal at the end of 5 years $=$ $\$10\,023.71$

Outstanding principal at the end of 5 years by the amortization method:
$10\,000(1.0125)^{60} - 139.96 s_{\overline{60}|.0125} = 21\,071.81 - 12\,396.89 = \$8674.92$

8. Original monthly payment $= \frac{5000}{a_{\overline{48}|.075}} = \$124.43$

Final payment $= 5\,000(1.0075)^{48} - 124.43 s_{\overline{47}|.0075}(1.0075) = \$124.15$

Total debt $= (124.43 \times 47 + 124.15)$ $=$ $\$5972.36$
Less interest rebate $= \frac{666}{1176} \times 972.36$ $=$ 550.67
Less payments to date $= 12 \times 124.43$ $=$ $\underline{1493.16}$
Outstanding principal after 1 year $=$ $\$3928.53$

New monthly payment $= \frac{3928.53}{a_{\overline{36}|.05}} = \$119.52$

Monthly savings in interest $= 124.43 - 119.52 = \$4.91$

The borrower will save money by refinancing the loan.

EXERCISE 5.4

Part B

1. Option 1 (sum of digits):
$i_1 = (1.0375)^{1/3} - 1 = .012346926$
$R_1 = \frac{15\ 000}{a_{\overline{120}|i_1}} = \$240.32$
Final payment $= 15\ 000(1 + i_1)^{120} - 240.32 s_{\overline{119}|i_1}(1 + i_1) = \$239.74$

Total debt $= (240.32 \times 119 + 239.74)$ $= \$28\ 837.82$
Less interest rebate $= \frac{2628}{7260} \times 13\ 837.82$ $=\ \ \ 5\ 009.06$
Less payments to date $= 48 \times 240.32$ $=\ 11\ 535.36$
Outstanding principal after 4 years $=\ \overline{\$12\ 293.40}$

Option 2 (amortization):
$i_2 = (1.04)^{1/3} - 1 = .013159404$
$R_2 = \frac{15\ 000}{a_{\overline{120}|i_2}} = \$249.33$
Outstanding principal after 4 years $= 15\ 000(1 + i_2)^{48} - 249.33 s_{\overline{48}|i_2}$
$= 28\ 094.72 - 16\ 540.29 = \$11\ 554.43$

Accumulated savings $= (249.33 - 240.32) s_{\overline{48}|.005} = \$487.42$
Net balance of option 1 $= 12\ 293.40 - 487.42 = \$11\ 805.98$
Balance of option 2 $= \$11\ 554.43$
Therefore take option 2.

2. a) $i_1 = (1.0425)^{1/6} - 1 = .006961062$
$R_1 = \frac{18\ 000}{a_{\overline{120}|i_1}} = \$221.77$
Final payment $= 18\ 000(1 + i_1)^{120} - 221.77 s_{\overline{119}|i_1}(1 + i_1) = \$220.69$

Total debt $= (221.77 \times 119 + 220.69) = \$26\ 611.32$
Total interest $= \$8\ 611.32$
Sum of digits from 1 to 120 $= 7260$

Payment Number	Periodic Payment	Interest Payment	Principal Repaid	Outstanding Principal
				18 000.00
1	221.77	142.34	79.34	17 920.57
2	221.77	141.15	80.62	17 839.95

Find outstanding principal after 118 payments:

Total debt $= \$26\ 611.32$
Less interest rebate $= \frac{3}{7260} \times 8\ 611.32$ $=\ \ \ \ \ \ \ 3.56$
Less payments to date $= 118 \times 221.77$ $=\ 26\ 168.86$
Outstanding principal after 118 payments $=\ \overline{\$438.90}$

Payment Number	Periodic Payment	Interest Payment	Principal Repaid	Outstanding Principal
118				438.90
119	221.77	2.37	219.40	219.50
120	220.69	1.19	219.88	0

b) Interest portion of the tenth payment $= \frac{111}{7260} \times 8\,611.32 = \$131.66$
Principal portion of the tenth payment $= 221.77 - 131.66 = \$90.11$

c)
Total debt	=	26 611.32
Less interest rebate $= \frac{4656}{7260} \times 8\,611.32$	=	5 522.63
Less payments to date $= 24 \times 221.77$	=	5 322.48
Outstanding balance after 2 years	=	$15 766.21

Amortization balance $= 18\,000(1+i_1)^{24} - 221.77 s_{\overline{24}|i_1}$
$= 21\,260.66 - 5771.12 = \$15\,489.54$

d) $i_2 = (1.04)^{1/6} - 1 = .006558197$
$R_2 = \frac{15\,766.21}{a_{\overline{96}|i_2}} = \$221.85$

Do **not** refinance.

3. Monthly rate $i = (1.025)^{1/3} - 1 = .008264838$
Monthly payment $= \frac{20\,000}{a_{\overline{120}|i}} = \$264$ (rounded up to the next dollar)
Final payment $= 20\,000(1+i)^{120} - 264 s_{\overline{119}|i}(1+i) = \$140.04$

Total debt $= (119 \times 264 + 140.04)$	=	31 556.04
Less interest rebate $= \frac{2628}{7260} \times 11\,556.04$	=	4 183.10
Less payments to date $= 48 \times 264$	=	12 672.00
Outstanding balance after 4 years	=	$14 700.94

EXERCISE 5.5

Part A

1. Yearly deposit = $\frac{15\,000}{s_{\overline{4}|6\%}}$ = $3428.87

Deposit Number	Interest on Fund	Deposit	Increase in Fund	Amount in Fund
1	-	3428.87	3428.87	3 428.87
2	205.73	3428.87	3634.60	7 063.47
3	423.81	3428.87	3852.68	10 916.15
4	654.97	3428.88	4083.85	15 000.00

2. Yearly deposit = $\frac{100\,000}{s_{\overline{5}|8\%}}$ = $17 045.65

Deposit Number	Interest on Fund	Deposit	Increase in Fund	Amount in Fund
1	-	17 045.65	17 045.65	17 045.65
2	1363.65	17 045.65	18 409.30	35 454.95
3	2836.40	17 045.65	19 882.05	55 337.00
4	4426.96	17 045.65	21 472.61	76 809.61
5	6144.77	17 045.62	23 190.39	100 000.00

3. Quarterly deposit = $\frac{2000}{s_{\overline{8}|.01}}$ = $241.38

Deposit Number	Interest on Fund	Deposit	Increase in Fund	Amount in Fund
1	0	241.38	241.38	241.38
2	2.41	241.38	243.79	485.17
3	4.85	241.38	246.23	731.40
4	7.31	241.38	248.69	980.09
5	9.80	241.38	251.18	1231.27
6	12.31	241.38	253.69	1484.96
7	14.85	241.38	256.23	1741.19
8	17.41	241.40	258.81	2000.00

4. At the end of 5 years:
   $1000(1.015)^{20} + Rs_{\overline{20}|.015} = 10\,000$
   Solving $R = \$374.21$
   Amount in fund after 3 years = $1000(1.015)^{12} + 374.21 s_{\overline{12}|.015}$
   $= 1195.62 + 4880.15 = \$6075.77$

5. Total annual deposit = $\frac{250\,000}{s_{\overline{5}|.09}}$ = $41 773.11
   Deposit per cottager = $\frac{41\,773.11}{30}$ = $1392.44

Deposit Number	Interest on Fund	Deposit	Increase in Fund	Amount in Fund
1	0	41 773.11	41 773.11	41 773.11
2	3 759.58	41 773.11	45 532.69	87 305.80
3	7 857.52	41 773.11	49 630.63	136 936.43
4	12 324.28	41 773.11	54 097.39	191 033.82
5	17 193.04	41 773.14	58 966.18	250 000.00

6. Quarterly deposit $= \frac{10\ 000}{s_{\overline{40}|.015}} = \$184.27$

Amount in fund after 9 years $= 184.27 s_{\overline{36}|.015} = \$8711.54$

Deposit Number	Interest on Fund	Deposit	Increase in Fund	Amount in Fund
36				8 711.54
37	130.67	184.27	314.94	9 026.48
38	135.40	184.27	319.67	9 346.15
39	140.19	184.27	324.46	9 670.61
40	145.06	184.33	329.39	10 000.00

7. Annual deposit $= \frac{200\ 000}{s_{\overline{15}|.07}} = \$7958.92$

Amount in fund at the end of 12 years $= 7958.92 s_{\overline{12}|.07} = \$142\ 372.75$

Deposit Number	Interest on Fund	Deposit	Increase in Fund	Amount in Fund
1	-	7958.92	7 958.92	7 958.92
2	557.12	7958.92	8 516.04	16 474.96
3	1 153.25	7958.92	9 112.17	25 587.13
12				142 372.75
13	9 966.09	7958.92	17 925.01	160 297.76
14	11 220.84	7958.92	19 179.76	179 477.52
15	12 563.43	7959.05	20 522.48	200 000.00

8. $i = (1.025)^{1/3} - 1 = .008264838$

Monthly deposit $= \frac{3000}{s_{\overline{24}|i}} = \$113.53$

9. Find n such that $3500 s_{\overline{n}|.0225} = 200\ 000$

$s_{\overline{n}|.0225} = 57.14285714$

$(1.0225)^n = 2.285714286$

$n = 37.15307638 \rightarrow 37$ full deposits

Final deposit $X = 200\ 000 - 3500 s_{\overline{37}|.0225}(1.0225) = -\$3263.82$

No final deposit is needed, after 38 quarters (9.5 years) the account will have \$203 263.82.

10. Annual deposit $= \frac{70\ 000}{s_{\overline{15}|.04}} = \$3495.88$

Amount in fund at the end of 10 years $= 3495.88 s_{\overline{10}|.04} = \$41\ 971.91$

EXERCISE 5.5 - PART B   137

EXERCISE 5.5

Part B

1. Monthly rate $i = (1 + \frac{.05}{365})^{365/12} - 1 = .004175073$

Monthly deposit $= \frac{50\,000}{s_{\overline{36}|i}} = \$1290.02$

Amount in fund after 34 deposits $= 1290.02 s_{\overline{34}|i} = \$47\,021.21$

Deposit Number	Interest on Fund	Deposit	Increase in Fund	Amount in Fund
1	-	1290.02	1290.02	1 290.02
2	5.39	1290.02	1295.41	2 585.43
3	10.79	1290.02	1300.81	3 886.24
34				47 021.21
35	196.32	1290.02	1486.34	48 507.55
36	202.52	1289.93	1492.45	50 000.00

2.

Deposit Number	Interest on Fund	Deposit	Increase in Fund	Amount in Fund
1	$0 = R[1-1]$	R	R	R or $Rs_{\overline{1}|i}$
2	$i \cdot Rs_{\overline{1}|i} = R[(1+i) - 1]$	R	$R(1+i)$	$Rs_{\overline{2}|i}$
3	$i \cdot Rs_{\overline{2}|i} = R[(1+i)^2 - 1]$	R	$R(1+i)^2$	$Rs_{\overline{3}|i}$
4	$i \cdot Rs_{\overline{3}|i} = R[(1+i)^3 - 1]$	R	$R(1+i)^3$	$Rs_{\overline{4}|i}$
5	$i \cdot Rs_{\overline{4}|i} = R[(1+i)^4 - 1]$	R	$R(1+i)^4$	$Rs_{\overline{5}|i}$
Total	$R(s_{\overline{5}|i} - 5)$	$5R$	$Rs_{\overline{5}|i}$	

3. Let X be the amount in the fund after $(k-1)$st deposit. Then

$$X(1.005) + 200 = 5394.69$$
$$X = 5194.69(1.005)^{-1}$$
$$X = \$5168.85$$

EXERCISE 5.6

Part A

1. Semi-annual interest $= 5000(.05) = \$250$
   Semi-annual S.F. deposit $= \frac{5000}{s_{\overline{10}|.02}} = \$456.63$
   Total semi-annual expense $= 250 + 456.63 = \$706.63$
   Amount in the S.F. at the end of 4 years $= 456.63 s_{\overline{8}|.02} = \$3919.24$

2. Annual interest $= 250\,000(.095) = \$23\,750.00$
   Annual S.F. deposit $= \frac{250\,000}{s_{\overline{15}|.035}} = \$12\,956.27$
   Total annual expense $= 23\,750 + 12\,956.27 = \$36\,706.27$

3. a) Semi-annual interest $= 500\,000(.04) = \$20\,000$
   Semi-annual S.F. deposit $= \frac{500\,000}{s_{\overline{40}|.02}} = \$8277.87$
   Total semi-annual expense $= \$28\,277.87$

   b) Amount in the S.F. after 15 years $= 8277.87 s_{\overline{30}|.02} = \$335\,817.29$
   Company's indebtedness $= 500\,000 - 335\,817.29 = \$164\,182.71$

4. a) Semi-annual interest $= 2\,000\,000(.05) = \$100\,000$
   Semi-annual S.F. deposit $= \frac{2\,000\,000}{s_{\overline{50}|.0225}} = \$22\,036.72$
   Total semi-annual expense $= \$122\,036.72$

   b) Amount in the S.F. after 15 years $= 22\,036.72 s_{\overline{30}|.0225} = \$929\,845.22$
   City's indebtedness $= 2\,000\,000 - 929\,824.12 = \$1\,070\,175.88$

5. $i = (1.009)^{1/3} - 1 = .002991045$
   Monthly interest $= 4000(.01) = \$40$
   Monthly S.F. deposit $= \frac{4000}{s_{\overline{60}|i}} = \$60.96$
   Total monthly expense $= 40.00 + 60.96 = \$100.96$

6. $i = (1.005)^6 - 1 = .030377509$
   Semi-annual interest $= 10\,000(.05) = \$500$
   Semi-annual S.F. deposit $= \frac{10\,000}{s_{\overline{10}|i}} = \$870.79$
   Total semi-annual expense $= 500 + 870.79 = \$1370.79$

7. a) Semi-annual rate $i = (1.02)^2 - 1 = .0404$
   Semi-annual S.F. deposit $= \frac{3000}{s_{\overline{8}|i}} = \$325.12$
   Amount in the S.F. after 3 years $= 325.12 s_{\overline{6}|i} = \$2158.68$

Deposit Number	Interest on Fund	Deposit	Increase in Fund	Amount in Fund
6				2158.68
7	87.21	325.12	412.33	2571.01
8	103.87	325.12	428.99	3000.00

EXERCISE 5.6 - PART A

b) Semi-annual expense of the loan $= (.06)(3000) + 325.12 = \$505.12$

c) Amount in the S.F. at the end of 2 years $= 325.12 s_{\overline{4}|i} = \$1381.43$
Book value of the loan at the end of 2 years $= 3000 - 1381.43$
$= \$1618.57$

8. Annual S.F. deposit $= \dfrac{10\,000}{s_{\overline{10}|.05}} = \$795.05$
Amount in the S.F. after the 5th deposit $= 795.05 s_{\overline{5}|.05} = \$4393.15$
Lump sum payment to pay off the loan $= 10\,000 - 4393.15 = \$5606.85$

EXERCISE 5.6
Part B

1. a) $i = (1.015)^{1/3} - 1 = .004975206$
   Monthly interest $= 2\,000\,000(\frac{.105}{12}) = \$17\,500$

   Monthly S.F. deposit $= \frac{2\,000\,000}{s_{\overline{180}|i}} = \$6894.59$
   Total monthly expense $= 17\,500 + 6894.59 = \$24\,394.59$

   b) Amount in the S.F. at the end of the 5th year $= 6894.59 s_{\overline{60}|i} = \$480\,668.12$
   Company's indebtedness $= 2\,000\,000 - 480\,668.12 = \$1\,519\,331.88$

2. Monthly interest $= 10\,000(.01) = \$100$
   Monthly S.F. deposit $= 300 - 100 = \$200$

   Find n such that $200 s_{\overline{n}|.0075} = 10\,000$
   $s_{\overline{n}|.0075} = 50$
   $(1.0075)^n = 1.375$
   $n = \frac{\log 1.375}{\log(1.0075)} = 42.61952606 \to 43$ deposits in total

   Duration of the loan is 43 months or 3 years and 7 months.

   Final deposit $X = 10\,000 - 200 s_{\overline{42}|.0075}(1.0075) = 10\,000 - 9904.39 = \$95.61$

3. Total debt at year 15 $= 100\,000(1.06)^{30} = \$574\,349.12$
   Semi-annual S.F. deposit: $= \frac{574\,349.12}{s_{\overline{30}|.025}} = \$13\,082.32$

4. Annual interest $= 20\,000(.1)$ $\qquad = 2000.00$
   Annual S.F. deposit $= \frac{10\,000}{s_{\overline{10}|.04}}$ $\qquad = 832.91$
   Annual amortization payment $= \frac{10\,000}{a_{\overline{10}|.1}}$ $\qquad = \underline{1627.46}$
   Total annual payment $\qquad = \$4460.37$

5. Annual S.F. deposit $= \frac{10\,000}{s_{\overline{10}|.05}} = \$795.05$
   Annual interest payment $= 1445.05 - 795.05 = \$650$
   Annual effective rate $= \frac{650}{10\,000} = .065 = 6.5\%$

6. Semi-annual S.F. rate $= (1.02)^2 - 1 = .0404$
   Semi-annual S.F. deposit $= \frac{10\,000}{s_{\overline{10}|.0404}} = \$831.37$
   Semi-annual expense $= 600 + 831.37 = \$1431.37$

   Find i, then $j_2 = 2i$, such that

   $$1431.37 a_{\overline{10}|i} = 10\,000$$
   $$a_{\overline{10}|i} = 6.9863$$

EXERCISE 5.6 - PART B

Starting value to solve $a_{\overline{10}|i} = 6.9863$ is $i = \frac{1-(\frac{6.9863}{10})^2}{6.9863} = .073274283$ or $j_2 = 2i = 14.65\%$.

$$.1595 \left\{ .0373 \left\{ \begin{array}{c|c} a_{\overline{10}|i} & j_2 \\ \hline 7.0236 & 14\% \\ 6.9863 & j_2 \\ 6.8641 & 15\% \end{array} \right\} d \right\} 1\% \quad \begin{array}{l} \frac{d}{1\%} = \frac{.0373}{.1595} \\ d = .23\% \\ j_2 = 14.23\% \end{array}$$

Annual effective rate $j = (1 + \frac{.1423}{2})^2 - 1 \doteq 14.74\%$

7. a) Let X be the semi-annual S.F. deposit, $i_1 = (1.07)^{1/2} - 1 = .034408043$ and $i_2 = (1.06)^{1/2} - 1 = .029563014$.
   At the end of 10 years:

   $$\begin{aligned} Xs_{\overline{10}|i_1}(1.07)^{5/12}(1.06)^{55/12} + Xs_{\overline{10}|i_2} &= 20\,000 \\ X(15.71774428 + 11.44083538) &= 20\,000 \\ X &= \$736.42 \end{aligned}$$

   Semi-annual interest payment $= 20\,000(.055) = \$110.00$
   Semi-annual expense of the loan $= 736.42 + 110.00 = \$846.42$

   b) Amount in the S.F. after the August 1, 2002 deposit
   $= 736.42 s_{\overline{10}|i_1}(1.07)^{5/12}(1.06)^{43/12} + 736.42 s_{\overline{8}|i_2}$
   $= 10\,919.68 + 6538.35 = \$17\,458.03$

   c)

Date	Interest on Fund	Deposit	Increase in Fund	Amount in Fund
Aug. 1, 2002				17 458.03
Feb. 1, 2003	516.11	736.42	1252.53	18 710.56
Aug. 1, 2003	553.14	736.30	1289.44	20 000.00

8. a) For the first 5 years:
   Annual interest payment $= 15\,000(.1) = \$1500$
   Annual S.F. deposit $= 2000 - 1500 = \$500$

   For the second 5 years:
   Annual interest payment $= 15\,000(.08) = \$1200$
   Annual S.F. deposit $= 2000 - 1200 = \$800$

   Amount in the S.F. at the end of 10 years:
   $500 s_{\overline{5}|.07}(1.07)^5 + 800 s_{\overline{5}|.07} = 4032.85 + 4600.59 = \$8633.44$
   Shortage $= 15\,000 - 8633.44 = \$6366.56$

   b) Let X be the S.F. deposit during the first 5 years.
   At the end of 10 years:
   $$\begin{aligned} Xs_{\overline{5}|.07}(1.07)^5 + 800 s_{\overline{5}|.07} &= 15\,000 \\ 8.065708951 X &= 10\,399.41 \\ X &= \$1289.34 \end{aligned}$$

   Increase in the S.F. needed during the first 5 years is $\$1289.34 - 500 = \$789.34$

EXERCISE 5.7

Part A

1. a) Annual payment $= \frac{50\,000}{a_{\overline{10}|.09}} = \$7791$

   b) Annual interest $= 50\,000(.09) = \$4500$
   Annual S.F. deposit $= \frac{50\,000}{s_{\overline{10}|.09}} = \$3291$
   Total annual expense $= \$7791$ (same as a))

   c) Annual interest $= 50\,000(.09) = \$4500$
   Annual S.F. deposit $= \frac{50\,000}{s_{\overline{10}|.06}} = \$3793.40$
   Total annual expense $= 4500 + 3793.40 = \$8293.40$

2. Amortization: $E_A = \frac{180\,000}{a_{\overline{15}|.10}} = \$23\,665.28$

   Sinking Fund: Interest $= 180\,000(.09) = \$16\,200.00$
   Deposit $= \frac{180\,000}{s_{\overline{15}|.07}} = \$7163.03$
   Total annual expense $E_S = 16\,200 + 7163.03 = \$23\,363.03$

   Sinking fund is cheaper by $302.25 per year.

3. Amortization: $E_A = \frac{60\,000}{a_{\overline{10}|.05}} = \$7770.27$

   Sinking Fund: Interest $= 60\,000(.0475) = \$2850.00$
   Deposit $= \frac{60\,000}{s_{\overline{10}|.02}} = \$5479.59$
   Total semi-annual expense $E_S = 2850 + 5479.59 = \$8329.59$

   Amortization is cheaper by $559.32 semi-annually.

4. Sinking fund: Interest $= 100\,000(.045) = \$4500.00$
   Deposit $= \frac{100\,000}{s_{\overline{20}|.035}} = \$3536.11$
   Total semi-annual expense $= \$8036.11$

   Amortization: $8036.11 a_{\overline{20}|i} = 100\,000$
   $a_{\overline{20}|i} = 12.4438$

   Starting value to solve $a_{\overline{20}|i} = 12.4438$ is $i = \frac{1-(\frac{12.4438}{20})^2}{12.4438} = .049251804$
   or $j_2 = 2i = 9.85\%$.

   $$.5118\left\{.0184\left\{\begin{array}{c|c} a_{\overline{20}|i} & j_2 \\ \hline 12.4622 & 10\% \\ 12.4438 & j_2 \\ 11.9504 & 11\% \end{array}\right\}d\right\}1\% \quad \begin{array}{l} \frac{d}{1\%} = \frac{.0184}{.5118} \\ d \doteq .04\% \\ j_2 = 10.04\% \end{array}$$

EXERCISE 5.7 - PART A

5. Sinking fund: Interest $= 500\,000(.045625) = \$22\,812.50$
   Deposit $= \frac{500\,000}{s_{\overline{40}|.04}} = \$5261.74$
   Total semi-annual expense $= \$28\,074.24$

   Amortization: $28\,074.24 a_{\overline{40}|i} = 500\,000$
   $a_{\overline{40}|i} = 17.8099$

   Starting value to solve $a_{\overline{40}|i} = \frac{1-(\frac{17.8099}{40})^2}{17.8099} = .045017359$ or $j_2 = 2i = 9.00\%$

   $$1.2425 \left\{ .5917 \left\{ \begin{array}{c|c} a_{\overline{40}|i} & j_2 \\ \hline 18.4016 & 9\% \\ 17.8099 & j_2 \\ 17.1591 & 10\% \end{array} \right\} d \right\} 1\% \qquad \begin{array}{l} \frac{d}{1\%} = \frac{.5917}{1.2425} \\ d \doteq .48\% \\ j_2 = 9.48\% \end{array}$$

6. Amortization: Annual payment $= \frac{200\,000}{a_{\overline{10}|.09}} = \$31\,164.02$

   Sinking fund: Interest $= 200\,000(.085) = \$17\,000$
   Deposit $= 31\,164.02 - 17\,000 = \$14\,164.02$

   $14\,164.02 s_{\overline{10}|i} = 200\,000$
   $s_{\overline{10}|i} = 14.1203$

   Starting value to solve $s_{\overline{10}|i} = 14.1203$ is $i = \frac{(\frac{14.1203}{10})^2 - 1}{14.1203} = 7.04\%$

   $$.6702 \left\{ .3039 \left\{ \begin{array}{c|c} s_{\overline{10}|i} & i = j_1 \\ \hline 13.8164 & 7\% \\ 14.1203 & j_1 \\ 14.4866 & 8\% \end{array} \right\} d \right\} 1\% \qquad \begin{array}{l} \frac{d}{1\%} = \frac{.3039}{.6702} \\ d \doteq .45\% \\ j_1 = 7.45\% \end{array}$$

7. a) Sinking fund: Quarterly interest $= 500\,000(.02) = 10\,000.00$
   Quarterly deposit $= \frac{500\,000}{s_{\overline{60}|.015}} = \underline{5\,196.71}$
   Total quarterly expense $= \$15\,196.71$

   b) Amortization: $15\,196.71 a_{\overline{60}|i} = 500\,000$
   $a_{\overline{60}|i} = 32.9019$

   Starting value to solve $a_{\overline{60}|i} = 32.9019$ is $i = \frac{1-(\frac{32.9019}{60})^2}{30.9019} = .022629541$ or $j_4 = 4i = 9.05\%$.

   $$2.0119 \left\{ 1.8590 \left\{ \begin{array}{c|c} a_{\overline{60}|i} & j_4 \\ \hline 34.7609 & 8\% \\ 32.9019 & j_4 \\ 32.7490 & 9\% \end{array} \right\} d \right\} 1\% \qquad \begin{array}{l} \frac{d}{1\%} = \frac{1.8590}{2.0119} \\ d \doteq .92\% \\ j_4 = 8.92\% \end{array}$$

   It would be less expensive to amortize the debt at $j_4 < 8.92\%$.

8. a) Amortization:
    Monthly expense $= \frac{80\ 000}{a_{\overline{12}|.00583}} = \$6922.14$

    b) Sinking fund:
    Monthly interest $= 80\ 000(\frac{.065}{12}) = \$433.33$
    Monthly deposit $= \frac{80\ 000}{s_{\overline{12}|.003}} = \$6545.33$
    Total monthly expense $= \$6978.66$.
    Amortization method is cheaper by \$56.52 a month.

EXERCISE 5.7

Part B

1. a) Amortization: $i_1 = (1.05)^{1/6} - 1 = .008164846$
   Monthly payment $= \frac{200\,000}{a_{\overline{72}|i_1}} = \$3684.81$

   b) Sinking fund: $i_2 = (1.0225)^{1/3} - 1 = .007444443$
   Monthly interest $= 200\,000(i_2) = \$1488.89$
   $i_3 = (1 + \frac{.06}{365})^{\frac{365}{12}} - 1 = .0050121108$
   Monthly deposit $= \frac{200\,000}{s_{\overline{72}|i_3}} = \$2313.53$
   Total monthly expense $= 1488.89 + 2313.53 = \$3802.42$

   Use amortization method to save \$117.61 a month.

2. a) Sinking fund: Semi-annual interest $= 10\,000(.06) = \$600$
   $i = (1.0075)^6 - 1 = .045852235$
   Semi-annual deposit $= \frac{10\,000}{s_{\overline{20}|i}} = \$315.93$
   Total semi-annual expense $= \$915.93$

   b) Amortization: $915.93 a_{\overline{20}|i} = 10\,000$
   $a_{\overline{20}|i} = 10.9179$
   Starting value to solve $a_{\overline{20}|i} = 10.9179$ is $i = \frac{1-(\frac{10.9179}{20})^2}{10.9179} = .064297956$ or $j_2 = 2i = 12.86\%$

   $.4245 \left\{ .1006 \left\{ \begin{array}{c|c} a_{\overline{20}|i} & j_2 \\ \hline 11.0185 & 13\% \\ 10.9179 & j_2 \\ 10.5940 & 14\% \end{array} \right\} d \right\} 1\%$
   $\frac{d}{1\%} = \frac{.1006}{.4245}$
   $d \doteq .24\%$
   $j_2 = 13.24\%$

   Find j_4 such that $(1 + \frac{j_4}{4})^4 = (1 + \frac{.1324}{2})^2$
   $j_4 = 4[(1 + \frac{.1324}{2})^{\frac{1}{2}} - 1] = 13.03\%$

3. Annual cost to amortize \$20 000 is $\frac{20\,000}{a_{\overline{10}|.08}} = \$2980.59$
   Annual interest on 80 000 is $80\,000(.08) = \$6400$
   S. F. $i = (1.0125)^4 - 1 = .050945337$
   Annual S.F. deposit to accumulate \$80 000 is $\frac{80\,000}{s_{\overline{10}|i}} = \$6332.36$
   Total annual expense $= \$15\,712.95$

   Annual cost to amortize \$100 000 is $\frac{100\,000}{a_{\overline{10}|.08}} = \$14\,902.95$

   Extra annual cost $= 15\,712.95 - 14\,902.95 = \$810.00$.

4. Let X be the amount of the loan,
$i_1 = (1.045)^{1/6} - 1 = .007363123$, $i_2 = (1.0425)^{1/6} - 1 = .006961062$

Amortization: Monthly cost $= \dfrac{X}{a_{\overline{180}|i_1}}$

Sinking fund: Monthly interest $= Xi_2$
 Monthly deposit $= \dfrac{X}{s_{\overline{180}|i}}$

Find i and $j_{12} = 12i$ such that the monthly expenses are equal, that is:

$$\dfrac{X}{a_{\overline{180}|i_1}} = Xi_2 + \dfrac{X}{s_{\overline{180}|i}}$$
$$\dfrac{1}{s_{\overline{180}|i}} = \dfrac{1}{a_{\overline{180}|i_1}} - i_2$$
$$\dfrac{1}{s_{\overline{180}|i}} = .003084126$$
$$s_{\overline{180}|i} \doteq 324.2409$$

Starting value to solve $s_{\overline{180}|i} = 324.2409$ is $i = \dfrac{\left(\frac{324.2409}{180}\right)^2 - 1}{324.2409} = .006923309$ or $j_{12} = 12i = 8.31\%$

$$29.0759 \Bigg\{ 7.2786 \left\{ \begin{array}{c|c} s_{\overline{180}|i} & j_{12} \\ \hline 316.9623 & 7\% \\ 324.2409 & j_{12} \\ 346.0382 & 8\% \end{array} \right\} d \Bigg\} 1\% \quad \begin{array}{l} \dfrac{d}{1\%} = \dfrac{7.2786}{29.0759} \\ d \doteq .25\% \\ j_{12} = 7.25\% \end{array}$$

5. Total annual outlay $= \$1400$
Annual interest $= 10\,000(.08) = \$800$
Annual S.F. deposit $= 1400 - 800 = \$600$

Find n such that $600 s_{\overline{n}|.06} = 10\,000$
$\qquad\qquad s_{\overline{n}|.06} = \dfrac{100}{6}$
$\qquad\qquad (1.06)^n = 2$
$\qquad\qquad n = \dfrac{\log 2}{\log 1.06}$
$\qquad\qquad n = 11.89566105 \to 12$ deposits

Last S.F. deposit $= 10\,000 - 600 s_{\overline{11}|.06}(1.06) = \$478.04$

At the end of 12 years the irregular payment is $800 + 478.04 = \$1278.04$

6. Amortization: Quarterly rate $i_1 = \left(1 + \tfrac{.1}{12}\right)^3 - 1 = .025208912$
 Quarterly payment $= \dfrac{5000}{a_{\overline{20}|i_1}} = \$321.37$

Sinking fund: Needs $5000\left(1 + \tfrac{.09}{12}\right)^{60} = \$7828.41$
 Quarterly deposit $= \dfrac{7828.41}{s_{\overline{20}|i}}$

EXERCISE 5.7 - PART B

For equal quarterly costs: $\frac{7828.41}{s_{\overline{20}|i}} = 321.37$

$s_{\overline{20}|i} = 24.3595$

Starting value to solve $s_{\overline{20}|i} = 24.3595$ is $i = \frac{(\frac{24.3595}{20})^2 - 1}{24.3595} = .019847004$ or $j_4 = 4i = 7.94\%$.

$$.6141 \left\{ .0621 \left\{ \begin{array}{c|c} s_{\overline{20}|i} & j_4 \\ \hline 24.2974 & 8\% \\ 24.3595 & j_4 \\ 24.9115 & 9\% \end{array} \right\} d \right\} 1\% \quad \begin{array}{l} \frac{d}{1\%} = \frac{.0621}{.6141} \\ d \doteq .10\% \\ j_4 = 8.10\% \end{array}$$

Annual effective rate $j = (1 + \frac{.081}{4})^4 - 1 = 8.35\%$.

REVIEW EXERCISES 5.8

1. a) $R = \frac{15\,000}{a_{\overline{120}|.0125}} = \$242.01$

   b) i) Amortization method:
      Outstanding balance after 36 payments:
      $15\,000(1.0125)^{36} - 242.01 s_{\overline{36}|.0125} = 23\,459.16 - 10\,918.40 = \$12\,540.76$

      $I_{37} = (12\,540.76)(.0125) = \$156.76$
      $P_{37} = 242.01 - 156.76 = \$85.25$

      ii) Sum of digits:
      Final payment $= 15\,000(1.0125)^{120} - 242.01 s_{\overline{119}|.0125}(1.0125) = \$239.93$
      Total debt $= 120 \times 242.01 + 239.93 \quad = \$29\,039.12$
      Interest rebate $= \frac{3570}{7260} \times 14\,039.12 \quad = 6\,903.53$
      Payments to date $= 36 \times 242.01 \quad = \underline{8\,712.36}$
      Outstanding balance $\quad = \$13\,423.23$

      $I_{37} = \frac{84}{7260} \times 14\,039.12 = \$162.44$
      $P_{37} = 242.01 - 162.44 = \$79.57$

2. $i = (1 + \frac{.075}{12})^3 - 1 = .018867432$
   Monthly payment $= \frac{20\,000}{a_{\overline{20}|i}} = \$1209.81$
   Outstanding balance after 8 payments $= 20\,000(1+i)^8 - 1209.81 s_{\overline{8}|i}$
   $ = 23\,225.84 - 10\,342.30 = \$12\,883.54$

   $I_9 = 12\,883.54 \times i = \$243.08$
   $P_9 = 1209.81 - 243.08 = \$966.73$

3. $i = (1.07)^2 - 1 = .1449$
   Annual payment $= \frac{10\,000}{a_{\overline{5}|i}} = \$2947.22$
   Final payment $= 10\,000(1+i)^5 - 2947.22 s_{\overline{4}|i}(1+i) = \$2947.18$
   Total interest $= (4 \times 2947.22 + 2947.18) - 10\,000 = \$4736.06$

4. Let X be the amount of the loan,
   $i_1 = \frac{.085}{2}$, $i_2 = (1 + \frac{.075}{12})^6 - 1$

   Amortization: Semi-annual payment $= \frac{X}{a_{\overline{20}|i}}$
   Sinking fund: Semi-annual interest $= Xi_1$
    Semi-annual deposit $= \frac{X}{s_{\overline{20}|i_2}}$
   For equal semi-annual costs: $\frac{X}{a_{\overline{20}|i}} = Xi_1 + \frac{X}{s_{\overline{20}|i_2}}$
   $\frac{1}{a_{\overline{20}|i}} = i_1 + \frac{1}{s_{\overline{20}|i_2}}$
   $\frac{1}{a_{\overline{20}|i}} = .076752364$
   $a_{\overline{20}|i} \doteq 13.0289$

REVIEW EXERCISES 5.8

Starting value to solve $a_{\overline{20}|i} = 13.0289$ is $i = \frac{1-(\frac{13.0289}{20})^2}{13.0289} = .0441802$ or $j_2 = 2i = 8.84\%$.

$$.5824\left\{.5614\left\{\begin{array}{c|c} a_{\overline{20}|i} & j_2 \\ \hline 13.5903 & 8\% \\ 13.0289 & j_2 \\ 13.0079 & 9\% \end{array}\right\}d\right\}1\% \quad \begin{array}{l} \frac{d}{1\%} = \frac{.5614}{.5824} \\ d \doteq .96\% \\ j_2 = 8.96\% \end{array}$$

5. Semi-annual rate $i = (1.02)^2 - 1 = .0404$
   Semi-annual S.F. deposit $= \frac{3000}{s_{\overline{8}|i}} = \$325.12$
   Balance in the S.F. at the end of 3 years is $= 325.12 s_{\overline{6}|i} = \$2158.68$

Deposit Number	Interest on Fund	Deposit	Increase in Fund	Amount in Fund
6	-	-	-	2158.68
7	87.21	325.12	412.33	2571.01
8	103.87	325.12	428.99	3000.00

6. a) $i = (1.05)^{1/6} - 1 = .008164846$
   Monthly payment $= \frac{60\,000}{a_{\overline{300}|i}} = \$536.70$

   b) Outstanding balance after the 48th payment $= 60\,000(1+i)^{48} - 536.70 s_{\overline{48}|i}$
   $= 88\,647.33 - 31\,384.59 = \$57\,262.74$

   c) $I_{49} = (57\,262.74)(i) = \$467.54$
   $P_{49} = 536.70 - 467.54 = \$69.16$

   d) Principal paid in the first 48 payments $= 60\,000 - 57\,262.74 = \$2737.26$
   Payments made $= 48 \times 536.70 = \$25\,761.60$
   Interest paid in the first 48 payments $= 25\,761.60 - 2737.26 = \$23\,024.34$.

7. $i = (1.04)^{1/6} - 1 = .006558197$
   Monthly payment $= \frac{100\,000}{a_{\overline{144}|i}} = \$1075.33$
   Final payment $= 100\,000(1+i)^{144} - 1075.33 s_{\overline{143}|i}(1+i) = 1074.95$

   Total debt $= 1075.33 \times 143 + 1074.95 \quad = \quad \$154\,847.14$
   Interest rebate $= \frac{3570}{10\,440} \times 54\,847.14 \quad = \quad 18\,755.20$
   Payments to date $= 1075.33 \times 60 \quad = \quad 64\,519.80$
   Outstanding balance after 5 years $\quad = \quad \$71\,572.14$

   For the sinking fund:
   Amount due in 7 years: $71\,572.14(1.035)^{14} = \$115\,853.43$
   Monthly S.F. deposit $= \frac{115\,853.43}{s_{\overline{84}|.005}} = \$1113.18$

   Do **NOT** refinance.

8. a) $i_1 = (1.03)^{1/6} - 1 = .004938622$
    Initial monthly payment $= \frac{110\ 000}{a_{\overline{300}|i_1}} = \$703.79$

    b) Balance after 5 years $= 110\ 000(1 + i_1)^{60} - 703.79 s_{\overline{60}|i_1}$
    $= 147\ 830.80 - 49\ 010.62 = \$98\ 820.18$

    c) $i_2 = (1.04)^{1/6} - 1 = .006558197$
    New monthly payment $= \frac{98\ 820.18}{a_{\overline{240}|i_2}} = \$818.59$

    d) Balance August 1, 2001 $= 98\ 820.18(1 + i_2)^7 - 818.59 s_{\overline{7}|i_2}$
    $= 103\ 446.99 - 5844.11 = \$97\ 602.88$

    $I_{Sept.} = 97\ 602.88 \times i_2 = \$640.10$
    $P_{Sept.} = 818.59 - 640.10 = \$178.49$

9. $i_1 = (1.045)^{1/6} - 1 = .007363123$
    Original monthly payment $= \frac{150\ 000}{a_{\overline{240}|i_1}} = \$1333.79$
    Outstanding balance after 3 years $= 150\ 000(1 + i_1)^{36} - 1333.79 s_{\overline{36}|i_1}$
    $= 195\ 339.02 - 54\ 752.79 = \$140\ 586.23$
    Penalty $= 140\ 586.23(i_1)(3) = \$3105.46$
    Amount to be refinanced $= 140\ 586.23 + 3105.46 = \$143\ 691.69$

    $i_2 = (1.035)^{1/6} - 1 = .005750039$
    New monthly payment $= \frac{143\ 691.69}{a_{\overline{204}|i_2}} = \$1198.27$

10. Amortization: Annual payment $= \frac{10\ 000}{a_{\overline{10}|.1}} = \$1627.46$

    Sinking fund: Annual interest $= 10\ 000(.095) = \$950$
    Annual S.F. rate $i = (1.02)^4 - 1 = .082432160$
    Annual S.F. deposit $= \frac{10\ 000}{s_{\overline{10}|i}} = \$682.36$
    Total annual expense $= 950 + 682.36 = \$1632.36$

    Use amortization and save $4.90 a year.

11. Given $P_1 = 10.00$ and $P_4 = 13.31$, we calculate i from:

    $$10(1+i)^3 = 13.31$$
    $$(1+i)^3 = 1.331$$
    $$i = .10$$

$P_2 = 10.00(1 + i) = 11.00$
$I_2 = 389.00$
Hence the periodic payment is $400.00
Hence, $I_1 = \$390.00$
If L is the original loan, $iL = 390$ and $L = \frac{390}{.1} = \$3900$.

REVIEW EXERCISES 5.8   151

12. Total interest = $5681.17
    Number of payments = $19 \times 12 = 228$

    $s_n = \frac{(228)(229)}{2} = 26\ 106$

    $I_{163} = \frac{66}{26\ 106}(5681.17) = \$14.36$

13. a) Monthly rate $i = (1.045)^{1/6} - 1 = .007363123$
    Monthly payment $= \frac{100\ 000}{a_{\overline{240}|i}} = \$889.19$
    Final payment $= 100\ 000(1+i)^{240} - 889.19 s_{\overline{239}|i}(1+i) = 888.86$

    b) Outstanding balance after 5 years $= 100\ 000(1+i)^{60} - 889.19 s_{\overline{60}|i}$
    $= 155\ 296.94 - 66\ 778.03 = \$88\ 518.91$

    Principal paid in the first 5 years $= 100\ 000 - 88\ 518.91 = \$11\ 481.09$
    Interest paid in the first 5 years $= 60 \times 889.19 - 11\ 481.09 = \$41\ 870.31$

    c) Amortization:
    $I_1 = 100\ 000i = \$736.31$
    $P_1 = 889.19 - 736.31 = \$152.88$

    Sum of digits:
    Total interest $= 239 \times 889.19 + 888.86 - 100\ 000 = \$113\ 405.27$
    Sum of digits from 1 to 240 $= \frac{240}{2}(241) = 28\ 920$
    $I_1 = \frac{240}{28\ 920}(113\ 405.27) = \$941.12$
    $P_1 = 889.19 - 941.12 = -\$51.93$

    d) New monthly rate $i = (1.055)^{1/6} - 1 = .008963394$
    New monthly payment $= \frac{88\ 518.91}{a_{\overline{180}|i}} = \$992.59$

14. a) Principal paid in the 18th payment $= 40(1.0125)^{14} = \$47.60$

    b) Principal paid in the 1st payment $= 40(1.0125)^{-3} = \$38.54$
    Interest paid in the 1st payment $= 2000(.0125) = \$25.00$
    Regular monthly payment $= 38.54 + 25.00 = \$63.54$

15. a) Principal paid in the 14th payment $= 62(1.01)^6 = \$65.81$

    b) Amount of the loan $=$ sum of all principal payments
    $= 62[(1.01)^{-7} + (1.01)^{-6} + \cdots + (1.01)^{40}]$
    $= 62(1.01)^{-7}\frac{(1.01)^{48}-1}{.01} = \$3540.41$

16. Annual payment $= 50\ 000 + 180\ 975 = \$230\ 975$
    Loan amount $= 819\ 025 + 180\ 975 = \$1\ 000\ 000$
    Annual rate of interest $= \frac{50\ 000}{1\ 000\ 000} = .05$
    $X = 1\ 000\ 000(1.05)^3 - 230\ 975 s_{\overline{3}|.05} = \$429\ 476.31$

17. Monthly interest $i = (1.05125)^{1/6} - 1 = .008364780$
    Monthly payment $= \frac{120\ 000}{a_{\overline{300}|i}} = \$1093.64$

Balance after 12 payments $= 120\,000(1+i)^{12} - 1093.64s_{\overline{12}|i}$
$= 132\,615.19 - 13\,744.61 = \$118\,870.58$
Principal repaid in the first year $= 120\,000 - 118\,870.58 = \$1129.42$

18. a) Monthly rate $i = (1.045)^{1/6} - 1 = .007363123$
Monthly payment $= \frac{80\,000}{a_{\overline{300}|i}} = \$662.40$ (rounded up to the next dime)

b) Final payment $= 80\,000(1+i)^{300} - 662.40s_{\overline{299}|i}(1+i)$
$= 722\,610.90 - 721\,968.24 = \$642.66$

c) Balance after 36 payments $= 80\,000(1+i)^{36} - 662.40s_{\overline{36}|i}$
$= 104\,180.81 - 27\,191.87 = \$76\,988.94$
Balance after 48 payments $= 80\,000(1+i)^{48} - 662.40s_{\overline{48}|i}$
$= 113\,768.05 - 37\,972.94 = \$75\,795.11$

Principal paid during the 4th year $= 76\,988.94 - 75\,795.11 = \$1193.83$
Interest paid during the 4th year $= 12 \times 662.40 - 1193.83 = \$6754.97$

d) New balance $= 75\,795.11 - 2500 = \$73\,295.11$
Find n such that $662.40a_{\overline{n}|i} = 73\,295.11$
$(1+i)^{-n} = .185264323$
$n = -\frac{\log .185264323}{\log(1+i)}$
$n = 229.8170373 \rightarrow 230$ months

The mortgage will be paid off in $48+230 = 278$ months, that is 22 months sooner.

Concluding payment $= 73\,295.11(1+i)^{230} - 662.40s_{\overline{229}|i}(1+i)$
$= 396\,155.91 - 395\,614.34 = \$541.57$
Difference in total payments $= (299 \times 662.40 + 642.66) - (277 \times 662.40 + 541.57 + 2500)$
$= 198\,700.26 - 186\,526.37 = \$12\,173.89$

19. Monthly payment $= \frac{10\,000}{a_{\overline{50}|.01}} = \$256.00$ (rounded up to the next dollar)
Final payment $= 10\,000(1.01)^{50} - 256s_{\overline{49}|.01}(1.01) = \$199.74$
Total interest $= (49 \times 256 + 199.74) - 10\,000 = \$2743.74$

Total debt $= \$12\,743.74$
Less interest rebate $= \frac{630}{1275} \times 2743.74 = 1\,355.73$
Less payments to date $= 15 \times 256 = 3\,840.00$
Outstanding balance after 15 payments $= \$7548.01$

20. a) Annual S.F. deposit $= \frac{100\,000}{s_{\overline{20}|.06}} = \$2718.46$

b) Annual interest on the loan $= 100\,000(.12) = \$12\,000.00$
Total annual cost of the loan $= 12\,000 + 2718.46 = \$14\,718.46$

c) Find $i = j$ such that $14\,718.46a_{\overline{20}|i} = 100\,000$
$a_{\overline{20}|i} = 6.7942$

REVIEW EXERCISES 5.8   153

Starting value to solve $a_{\overline{20}|i} = 6.7942$ is $i = \frac{1-(\frac{6.7942}{20})^2}{6.7942} = .130198863 \doteq 13.02\%$

$$.4017 \begin{Bmatrix} .2306 \begin{Bmatrix} \begin{array}{c|c} a_{\overline{20}|i} & i = j \\ \hline 7.0248 & 13\% \\ 6.7942 & j \\ 6.6231 & 14\% \end{array} \end{Bmatrix} d \end{Bmatrix} 1\% \qquad \begin{array}{l} \frac{d}{1\%} = \frac{.2306}{.4017} \\ d \doteq .57\% \\ j = 13.57\% \end{array}$$

21. a) Annual payment $= \frac{50\ 000}{a_{\overline{15}|.07}} = \$5489.74$

Final payment $= 50\ 000(1.07)^{15} - 5489.52s_{\overline{14}|.07}(1.07) = \$5489.52$

b) Monthly S.F. deposit $= \frac{5489.74}{s_{\overline{12}|.005}} = \$445.04$ (rounded up)

c) Total debt $= 14 \times 5489.74 + 5489.52 = 82\ 345.88$
Less interest rebate $= \frac{45}{120} \times 32\ 345.88 = 12\ 129.71$
Less payments to date $= 6 \times 5489.74 = \underline{32\ 938.44}$
Outstanding principal after 6 years $= \$37\ 277.73$

22. a) Monthly payment $= \frac{15\ 000}{a_{\overline{144}|.015}} = \$254.87$

Final payment $= 15\ 000(1.015)^{144} - 254.87s_{\overline{143}|.015}(1.015) = \$253.83$
Total interest $= (143 \times 254.87 + 253.83) - 15\ 000 = \$21\ 700.24$

Amortization: $B_{24} = 15\ 000(1.015)^{24} - 254.87s_{\overline{24}|.015} = \$14\ 144.72$

Sum of digits:
Total debt $= 143 \times 254.87 + 253.83 \qquad = 36\ 700.24$
Less interest rebate $= \frac{7260}{10\ 440} \times 21\ 700.24 \quad = 15\ 090.40$
Less payments to date $= 24 \times 254.87 \qquad\quad = \underline{6\ 116.88}$
$\qquad\qquad\qquad\qquad\qquad\qquad\qquad B_{24} = \$15\ 492.96$

b) New monthly payment (at $i = \frac{.16}{12}$) $= \frac{15\ 492.96}{a_{\overline{120}|.16/12}} = \$259.53$

Since the new monthly payment is larger than the original monthly payment, **it does not pay to refinance the loan**

Case Study I: Comparison of amortization, sum-of-digits and sinking-fund methods

i) Amortization: Monthly payment $= \frac{10\ 000}{a_{\overline{60}|.01}} = \$222.45$

Sum of digits: Monthly payment $= \$222.45$

Sinking fund: Monthly interest on the loan $= 10\ 000(.01) = \$100$
Monthly rate on S.F. $i = (1 + \frac{.065}{365})^{365/12} - 1 = .005430878$
Monthly S.F. deposit $= \frac{10\ 000}{s_{\overline{60}|i}} = \$141.43$
Total monthly expense $= \$241.43$

ii) Amortization:
Balance at the end of 2 years $= 10\,000(1.01)^{24} - 222.45 s_{\overline{24}|.01} = \$6697.10$

Sum of digits:
Final payment $= 10\,000(1.01)^{60} - 222.45 s_{\overline{59}|.01}(1.01) = \$222.00$

$$\begin{aligned}
\text{Total debt} &= 59 \times 222.45 + 222.00 &&= 13\,346.55 \\
\text{Less interest rebate} &= \tfrac{666}{1830} \times 3346.55 &&= 1\,217.92 \\
\text{Less payments to date} &= 24 \times 222.45 &&= 5\,338.80 \\
\text{Balance at the end of 2 years} &&&= \$\,6\,789.83
\end{aligned}$$

Sinking fund:
Amount in the S.F. at the end of 2 years $= 141.43 s_{\overline{24}|i} = \$3615.00$
Balance at the end of 2 years $= 10\,000 - 3615.00 = \$6385.00$

iii) Amortization:
$I_1 = 10\,000(.01) = \$100$
$P_1 = 222.45 - 100 = \$122.45$

Balance after 23 payments $= 10\,000(1.01)^{23} - 222.45 s_{\overline{23}|.01} = \$6851.04$
$I_{24} = 6851.04(.01) = \$68.51$
$P_{24} = 222.45 - 68.51 = \$153.94$

Sum of digits:
$I_1 = \tfrac{60}{1830} \times 3346.67 = \$109.73$
$P_1 = 222.45 - 109.73 = \$112.72$

$I_{24} = \tfrac{37}{1830} \times 3346.67 = \$67.66$
$P_{24} = 222.45 - 67.66 = \$154.79$

Sinking fund:
$I_1 = I_{24} = \$100$
$P_1 = P_{24} = \$141.43$

Case Study II: Increasing extra annual payments

a) Monthly rate $i_m = (1.04)^{1/6} - 1 = .006558197$
Monthly payment $= \dfrac{100\,000}{a_{\overline{300}|i_m}} = \$763.30$ (rounded up to the next dime)
Final payment $= 100\,000(1 + i_m)^{300} - 763.30 s_{\overline{299}|i_m}(1 + i_m) = \$682.71$

b) Equivalent annual rate $i_a = (1.04)^2 - 1 = .0816$
Equivalent annual payment $= 763.30 s_{\overline{12}|i_m} = 9497.32$
Outstanding balance B_n after n years
$B_n = 100\,000(1.0816)^n - 9497.32 s_{\overline{n}|.0816} - 300 s_{\overline{n}|.0816} - 50 \dfrac{s_{\overline{n}|.0816} - n}{.0816}$

REVIEW EXERCISES 5.8

By trial and error we want to find n such that $B_n = 0$.
For $n = 20$ $B_{20} = 7444.31$

Final payment at 20 years and 11 months:
$7444.31(1+i_m)^{11} - 763.30 s_{\overline{10}|i_m}(1+i_m) = \$85.50$

Case Study III: Mortgage amortization

a) Monthly rate $i = (1.045)^{1/6} - 1 = .007363123$
   Monthly payment $= \frac{90\,000}{a_{\overline{300}|i}} = \$745.18$
   Final payment $= 90\,000(1+i)^{300} - \$745.18 s_{\overline{299}|i}(1+i) = \$744.80$

b) Total interest $= (299 \times 745.18 + 744.80) - 90\,000 = 133\,553.62$

c)

Payment Number	Monthly Payment	Interest Payment	Principal Payment	Outstanding Balance
				90 000.00
1	745.18	662.68	82.50	89 917.50
2	745.18	662.07	83.11	89 834.39
3	745.18	661.46	83.72	89 750.67

d) Retrospective method: $B_{24} = 90\,000(1+i)^{24} - 745.18 s_{\overline{24}|i} = \$87\,842.96$
   Prospective method: $B_{24} = 745.18 a_{\overline{275}|i} + 744.80(1+i)^{-276} = \$87\,842.96$

e) Principal paid $= B_0 - B_{24} = 90\,000 - \$87\,842.96 = \$2157.04$
   Interest paid $= 24 \times 745.18 - 2157.04 = \$15\,727.28$

f) Outstanding balance after 2 years $= 87\,842.96 - 1000 = \$86\,842.96$
   Find n such that $745.18 a_{\overline{n}|i} = \$86\,842.96$
   $n \doteq 266.16$ months
   Final payment $= 86\,842.96(1+i)^{267} - 745.18 s_{\overline{266}|i}(1+i) = \$120.61$
   Total interest $= [1000 + (24+266)745.18 + 120.61] - 90\,000 = \$127\,222.81$
   Savings $= 133\,553.62 - 127\,222.81 = \$6\,330.71$

g) Monthly payment $= \frac{90\,000}{a_{\overline{240}|i}} = \$800.28$
   Final payment $= 90\,000(1+i)^{240} - 800.28 s_{\overline{239}|i}(1+i) = \$794.10$
   Total interest $= (239 \times 800.28 + 794.10) - 90\,000 = \$102\,061.02$
   Paying extra $(800.28 - 745.18) = \$55.10$ per month reduces the total interest by $(133\,553.62 - 102\,061.02) = \$31\,492.60$

h) Penalty $= 3i(87\,842.96) = \$1940.40$
   New monthly rate $i' = (1 + \frac{.085}{2})^{1/6} - 1$

   New monthly payment $= \frac{87\,842.96 + 1940.40}{a_{\overline{276}|i'}} = \$733.04 < \$745.18$
   It does pay to refinance.

Case Study IV: Accelerated morgage payments

a) **25 year amortization** at monthly rate $i_m = (1.04)^{1/6} - 1 = .006558197$:

Monthly payment $= \dfrac{100\,000}{a_{\overline{300}|i_m}} = \$763.22 \doteq \$763$ (rounded off to the nearest dollar)

Final payment $= 100\,000(1.04)^{50} - \$763 s_{\overline{299}|i_m}(1 + i_m) = \$961.34$

Total interest $= (299 \times 763 + 961.34) - 100\,000 = \$129\,098.34$

20 year amortization at monthly rate $i_m = (1.04)^{1/6} - 1 = .006558197$:

Monthly payment $= \dfrac{100\,000}{a_{\overline{240}|i_m}} = \$828.36 \doteq \$828$ (rounded off to the nearest dollar)

Final payment $= 100\,000(1.04)^{40} - \$828 s_{\overline{239}|i_m}(1 + i_m) = \$1035.19$

Total interest $= (239 \times 828 + 1035.19) - 100\,000 = \$98\,927.19$

Interest saved $= 129\,098.34 - 98\,927.19 = \$30\,171.15$

Note: The differences in figures after decimal point are due to round-off errors by using a different calculator or computer.

b) **Doubling-up the 4th payment each year:**

Equivalent annual payment $= 763[s_{\overline{12}|i_m} + (1 + i_m)^8] = \$10\,297.55$

Equivalent annual rate $i_a = (1.04)^2 - 1 = .0816$

Find n such that $10\,297.55 a_{\overline{n}|.0816} = 100\,000$

$n \doteq 20.04$ years $\doteq 20$ years 1 month

Time paid off sooner $= 25$ years $- 20$ years 1 month $= 4$ years 11 months

Final Payment $= 100\,000(1.04)^{40}(1 + i_m) - 10\,297.55 s_{\overline{20}|.0816}(1 + i_m) = \$433.32$

Total interest $= [(240 + 20) \times 763 + 433.32] - 100\,000 = \$98\,813.32$

Interest saved $= 129\,098.34 - 98\,813.32 = \$30\,285.02$

Note: There is an apparent typographical error in the figure $98\,863.53 in the article. It should have been $98\,813.53.

Doubling-up each 3rd payment:

Equivalent quarterly payment $= 763(s_{\overline{3}|i_m} + 1) = \$3067.04$

Equivalent quarterly rate $i_q = (1.04)^{1/2} - 1 = .019803903$

Find n such that $3067.04 a_{\overline{n}|i_q} = 100\,000$

$n \doteq 52.91$ quarters $\doteq 13$ years 3 months

Time paid off sooner $= 25$ years $- 13$ years 3 months $= 11$ years 9 months

Final payment $= 100\,000(1+i_m)^{159} - 3607.04 s_{\overline{52}|i_q}(1+i_q) - 763 s_{\overline{2}|i_m}(1+i_m) = \$1256.61$

Total interest $= [(158 + 52) \times 763 + 1256.61] - 100\,000 = \$61\,486.61$

Interest saved $= 129\,098.34 - 61\,486.61 = \$67\,611.73$

Alternative Solution: You may use either

Equivalent annual payment $= 763(s_{\overline{3}|i_m} + 1)s_{\overline{4}|i_q} = \$12\,637.45$ or

Equivalent semi-annual payment $763[s_{\overline{3}|i_m} + 1]s_{\overline{2}|i_q} = \$6194.83$

to obtain the same figures as above, when using equivalent quarterly payments.

CHAPTER 6

EXERCISE 6.2

Part A

1. $P = 22.50a_{\overline{40}|.04} + 500(1.04)^{-40}$
   or $P = 500 + (22.50 - 20)a_{\overline{40}|.04} = \$549.48$

2. $P = 45a_{\overline{30}|.05} + 1000(1.05)^{-30}$
   or $P = 1000 + (45 - 50)a_{\overline{30}|.05} = \$923.14$

3. $P = 65a_{\overline{30}|i} + 2000(1+i)^{-30}$ where $i = (1 + \frac{.07}{4})^2 - 1$
   or $P = 2000 + (65 - 2000i)a_{\overline{30}|i} = \$1897.17$

4. $P = 300a_{\overline{40}|.05} + 5000(1.05)^{-40}$
   or $P = 5000 + (300 - 250)a_{\overline{40}|.05} = \$5857.95$

5. $P = 45a_{\overline{36}|.06} + 1100(1.06)^{-36}$
   or $P = 1100 + (45 - 66)a_{\overline{36}|.06} = \$792.96$

6. $P = 65a_{\overline{40}|.035} + 2100(1.035)^{-40}$
   or $P = 2100 + (65 - 73.50)a_{\overline{40}|.035} = \$1918.48$

7. $P = 525a_{\overline{30}|i} + 11\,000(1+i)^{-30}$ where $i = (1 + \frac{.07}{12})^6 - 1$
   or $P = 11\,000 + (525 - 11\,000i)a_{\overline{30}|i} = \$13\,454.97$

8. $P = 275a_{\overline{34}|i} + 5150(1+i)^{-34}$ where $i = (1.025)^2 - 1$
   or $P = 5150 + (275 - 5150i)a_{\overline{34}|i} = \$5379.48$

9. $P = 30\,000a_{\overline{40}|i} + 1\,050\,000(1+i)^{-40}$ where $i = (1 + \frac{.055}{12})^6 - 1$
   or $P = 1\,050\,000 + (30\,000 - 1\,050\,000i)a_{\overline{40}|i} = \$1\,068\,973.16$

10. $P_1 = 32.50a_{\overline{40}|i} + 1000(1+i)^{-40}$ where $i = (1 + \frac{.07}{4})^2 - 1$
    or $P_1 = 1000 + (32.50 - 1000i)a_{\overline{40}|i} = \$940.36$

    $P_2 = 32.50a_{\overline{30}|i} + 1000(1+i)^{-30}$ where $i = (1.05)^{\frac{1}{2}} - 1$
    or $P_2 = 1000 + (32.50 - 1000i)a_{\overline{30}|i} = \$1164.03$

11. $P(\text{per } \$100) = 5a_{\overline{24}|.045} + 100(1.045)^{-24}$
    or $P = 100 + (5 - 4.50)a_{\overline{24}|.045} = \$107.25$

12. a) $P = 30a_{\overline{40}|.035} + 1000(1.035)^{-40}$
or $P = 1000 + (30 - 35)a_{\overline{40}|.035} = \$893.22$

b) $P = \$1000$

c) $P = 30a_{\overline{40}|.025} + 1000(1.025)^{-40}$
or $P = 1000 + (30 - 25)a_{\overline{40}|.025} = \$1125.51$

EXERCISE 6.2 - PART B

EXERCISE 6.2

Part B

1. $P = C + (Fr - Ci)a_{\overline{n}|i}$
   If $Fr = Ci$ then $P = C$

2. For a par value bond $C = F$.
   We know $P = Fr\, a_{\overline{n}|i} + C(1+i)^{-n}$
   Substituting $F = C$ and $a_{\overline{n}|i} = \frac{1-(1+i)^{-n}}{i}$
   we obtain $\begin{aligned}P &= Fr(\frac{1-(1+i)^{-n}}{i}) + F(1+i)^{-n} \\ &= F(1+i)^{-n} + \frac{r}{i}[F - F(1+i)^{-n}]\end{aligned}$

3. $\begin{aligned}P_1 &= X \cdot r \cdot a_{\overline{20}|.05} + 1.05X(1.05)^{-20} \\ P_2 &= X \cdot r \cdot a_{\overline{20}|.05} + X(1.05)^{-20} \\ P_1 - P_2 &= .05X(1.05)^{-20} = 113.07 \\ X &= \$6000\end{aligned}$

4. Value at maturity $= 1000(1.055)^{40} = \$8513.31$
   Price $= 8513.31(1.05)^{-40} = \$1209.28$

5. Using Makeham's formula of problem B2 we calculate
   $P = 412 + \frac{.0325}{.03}(1000 - 412) = \$1049.00$

   or $\begin{aligned}412 &= 1000(1.03)^{-n} \\ (1.03)^{-n} &= .412 \\ a_{\overline{n}|.03} &= \frac{1-.412}{.03} \\ &= 19.6\end{aligned}$
   and $P = 32.50 a_{\overline{n}|.03} + 1000(1.03)^{-n} = 32.50(19.6) + 412 = \$1049.00$

6. Using $P = C + (Fr - Ci)a_{\overline{n}|i}$ we have:
   $P_1 = 1000 + (60 - 50)a_{\overline{2n}|.05} = \$1153.72$
   and $a_{\overline{2n}|.05} = \frac{153.72}{10} = 15.372$
   $P_2 = 1000 + (40 - 50)a_{\overline{2n}|.05} = 1000 - 10(15.372) = \$846.28$

7. $\begin{aligned}980 &= 1050 + (30 - 39.375)a_{\overline{2n}|.0375} \\ a_{\overline{2n}|.0375} &= 7.4\dot{6} \\ 1 - (1+i)^{-2n} &= 0.28 \\ (1+i)^{-2n} &= .72 \\ (1+i)^{-4n} &= .5184 \\ a_{\overline{4n}|.0375} &= 12.84266667 \\ P_2 &= 1040 + (25 - 39)a_{\overline{4n}|.0375} = \$860.20\end{aligned}$

8. $\quad 96\,446.90 = 100\,000 + (3250 - 3500)a_{\overline{n}|.035}$
$\quad\quad\quad a_{\overline{n}|.035} = 14.2124$
$\quad\quad \frac{1-(1.035)^{-n}}{.035} = 14.2124$
$\quad\quad\quad (1.035)^n = 1.989788406$
$\quad\quad\quad\quad n = \frac{\log 1.989788406}{\log 1.035} = 20$ half-years

Number of years $= 10$.

9. Book value after 10 years $= 1000 + (85 - 90)a_{\overline{10}|.09} = \$967.91$
Sale price $= 1000 + (85 - 100)a_{\overline{10}|.10} = \$907.83$
Excess $= 967.91 - 907.83 = \$60.08$

10. a) $P = 1000 + (50 - 60)a_{\overline{5}|.06} = \$957.88$

    b) $\quad 957.88 = 1000 + (55 - 60)a_{\overline{n}|.06}$
    $\quad\quad a_{\overline{n}|.06} = 8.424$
    $\quad \frac{1-(1.06)^{-n}}{.06} = 8.424$
    $\quad\quad (1.06)^{-n} = .49456$
    $\quad\quad\quad n = -\frac{\log .49456}{\log 1.06}$
    $\quad\quad\quad n = 12.08340474$ or 12 years

11. $\quad 1100 = 1000 + (50 - 40)a_{\overline{n}|.04}$
$\quad\quad a_{\overline{n}|.04} = 10$
$\quad \frac{1-(1.04)^{-n}}{.04} = 10$
$\quad\quad (1.04)^{-n} = .6$
$\quad\quad\quad n = -\frac{\log .6}{\log 1.04}$
$\quad\quad\quad n = 13.02438387$ half-years

Minimum number of whole years is 7 years.

12. $\quad 110 = 100 + [100(1.5)i - 100i]a_{\overline{n}|i}$
$\quad\quad 10 = 50ia_{\overline{n}|i}$
$\quad a_{\overline{n}|i} = \frac{1}{5i}$
$\quad\quad P = 100 + [100(.75)i - 100i]a_{\overline{n}|i} = 100 - 25ia_{\overline{n}|i} = 100 - 25i\frac{1}{5i} = \$95$

EXERCISE 6.3

Part A

1. Premium $= (50 - 45)a_{\overline{6}|.045} = \$25.79$
   Price $= 1000 + 25.79 = \$1025.79$

Coupon	Interest on Book Value	Book Value Adjustment	Book Value
-	-	-	1025.79
50.00	46.16	3.84	1021.95
50.00	45.99	4.01	1017.94
50.00	45.81	4.19	1013.75
50.00	45.62	4.38	1009.37
50.00	45.42	4.58	1004.79
50.00	45.22	4.78	1000.01*
		25.78*	

2. Discount $= (150 - 175)a_{\overline{6}|.035} = -\$133.21$
   Price $= 5000 - 133.21 = \$4866.79$

Coupon	Interest on Book Value	Book Value Adjustment	Book Value
-	-	-	4866.79
150.00	170.34	-20.34	4887.13
150.00	171.05	-21.05	4908.18
150.00	171.79	-21.79	4929.97
150.00	172.55	-22.55	4952.52
150.00	173.34	-23.34	4975.86
150.00	174.16	-24.16	5000.02*
		-133.23*	

3. Premium $= (65 - 55)a_{\overline{5}|.0275} = \$46.13$
   Price $= 2000 + 46.13 = \$2046.13$

Coupon	Interest on Book Value	Book Value Adjustment	Book Value
-	-	-	2046.13
65.00	56.27	8.73	2037.40
65.00	56.03	8.97	2028.43
65.00	55.78	9.22	2019.21
65.00	55.53	9.47	2009.74
65.00	55.27	9.73	2000.01*
		46.12*	

4. Discount $= (50 - 63)a_{\overline{5}|.06} = -\$54.76$
   Price $= 1050 - 54.76 = \$995.24$

Coupon	Interest on Book Value	Book Value Adjustment	Book Value
-	-	-	995.24
50.00	59.71	-9.71	1004.95
50.00	60.30	-10.30	1015.25
50.00	60.92	-10.92	1026.17
50.00	61.57	-11.57	1037.74
50.00	62.26	-12.26	1050.00
		-54.76	

5. Premium $= (90 - 72.10)a_{\overline{6}|.035} = \$95.38$
   Price $= 2060 + 95.38 = \$2155.38$

Coupon	Interest on Book Value	Book Value Adjustment	Book Value
-	-	-	2155.38
90	75.44	14.56	2140.82
90	74.93	15.07	2125.75
90	74.40	15.60	2110.15
90	73.86	16.14	2094.01
90	73.29	16.71	2077.30
90	72.71	17.29	2060.01*
		95.37*	

6. Discount $= (350 - 440)a_{\overline{5}|.04} = -\$400.66$
   Price $= 11\,000 - 400.66 = \$10\,599.34$

Coupon	Interest on Book Value	Book Value Adjustment	Book Value
-	-	-	10 599.34
350.00	423.97	-73.97	10 673.31
350.00	426.93	-76.93	10 750.24
350.00	430.01	-80.01	10 830.25
350.00	433.21	-83.21	10 913.46
350.00	436.54	-86.54	11 000.00
		400.66	

7.

Time	Coupon	Interest on Book Value	Book Value Adjustment	Book Value
March 2001	—	—	—	1100.00
Sept. 2001	30.00	24.75	5.25	1094.75

EXERCISE 6.3 - PART B   163

EXERCISE 6.3

Part B

1. Amount in the 16th payment = Amount in the 3rd payment $(1+i)^{13}$
$$= 6(1.08)^{13} = \$16.32$$

2. $100 - 1060i = 7$
   $i = \frac{93}{1060} = .087735849$

   Write-down at the end of the 4th year $= 7(1.087735849)^3 = \$9.01$

3. $80 - .075P = -22$
   $P = \frac{102}{.075} = \$1360.00$

4. a) Find i such that $(1+i)^2 = (1.005)^{12}$
   $i = (1.005)^6 - 1 = .030377509$

   $P = 32.50 a_{\overline{5}|i} + 1050(1+i)^{-5}$
   or $P = 1050 + (32.50 - 1050i)a_{\overline{5}|i} = \$1052.76$

Coupon	Interest on Book Value	Book Value Adjustment	Book Value
-	-	-	1052.76
32.50	31.98	0.52	1052.24
32.50	31.96	0.54	1051.70
32.50	31.95	0.55	1051.15
32.50	31.93	0.57	1050.58
32.50	31.91	0.59	1049.99*

   b) Find i such that $(1+i)^2 = 1.055$
   $i = (1.055)^{\frac{1}{2}} - 1 = .027131929$

   $P = 32.50 a_{\overline{5}|i} + 1050(1+i)^{-5}$
   or $P = 1050 + (32.50 - 1050i)a_{\overline{5}|i} = \$1068.52$

Coupon	Interest on Book Value	Book Value Adjustment	Book Value
-	-	-	1068.52
32.50	28.99	3.51	1065.01
32.50	28.90	3.60	1061.41
32.50	28.80	3.70	1057.71
32.50	28.70	3.80	1053.91
32.50	28.59	3.91	1050.00

5. The amount for the write-up of the discount in the last entry is $5.
   Thus total discount $= \$5[1 + (1+i)^{-1} + (1+i)^{-2} + \cdots + (1+i)^{-39}]$
   $= 5(1+i)a_{\overline{40}|.05} = \$90.09$
   Purchase price $= 1000 - 90.09 = \$909.91$

6. $.035P = 40 - 4.33$
   $P = \frac{35.67}{.035} = \$1019.14$

7. Purchase price on July 1, 1999 $= 35a_{\overline{10}|.03} + 1000(1.03)^{-10}$
   or $= 1000 + (35-30)a_{\overline{10}|.03} = \$1042.65.$

   Interest on book value on January 1, 2000 $= 1042.65 \times .03 = \$31.28$.

8. Find the yield rate $j_1 = i$ such that $(1+i)^{10} = \frac{19.08}{5.63} = 3.388987567$
   $i = .129814119$

   Book value on November 1, 2000 $= 90a_{\overline{4}|i} + 1000(1+i)^{-4} = \$881.53$

9. a) $P = 400[(1.10)^{-1} + (.75)(1.10)^{-2} + (.75)^2(1.10)^{-3} + (.75)^3(1.10)^{-4}$
      $+ (.75)^4(1.10)^{-5}] + 2000(1.10)^{-5}$
      $= 400\frac{(1.10)^{-1}[1-(.75)^5(1.10)^{-5}]}{1-(.75)(1.10)^{-1}} + 2000(1.10)^{-5} = \$2216.30$

   b)
Time	Coupon	Interest on Book Value	Book Value Adjustment	Book Value
0	-	-	-	2216.30
1	400.00	221.63	178.37	2037.93
2	300.00	203.79	96.21	1941.72
3	225.00	194.17	30.83	1910.89
4	168.75	191.09	-22.34	1933.23
5	126.56	193.32	-66.76	1999.99*

10. $P = 2000(1.09)^{-10} + 100[(1.09)^{-1} + (1.1)(1.09)^{-2} + (1.1)^2(1.09)^{-3}$
    $+ \cdots + (1.1)^9(1.09)^{-10}]$
    $= 2000(1.09)^{-10} + 100[(1.09)^{-1}\frac{(1.1)^{10}(1.09)^{-10}-1}{(1.1)(1.09)^{-1}-1}] = \$1801.07$

Time	Coupon	Interest on Book Value	Book Value Adjustment	Book Value
0	-	-	-	1801.07
1	100.00	162.10	-62.10	1863.17
2	110.00	167.68	-57.68	1920.85
3	121.00	172.88	-51.88	1972.73
4	133.10	177.55	-44.45	2017.17
5	146.41	181.55	-35.14	2052.31
6	161.05	184.71	-23.66	2075.97
7	177.16	186.84	-9.68	2085.65
8	194.87	187.71	7.16	2078.48
9	214.36	187.06	27.30	2051.19
10	235.79	184.61	51.19	2000.00

11. $25 - .03P = -2.50(1.03)^{-15}$
    $P = \frac{1}{.03}[25 + 2.50(1.03)^{-15}] = \$886.82$

EXERCISE 6.3 - PART B

12. 8% bond: $700 = 1000 + (40 - 60)a_{\overline{n}|.06} \to a_{\overline{n}|.06} = 15$

a) $P = 1000 + (55 - 60)a_{\overline{n}|.06} = 1000 - 5(15) = \$925$

b) The 11% bond is sold at a discount.

c) First write-up $= (.06)(925) - 55 = 55.5 - 55 = \$.50$
Book value at the 1st coupon date $= 925 + .50 = \$925.50$
Second write-up $= (.06)(925.50) - 55 = 55.53 - 55 = \$.53$
Book value at the 2nd coupon date $= 925.50 + .53 = \$926.03$

13. a)
$$P = 200a_{\overline{4}|.03} + 215a_{\overline{4}|.03}(1.03)^{-4} + \cdots + 410a_{\overline{4}|.03}(1.03)^{-56}$$
$$+10\,000(1.03)^{-60}$$
$$(1.03)^4 P = 200a_{\overline{4}|.03}(1.03)^4 + 215a_{\overline{4}|.03} + 230a_{\overline{4}|.03}(1.03)^{-4}$$
$$+ \cdots + 410a_{\overline{4}|.03}(1.03)^{-52} + 10\,000(1.03)^{-56}$$

Subtracting the first equation from the second we obtain
$$[(1.03)^4 - 1]P = a_{\overline{4}|.03}[200(1.03)^4 + 15\frac{1-(1.03)^{-56}}{1-(1.03)^{-4}} - 410(1.03)^{-56}]$$
$$+10\,000[(1.03)^{-56} - (1.03)^{-60}]$$
and $P = \$9267.05$

b) Book value after 14 years $= 410a_{\overline{4}|.03} + 10\,000(1.03)^{-4} = \$10\,408.88$.

c)

Coupon #	Coupon	Interest on Book Value	Book Value Adjustment	Book Value
0	-	-	-	9 267.05
1	200	278.01	-78.01	9 345.06
2	200	280.35	-80.35	9 425.41
3	200	282.76	-82.76	9 508.17
4	200	285.25	-85.25	9 593.42
⋮				⋮
56				10 408.88
57	410	312.27	97.73	10 311.15
58	410	309.33	100.67	10 210.48
59	410	306.31	103.69	10 106.79
60	410	303.20	106.80	9 999.99*

EXERCISE 6.4

Part A

1. a) Bond is purchased at a premium $(Fr > Ci)$. Therefore, worst call date is earliest.
   $P = 2000 + (100 - 80)a_{\overline{30}|.04} = \$2345.84$

   b) Bond is purchased at a discount $(Fr < Ci)$. Therefore, worst call date is latest.
   $P = 2000 + (100 - 120)a_{\overline{40}|.06} = \$1699.07$

2. a) If called in 15 years, $P = 5250 + (150 - 131.25)a_{\overline{30}|.025} = \$5642.44$
   If redeemed in 20 years, $P = 5000 + (150 - 125)a_{\overline{40}|.025} = \$5627.57$.
   Price to guarantee a yield rate of $j_2 = 5\%$ is $\$5627.57$.

   b) If called in 15 years, $P = 5250 + (150 - 183.75)a_{\overline{30}|.035} = \$4629.27$
   If redeemed in 20 years, $P = 5000 + (150 - 175)a_{\overline{40}|.035} = \$4466.12$
   Price to guarantee a yield rate of $j_2 = 7\%$ is $\$4466.12$.

3. a) If called in 10 years, $P = 1100 + (45 - 44)a_{\overline{20}|.04} = \$1113.59$
   If called in 15 years, $P = 1050 + (45 - 42)a_{\overline{30}|.04} = \$1101.88$
   If redeemed in 20 years, $P = 1000 + (45 - 40)a_{\overline{40}|.04} = \$1098.96$
   Price to guarantee a yield rate of $j_2 = 8\%$ is $\$1098.96$.

   b) If called in 10 years, $P = 1100 + (45 - 55)a_{\overline{20}|.05} = \$975.38$
   If called in 15 years, $P = 1050 + (45 - 52.50)a_{\overline{30}|.05} = \$934.71$
   If redeemed in 20 years, $P = 1000 + (45 - 50)a_{\overline{40}|.05} = \$914.20$
   Price to guarantee a yield rate of $j_2 = 10\%$ is $\$914.20$.

   (Note: Because $Fr < Ci$ in all 3 cases, and later redemptions are smaller than early redemptions, the latest redemption is the worst for the buyer and has to be the lowest priced alternative).

EXERCISE 6.4 - PART B   167

EXERCISE 6.4

Part B

1. a) Use $i = (1.02)^2 - 1 = .0404$
   If called in 15 years, $P = 2100 + (65 - 2100i)a_{\overline{30}|i} = \$1758.59$
   If redeemed in 20 years, $P = 2000 + (65 - 2000i)a_{\overline{40}|i} = \$1689.13$
   Price to guarantee a yield rate of $j_4 = 8\%$ is $\$1689.13$.

   b) Use $i = (1.055)^{1/2} - 1 = .027131929$
   If called in 15 years, $P = 2100 + (65 - 2100i)a_{\overline{30}|i} = \$2263.25$
   If redeemed in 20 years, $P = 2000 + (65 - 2000i)a_{\overline{40}|i} = \$2260.08$
   Price to guarantee a yield rate of $j_1 = 5\frac{1}{2}\%$ is $\$2260.08$.

2. a) Use $i = (1.05)^{1/2} - 1 = .024695077$
   If called in 15 years, $P = 1050 + (30 - 1050i)a_{\overline{30}|i} = \$1135.54$
   If called in 16 years, $P = 1040 + (30 - 1040i)a_{\overline{32}|i} = \$1134.73$
   If called in 17 years, $P = 1030 + (30 - 1030i)a_{\overline{34}|i} = \$1134.18$
   If called in 18 years, $P = 1020 + (30 - 1020i)a_{\overline{36}|i} = \$1133.87$
   If called in 19 years, $P = 1010 + (30 - 1010i)a_{\overline{38}|i} = \$1133.76$
   If redeemed in 20 years, $P = 1000 + (30 - 1000i)a_{\overline{40}|i} = \$1133.85$
   Price to guarantee a yield rate of $j_1 = 5\%$ is $\$1133.76$.

   b) You must use the latest call date. If all calls were at par the latest call date would be used since $i > r$. The increased early redemption values only magnify that.
   Use $i = (1 + \frac{.07}{12})^6 - 1 = .035514404$
   $P = 1000 + (30 - 1000i)a_{\overline{40}|i} = \$883.17$

3. If called in 10 years, $P = 5200 + (237.50 - 221.00)a_{\overline{20}|.0425} = \$5419.36$
   If called in 15 years, $P = 5200 + (237.50 - 221.00)a_{\overline{30}|.0425} = \$5476.85$
   If redeemed in 20 years, $P = 5000 + (237.50 - 212.50)a_{\overline{40}|.0425} = \$5476.93$
   Price to yield at least $j_2 = 8\frac{1}{2}\%$ is $\$5419.36$.

4. a) Redemption value $= 1200 - 20(6) = \$1080$
   Price (to yield $j_2 = 9\%$) $= 1080 + (50 - 48.60)a_{\overline{12}|.045} = 1080 + 12.77 = \$1092.77$

   b) i) Bond is redeemed at a premium. The premium is $\$80$.
   ii) Bond is purchased at a premium. The premium is $\$12.77$.

   c) Solve for t:
   $1092.77 = (1000 + 20t - 200) + [50 - (.045)(1000 + 20t - 200)]a_{\overline{2t}|.045}$
   $1092.77 = 800 + 20t + [50 - 36 - .9t]a_{\overline{2t}|.045}$
   $1092.77 = 800 + 20t + (14 - .9t)a_{\overline{2t}|.045}$

   By trial and error $t = 13$.
   Check: $800 + 20(13) + (14 - 11.7)a_{\overline{26}|.045} = \$1094.84$

EXERCISE 6.5

Part A

1. On January 1, 2000: $P_0 = 1000 + (40 - 50)a_{\overline{40}|5\%} = \$828.41$
   On May 8, 2000: $P = 828.41[1 + \frac{127}{181}(.05)] = \$857.47$

2. On July 1, 2000: $P_0 = 500 + (30 - 27.50)a_{\overline{29}|.055} = \$535.83$
   On October 3, 2000: $P = 535.83[1 + \frac{94}{184}(.055)] = \$550.89$

3. On May 1, 2000: $P_0 = 2000 + (90 - 100)a_{\overline{23}|.05} = \$1865.11$
   On July 20, 2000: $P = 1865.11[1 + \frac{80}{184}(.05)] = \$1905.66$

4. On August 1, 2000: $P_0 = 10\,000 + (325 - 350)a_{\overline{35}|.035} = \$9499.98$
   On October 27, 2000: $P = 9499.98[1 + \frac{87}{184}(.035)] = \$9657.20$

5. On July 1, 2000: $P_0 = 1050 + (50 - 42)a_{\overline{22}|.04} = \$1165.61$
   On July 30, 2000: $P = 1165.61[1 + \frac{29}{184}(.04)] = \$1172.96$

6. On April 1, 2001: $P_0 = 2200 + (55 - 71.50)a_{\overline{31}|.0325} = \$1880.68$
   On April 17, 2001: $P = 1880.68[1 + \frac{16}{183}(.0325)] = \$1886.02$

7. On April 1, 2000: $P_0 = 1000 + (45 - 50)a_{\overline{5}|.05} = \$978.35$
   On October 1, 2000: $P_1 = 1000 + (45 - 50)a_{\overline{4}|.05} = \$982.27$
   On August 7, 2000: $Q = 978.35 + \frac{128}{183}(982.27 - 978.35) = \$981.09$
   $I = \frac{128}{183}(45) = \$31.48$
   $P = 981.09 + 31.48 = \$1012.57$
   or $P = 978.35[1 + \frac{128}{183}(.05)] = \$1012.57$

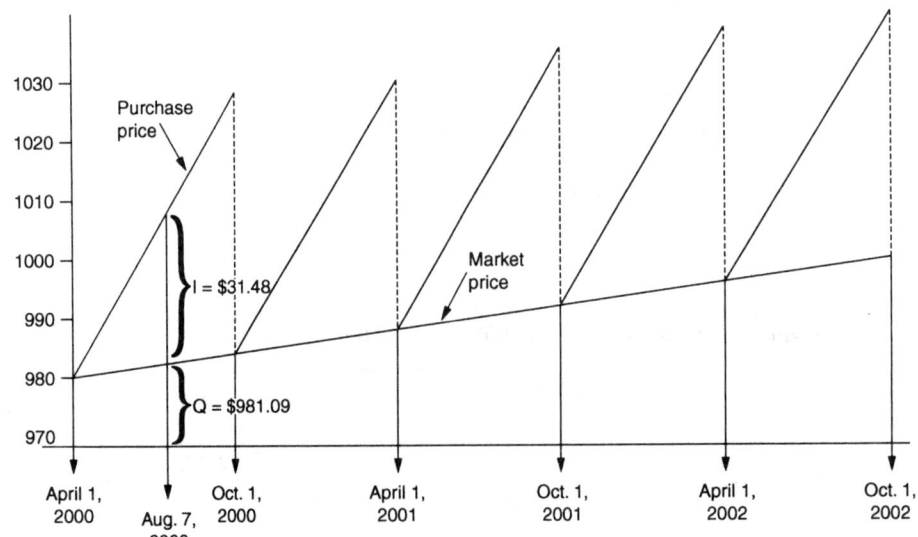

EXERCISE 6.5

Part B

1. From Section 6.3, if we look at one line of a bond schedule we can see that:

$$(P_t \cdot i - Fr) + P_t = P_{t+1}$$
$$\text{or } P_{t+1} = P_t(1+i) - Fr$$

2. Substituting $P = P_0(1 + ki)$ and $I = kFr$ into $Q = P - I$ we obtain

$$Q = P_0(1 + ki) - kFr$$

Given $Q = P_0 + k(P_1 - P_0)$
and $P_1 = P_0(1 + i) - Fr$ (from B1)
then $Q = P_0 + k[P_0(1+i) - Fr - P_0]$
$= P_0 + P_0 ki - kFr$
$= P_0(1 + ki) - kFr$

3. a) Find i such that $(1+i)^2 = (1 + \tfrac{.08}{12})^{12}$

$$i = (1 + \tfrac{.08}{12})^6 - 1 = .040672622$$

Price on November 7, 2000 $= 1100 + (35 - 1100i)a_{\overline{20}|i} = \$968.42$
Price on April 18, 2001 $= 968.42[1 + \tfrac{162}{181}(i)] = \$1003.67$

b) Find i such that $(1+i)^2 = 1.06$
$i = (1.06)^{1/2} - 1 = .029563014$

Price on November 7, 2000 $= 1100 + (35 - 1100i)a_{\overline{20}|i} = \$1137.06$
Price on April 18, 2001 $= \$1137.06[1 + \tfrac{162}{181}(i)] = \$1167.14$

4. On July 1, 2001: $P = 500 + (30 - 27.50)a_{\overline{29}|.055}$
or $P = 30a_{\overline{29}|.055} + 500(1.055)^{-29} = \$535.83$

Find x such that $535.83[1 + \tfrac{x}{184}(.055)] = 550.89$
$x = 94$ days
Date of sale is October 3, 2001.

5. On April 1, 2001: $P_0 = 2200 + (55 - 71.50)a_{\overline{31}|.0325} = \$1880.68$
On April 17, 2001: $P = 1880.68(1.0325)^{\tfrac{16}{183}} = \$1885.95$

6. a) On June 1, 2001: $P_0 = 1040 + (35 - 31.20)a_{\overline{11}|.03} = \$1075.16$
   On August 8, 2001: $P = 1075.16[1 + \frac{68}{183}(.03)] = \$1087.15$
   $Q = 1087.15 - \frac{68}{183}(35) = \$1074.14$

   b) On June 1, 2001: $P_0 = 1000 + (35 - 30)a_{\overline{23}|.03} = \$1082.22$
   On August 8, 2001: $P = 1082.22[1 + \frac{68}{183}(.03)] = \$1094.28$
   $Q = 1094.28 - \frac{68}{183}(35) = \$1081.28$

EXERCISE 6.6 - PART A

EXERCISE 6.6

Part A

1. $P = 985 + \frac{99}{184}(30) = \$1001.14$

2. $P = 1042.50 + \frac{62}{184}(55) = \$1061.03$

3. $P = 1017.50 + \frac{59}{183}(45) = \$1032.01$

4. $P = 1125 + \frac{103}{182}(65) = \$1161.79$

5. On November 1, 2001: $P_0 = 1000 + (55 - 40)a_{\overline{38}|.04} = \$1290.52$
   On May 1, 2001: $P_1 = 1000 + (55 - 40)a_{\overline{37}|.04} = \$1287.14$
   On February 8, 2001: $Q = 1290.52 + \frac{99}{181}(1287.14 - 1290.52) = \$1288.67$
   $q = 128.87$

6. On March 1, 2003: $P_0 = 1000 + (60 - 50)a_{\overline{38}|.05} = \$1168.68$
   On September 1, 2003: $P_1 = 1000 + (60 - 50)a_{\overline{37}|.05} = \$1167.11$
   On August 19, 2003: $Q = 1168.88 + \frac{171}{184}(1167.11 - 1168.68) = \$1167.22$
   $q = 116.72$

7. On June 1, 2000: $P_0 = 1050 + (27.50 - 31.50)a_{\overline{30}|.03} = \$971.60$
   On December 1, 2000: $P_1 = 1050 + (27.50 - 31.50)a_{\overline{29}|.03} = \$973.25$
   On October 30, 2000: $Q = 971.60 + \frac{151}{183}(973.25 - 971.60) = \$972.96$
   $q = 97.30$

8. On October 1, 2003: $P_0 = 1100(45 - 38.50)a_{\overline{16}|.035} = \$1178.61$
   On April 1, 2004: $P_1 = 1100 + (45 - 38.50)a_{\overline{15}|.035} = \$1174.86$
   On November 2, 2003: $Q = 1178.61 + \frac{32}{183}(1174.86 - 1178.61) = \$1177.95$
   $q = 117.80$

EXERCISE 6.6

Part B

1. a) Find i such that $(1+i)^2 = (1.025)^4$
$$i = (1.025)^2 - 1 = .050625$$
$$P = 5000 + (225 - 5000i)a_{\overline{40}|i} = \$4521.50$$

   b) $P = 5000 + (225 - 5000i)a_{\overline{35}|i} = \$4543.09$

   c) Find i such that $(1+i)^2 = 1.07$
$$i = (1.07)^{1/2} - 1 = .034408043$$

   On May 1, 2003: $P_0 = 5000 + (225 - 5000i)a_{\overline{35}|i} = \$6068.12$
   On November 1, 2003: $P_1 = 5000 + (225 - 5000i)a_{\overline{34}|i} = \$6051.91$
   On August 17, 2003: $Q = 6068.12 + \frac{108}{184}(6051.91 - 6068.12) = \$6058.61$
   $q = 121.17$

3. a) $P = 1000 + (35 - 45)a_{\overline{40}|.045} = \$815.98$

   b) Book value $= 1000 + (35 - 45)a_{\overline{36}|.045} = \$823.34$

   c) i) $P = 1000 + (35 - 30)a_{\overline{36}|.03} = \$1109.16$
      ii) $P = 1000 + (35 - 60)a_{\overline{36}|.06} = \$634.48$

   d) On September 1, 2002: $P_0 = 1000 + (35 - 40)a_{\overline{36}|.04} = \$905.46$
   On October 8, 2002: $P = 905.46[1 + \frac{37}{181}(.04)] = \$912.86$
   $Q = 912.86 - \frac{37}{181}(35) = \$905.71$
   $q = 90.57$

4. a) On July 28, 1999: $Q = 50 \times 89.38 = \$4469.00$
   $I = \frac{118}{183} \times 175 = \$112.84$
   $P = 4469.00 + 112.84 = \$4581.84$

   b) Find i such that $(1+i)^2 = (1.005)^{12}$
$$i = (1.005)^6 - 1 = .030377509$$

   On April 1, 1999: $P_0 = 5000 + (175 - 5000i)a_{\overline{25}|i} = \$5400.77$
   On July 28, 1999: $P = 5400.77(1 + \frac{118}{183}i) = \$5506.56$
   $Q = 5506.56 - \frac{118}{183}(175) = \$5393.72$
   $q = \frac{5393.72}{50} = 107.87$

   c) Find i such that $(1+i)^2 = 1.08$
$$i = (1.08)^{1/2} - 1 = .039230485$$

   On October 1, 2001: $P_0 = 5000 + (175 - 5000i)a_{\overline{20}|i} = \$4710.56$
   On December 13, 2001: $P = 4710.56(1 + \frac{73}{182}i) = \$4784.68$
   $Q = 4784.68 - \frac{73}{182}(175) = \$4714.49$
   $q = \frac{4714.49}{50} = 94.29$

EXERCISE 6.7

Part A

1. Average interest payment $= \frac{(24 \times 110)+(2000-1940)}{24} = \$112.50$
   Average amount invested $= \frac{1940+2000}{2} = \$1970$
   $i = \frac{112.50}{1970} = 5.71\%$ and $j_2 = 11.42\%$

2. Average interest payment $= \frac{(20 \times 175)+(5000-5340)}{20} = \$158$
   Average amount invested $= \frac{5000+5340}{2} = \$5170$
   $i = \frac{158}{5170} = 3.06\%$ and $j_2 = 6.11\%$

3. Average interest payment $= \frac{(30 \times 60)+(1050-1120)}{30} = \$57.67$
   Average amount invested $= \frac{1120+1050}{2} = \$1085$
   $i = \frac{57.67}{1085} = 5.32\%$ and $j_2 = 10.64\%$

4. Average interest payment $= \frac{(22 \times 15)+(550-450)}{22} = \$19.55$
   Average amount invested $= \frac{550+450}{2} = \$500$
   $i = \frac{19.55}{500} = 3.91\%$ and $j_2 = 7.82\%$

5. $P(\text{to yield } j_2 = 12\%) = 2000 + (110 - 120)a_{\overline{24}|.06} = \$1874.50$
   $P(\text{to yield } j_2 = 11\%) = 2000 + (110 - 110)a_{\overline{24}|.055} = \$2000.00$

   $$125.50 \left\{ 60 \left\{ \begin{array}{c|c} P & j_2 \\ \hline 2000.00 & 11\% \\ 1940.00 & j_2 \\ 1874.50 & 12\% \end{array} \right\} d \right\} 1\% \quad \begin{array}{l} \frac{d}{1\%} = \frac{60}{125.50} \\ d = .48\% \\ j_2 = 11.48\% \end{array}$$

6. $P(\text{to yield } j_2 = 6\%) = 5000 + (175 - 150)a_{\overline{20}|.03} = \$5371.94$
   $P(\text{to yield } j_2 = 7\%) = 5000$

   $$371.94 \left\{ 31.94 \left\{ \begin{array}{c|c} P & j_2 \\ \hline 5371.94 & 6\% \\ 5340.00 & j_2 \\ 5000.00 & 7\% \end{array} \right\} d \right\} 1\% \quad \begin{array}{l} \frac{d}{1\%} = \frac{31.94}{71.94} \\ d = .09\% \\ j_2 = 6.09\% \end{array}$$

7. $P(\text{to yield } j_2 = 10\%) = 1050 + (60 - 52.50)a_{\overline{30}|.05} = \$1165.29$
   $P(\text{to yield } j_2 = 11\%) = 1050 + (60 - 57.75)a_{\overline{30}|.055} = \$1082.70$

   $$82.59 \left\{ 45.29 \left\{ \begin{array}{c|c} P & j_2 \\ \hline 1165.29 & 10\% \\ 1120.00 & j_2 \\ 1082.70 & 11\% \end{array} \right\} d \right\} 1\% \quad \begin{array}{l} \frac{d}{1\%} = \frac{45.29}{82.59} \\ d = .55\% \\ j_2 = 10.55\% \end{array}$$

8. $P(\text{to yield } j_2 = 8\%) = 550 + (15 - 22)a_{\overline{22}|.04} = \$448.84$
   $P(\text{to yield } j_2 = 7\%) = 550 + (15 - 19.25)a_{\overline{22}|.035} = \$485.54$

$$36.70 \left\{ 35.54 \left\{ \begin{array}{c|c} P & j_2 \\ \hline 485.54 & 7\% \\ 450.00 & j_2 \\ 448.84 & 8\% \end{array} \right\} d \right\} 1\% \quad \begin{array}{l} \frac{d}{1\%} = \frac{35.54}{36.70} \\ d = .97\% \\ j_2 = 7.97\% \end{array}$$

9. a) Average interest payment $= \frac{(14 \times 30) + (1000 - 920)}{14} = \$35.71$
Average amount invested $= \frac{920 + 1000}{2} = \$960.00$
$i = \frac{35.71}{960} = 3.72\%$ and $j_2 = 7.44\%$

b) $P(\text{to yield } j_2 = 7\%) = 1000 + (30 - 35) a_{\overline{14}|.035} = \$945.40$
$P(\text{to yield } j_2 = 8\%) = 1000 + (30 - 40) a_{\overline{14}|.04} = \$894.39$

$$51.01 \left\{ 25.40 \left\{ \begin{array}{c|c} P & j_2 \\ \hline 945.40 & 7\% \\ 920.00 & j_2 \\ 894.39 & 8\% \end{array} \right\} d \right\} 1\% \quad \begin{array}{l} \frac{d}{1\%} = \frac{25.40}{51.01} \\ d = .50\% \\ j_2 = 7.50\% \end{array}$$

10. a) $1100 = 1050 + (55 - 1050i) a_{\overline{30}|i}$
$ 50 = (55 - 1050i) a_{\overline{30}|i}$
at $j_2 = 9\%$: $(55 - 1050i) a_{\overline{30}|i} = 126.24$
at $j_2 = 10\%$: $(55 - 1050i) a_{\overline{30}|i} = 38.43$

$$87.81 \left\{ 76.24 \left\{ \begin{array}{c|c} \text{Premium} & j_2 \\ \hline 126.24 & 9\% \\ 50.00 & j_2 \\ 38.43 & 10\% \end{array} \right\} d \right\} 1\% \quad \begin{array}{l} \frac{d}{1\%} = \frac{76.24}{87.81} \\ d = .87\% \\ j_2 = 9.87\% \end{array}$$

b) $1100 = 1000 + (55 - 1000i) a_{\overline{40}|i}$
$ 100 = (55 - 1000i) a_{\overline{40}|i}$
at $j_2 = 9\%$: $(55 - 1000i) a_{\overline{40}|i} = 184.02$
at $j_2 = 10\%$: $(55 - 1000i) a_{\overline{40}|i} = 85.80$

$$98.22 \left\{ 84.02 \left\{ \begin{array}{c|c} \text{Premium} & j_2 \\ \hline 184.02 & 9\% \\ 100.00 & j_2 \\ 85.80 & 10\% \end{array} \right\} d \right\} 1\% \quad \begin{array}{l} \frac{d}{1\%} = \frac{84.02}{98.22} \\ d = .86\% \\ j_2 = 9.86\% \end{array}$$

11. a) $960 = 1050 + (50 - 1050i) a_{\overline{20}|i}$
$ 90 = (1050i - 50) a_{\overline{20}|i}$
at $j_2 = 10\%$: $(1050i - 50) a_{\overline{20}|i} = 31.16$
at $j_2 = 11\%$: $(1050i - 50) a_{\overline{20}|i} = 92.62$

$$61.46 \left\{ 58.84 \left\{ \begin{array}{c|c} \text{Discount} & j_2 \\ \hline 31.16 & 10\% \\ 90.00 & j_2 \\ 92.62 & 11\% \end{array} \right\} d \right\} 1\% \quad \begin{array}{l} \frac{d}{1\%} = \frac{58.84}{61.46} \\ d = .96\% \\ j_2 = 10.96\% \end{array}$$

EXERCISE 6.7 - PART A

b) $960 = 1000 + (50 - 1000i)a_{\overline{40}|i}$
   $40 = (1000i - 50)a_{\overline{40}|i}$
   at $j_2 = 10\%$: $(1000i - 50)a_{\overline{40}|i} = 0$
   at $j_2 = 11\%$: $(1000i - 50)a_{\overline{40}|i} = 80.23$

$$80.23 \left\{ 40.00 \left\{ \begin{array}{c|c} \text{Discount} & j_2 \\ \hline 0 & 10\% \\ 40.00 & j_2 \\ 80.23 & 11\% \end{array} \right\} d \right\} 1\% \quad \begin{array}{l} \frac{d}{1\%} = \frac{40.00}{80.23} \\ d = .50\% \\ j_2 = 10.50\% \end{array}$$

12. At $j_2 = 10\%$: $P_0 = P_1 = 1000 = Q$

At $j_2 = 11\%$: On June 1, 2001: $P_0 = 1000 + (50 - 55)a_{\overline{32}|.055} = \$925.48$
On Dec. 1, 2001: $P_1 = 1000 + (50 - 55)a_{\overline{31}|.055} = \$926.38$
On Aug. 17, 2001: $Q = 925.48 + \frac{77}{183}(926.38 - 925.48) = \$925.86$

$$74.14 \left\{ 15.00 \left\{ \begin{array}{c|c} Q & j_2 \\ \hline 1000.00 & 10\% \\ 985.00 & j_2 \\ 925.86 & 11\% \end{array} \right\} d \right\} 1\% \quad \begin{array}{l} \frac{d}{1\%} = \frac{15.00}{74.14} \\ d = .20\% \\ j_2 = 10.20\% \end{array}$$

13. At $j_2 = 7\%$: $P_0 = P_1 = 1000 = Q$

At $j_2 = 6\%$: On April 1, 2000: $P_0 = 1000 + (35 - 30)a_{\overline{23}|.03} = \$1082.22$
On Oct. 1, 2000: $P_1 = 1000 + (35 - 30)a_{\overline{22}|.03} = \$1079.68$
On April 28, 2000: $Q = 1082.22 + \frac{27}{183}(1079.68 - 1082.22) = \$1081.85$

$$81.85 \left\{ 61.85 \left\{ \begin{array}{c|c} Q & j_2 \\ \hline 1081.85 & 6\% \\ 1020.00 & j_2 \\ 1000.00 & 7\% \end{array} \right\} d \right\} 1\% \quad \begin{array}{l} \frac{d}{1\%} = \frac{61.85}{81.85} \\ d = .76\% \\ j_2 = 6.76\% \end{array}$$

14. $970 = 1010 + (40 - 1010i)a_{\overline{16}|i}$
At $j_2 = 8\%$: $1010 + (40 - 1010i)a_{\overline{16}|i} = \$1005.34$
At $j_2 = 9\%$: $1010 + (40 - 1010i)a_{\overline{16}|i} = \$948.77$

$$56.57 \left\{ 35.34 \left\{ \begin{array}{c|c} P & j_2 \\ \hline 1005.34 & 8\% \\ 970.00 & j_2 \\ 948.77 & 9\% \end{array} \right\} d \right\} 1\% \quad \begin{array}{l} \frac{d}{1\%} = \frac{35.34}{56.57} \\ d = .62\% \\ j_2 = 8.62\% \end{array}$$

15. a) $P = 1000 + (35 - 40)a_{\overline{30}|.04} = \$913.54$

b) $P = 1000 + (35 - 30)a_{\overline{20}|.03} = \$1074.39$

c) We want $913.54 = 35a_{\overline{10}|i} + 1074.39(1+i)^{-10}$

At $j_2 = 10\%$: $35a_{\overline{10}|i} + 1074.39(1+i)^{-10} = \$929.84$

At $j_2 = 11\%$: $35a_{\overline{10}|i} + 1074.39(1+i)^{-10} = \$892.80$

$$37.04 \left\{ 16.30 \left\{ \begin{array}{c|c} P & j_2 \\ \hline 929.84 & 10\% \\ 913.54 & j_2 \\ 892.80 & 11\% \end{array} \right\} d \right\} 1\% \quad \begin{aligned} \frac{d}{1\%} &= \frac{16.30}{37.04} \\ d &= .44\% \\ j_2 &= 10.44\% \end{aligned}$$

16. Using the method of averages, we assume that both transactions took place at the nearest respective coupon date. That is, we assume a purchase price of $972.50 on January 15, 2000 and a sale price of $1003.80 on July 15, 2003. In this period there will be seven coupons of $55 each.

The average interest payment $= \frac{7 \times 55 + 1003.80 - 972.50}{7} = \$59.47$.

The average amount invested $= \frac{972.50 + 1003.80}{2} = \$988.15$.

$i = \frac{59.47}{988.15} = 6.02\%$ and $j_2 = 12.04\%$

17. a) Y2000: $\$80$ = two $40 coupons

b) Y2001: $(2 \times 40) + \frac{2}{3}(1040 - 980) = \$120$

EXERCISE 6.7

Part B

1. a) Worst situation is latest redemption (20 years)
      $i = (1.0075)^6 - 1 = .045852235$
      $P = 1000 + (35 - 1000i)a_{\overline{40}|i} = \$802.71$

   b) $802.71 = 35a_{\overline{30}|i} + 1000(1+i)^{-30}$
      At $j_2 = 9\%$: $35a_{\overline{30}|i} + 1000(1+i)^{-30} = \$837.11$
      At $j_2 = 10\%$: $35a_{\overline{30}|i} + 1000(1+i)^{-30} = \$769.41$

   $$67.70 \left\{ 34.40 \left\{ \begin{array}{c|c} P & j_2 \\ \hline 837.11 & 9\% \\ 802.71 & j_2 \\ 769.41 & 10\% \end{array} \right\} d \right\} 1\%$$

   $\frac{d}{1\%} = \frac{34.40}{67.70}$
   $d = .51\%$
   $j_2 = 9.51\%$
   $j_{12} = 12[(1 + \frac{.0951}{2})^{1/6} - 1] = 9.33\%$

2. In Problem A1:
   Average interest payment $= \frac{(24 \times 110) + (2000 - 1940)}{24} = \$112.50$
   Average amount invested $= 2000 + \frac{25}{48}(1940 - 2000) = \$1968.75$
   $i = \frac{112.50}{1968.75} = 5.71\%$ and $j_2 = 11.42\%$ (same answer).

   In Problem A2:
   Average interest payment $= \frac{(20 \times 175) + (5000 - 5340)}{20} = \$158$
   Average amount invested $= 5000 + \frac{21}{40}(5340 - 5000) = \$5204$.
   $i = \frac{158}{5204} = 3.04\%$ and $j_2 = 6.08\%$
   This is a better approximation since the correct answer from question A.6 is $j_2 = 6.09\%$.

   In Problem A3:
   Average interest payment $= \frac{(30 \times 60) + (1050 - 1120)}{30} = \$57.67$
   Average amount invested $= 1050 + \frac{31}{60}(1120 - 1050) = \$1086.17$
   $i = \frac{57.67}{1086.17} = 5.31\%$ and $j_2 = 10.62\%$
   This is a better approximation since the correct answer from question A.7 is $j_2 = 10.54\%$.

   In Problem A4:
   Average interest payment $= \frac{(22 \times 15) + (550 - 450)}{22} = \$19.55$
   Average amount invested $= 550 + \frac{23}{44}(450 - 550) = \$497.73$
   $i = \frac{19.55}{497.73} = 3.93\%$ and $j_2 = 7.86\%$
   This is a better approximation since the correct answer from question A.8 is $j_2 = 7.97\%$.

3. $104 = 5.1875 a_{\overline{26}|i} + 100(1+i)^{-26}$

   at $j_2 = 9\%$: $5.1875 a_{\overline{26}|.045} + 100(1.045)^{-26} = \$110.41$

   at $j_2 = 10\%$: $5.1875 a_{\overline{26}|.05} + 100(1.05)^{-26} = \$102.70$

$$7.71 \left\{ 6.41 \left\{ \begin{array}{c|c} P & j_2 \\ \hline 110.41 & 9\% \\ 104.00 & j_2 \\ 102.70 & 10\% \end{array} \right\} d \right\} 1\% \qquad \begin{array}{rl} \frac{d}{1\%} & = \frac{6.41}{7.71} \\ d & = .83\% \\ j_2 & = 9.83\% \\ j_{12} & = 12[(1 + \frac{.0983}{2})^{1/6} - 1] = 9.63\% \end{array}$$

4. a) Find i such that $(1+i) = (1.02)^4$

   $\phantom{\text{Find } i \text{ such that }} i = (1.02)^2 - 1 = .0404$

   $P = 1000 + (30 - 1000i) a_{\overline{40}|i} = \$797.37$

   b) Find i such that $(1+i)^2 = 1.055$

   $\phantom{\text{Find } i \text{ such that }} i = (1.055)^{1/2} - 1 = .027131929$

   $P = 1000 + (30 - 1000i) a_{\overline{30}|i} = \$1058.36$

   c) Find $j_2 = 2i$ such that $795.37 = 30 a_{\overline{10}|i} + 1058.36(1+i)^{-10}$

   at $j_2 = 12\%$: $30 a_{\overline{10}|.06} + 1058.36(1.06)^{-10} = \$811.79$

   at $j_2 = 13\%$: $30 a_{\overline{10}|.065} + 1058.36(1.065)^{-10} = \$779.48$

$$32.31 \left\{ 16.42 \left\{ \begin{array}{c|c} P & j_2 \\ \hline 811.79 & 12\% \\ 795.37 & j_2 \\ 779.48 & 13\% \end{array} \right\} d \right\} 1\% \qquad \begin{array}{rl} \frac{d}{1\%} & = \frac{16.42}{32.31} \\ d & = .51\% \\ j_2 & = 12.51\% \end{array}$$

   Now find j_4 such that $(1 + \frac{j_4}{4})^4 = (1 + \frac{.1251}{2})^2$

   $\phantom{\text{Now find } j_4 \text{ such that }} j_4 = 4[(1 + \frac{.1251}{2})^{1/2} - 1] = 12.32\%$

5. a) On July 1, 2001: $P = 1000 + (35 - 40) a_{\overline{20}|.04} = \$932.05$

   On Sept. 1, 2001: $P = 932.05[1 + \frac{62}{184}(.04)] = \$944.61$

   b) First coupon received is on January 1, 2002. We want to find the accumulated value of all coupons.

   Find i such that $(1+i)^2 = (1.015)^4$

   $\phantom{\text{Find } i \text{ such that }} i = (1.015)^2 - 1 = .030225$

   Accumulated value of coupons $= 35 s_{\overline{20}|i} = 942.62$

   Redemption value $\phantom{\text{of coupons } = 35 s_{\overline{20}|i}} = \underline{1000.00}$

   Total return $\phantom{\text{of coupons } = 35 s_{\overline{20}|i} = 0} \$1942.62$

EXERCISE 6.7 - PART B   179

From September 1, 2001 to July 1, 2011, there are $19\frac{2}{3}$ half-years.

$$\text{Find } i \text{ such that } 944.61(1+i)^{\frac{19\frac{2}{3}}{2}} = 1942.62$$
$$(1+i)^{9\frac{5}{6}} = 2.056531267$$
$$1+i = 1.076079281$$
$$j_1 = 7.61\%$$

6. a) Consider a $100 bond
$$110 = 100 + (4 - 100i)a_{\overline{2n}|i} \quad \text{or} \quad 10 = (4 - 100i)a_{\overline{2n}|i}$$
$$112 = 100 + (4.25 - 100i)a_{\overline{2n}|i} \quad \text{or} \quad 12 = (4.25 - 100i)a_{\overline{2n}|i}$$
Dividing the two equations we obtain: $\frac{10}{12} = \frac{4-100i}{4.25-100i}$
$$i = .0275$$
$$j_2 = 5.5\%$$

b) $\quad 10 = (4 - 2.75)a_{\overline{2n}|.0275}$
$$a_{\overline{2n}|.0275} = 8$$
$$\frac{1-(1.0275)^{-2n}}{.0275} = 8$$
$$1 - (1.0275)^{-2n} = .22$$
$$(1.0275)^{-2n} = .78$$
$$(1.0275)^{2n} = 1.282151282$$
$$2n = \frac{\log(1.282051282)}{\log(1.0275)}$$
$$2n = 9.158627504$$
$$n \doteq 4\frac{1}{2} \text{ years}$$

7. Consider a $100 bond.
$$115 = 100 + (4.50 - 100i)a_{\overline{2n}|i} \quad \text{or} \quad 15 = (4.50 - 100i)a_{\overline{2n}|i}$$
$$125 = 100 + (5 - 100i)a_{\overline{2n}|i} \quad \text{or} \quad 25 = (5 - 100i)a_{\overline{2n}|i}$$
Dividing the two equations we obtain: $\frac{15}{25} = \frac{4.50-100i}{5-100i}$
$$i = 3.75\%$$
$$j_2 = 7.5\%$$

8. Consider a $1000 bond
On Aug. 1, 1991: $P = 1000 + (45 - 50)a_{\overline{40}|.05} = \$914.20$
On Aug. 1, 1992: $P = 1000 + (45 - 40)a_{\overline{38}|.04} = \$1096.84$
Investor invested $914.20 and got back $1096.84 plus 2 coupons of $45 each.
Find i (and j_2) such that
$914.20 = 45a_{\overline{2}|i} + 1096.84(1+i)^{-2}$
at $j_2 = 28\%$: $45a_{\overline{2}|.14} + 1096.84(1.14)^{-2} = \$918.08$
at $j_2 = 29\%$: $45a_{\overline{2}|.145} + 1096.84(1.145)^{-2} = \$910.25$

$$7.83 \begin{cases} 3.88 \begin{cases} \begin{array}{c|c} P & j_2 \\ \hline 918.08 & 28\% \\ 914.20 & j_2 \\ 910.25 & 29\% \end{array} \end{cases} d \end{cases} 1\% \qquad \frac{d}{1\%} = \frac{3.88}{7.83}$$
$$d = .50\%$$
$$j_2 = 28.50\%$$

9. On October 10, 1998: $P = 1042.50 + \frac{131}{183}(60) = \$1085.45$
   On February 8, 2001: $P = 968.70 + \frac{69}{182}(60) = \$991.45$
   At rate i per half year
   $$f(i) \equiv [1085.45(1 + \tfrac{52}{183}i)(1+i)^4 - 60s_{\overline{5}|i}](1 + \tfrac{69}{182}i)$$
   Find i such that $f(i) = \$991.45$
   At $i = 4\%$ ($j_2 = 8\%$): $f(i) = \$973.82$
   At $i = 4\tfrac{1}{2}\%$ ($j_2 = 9\%$): $f(i) = \$999.49$

   $$25.67 \left\{ 17.63 \left\{ \begin{array}{c|c} f(i) & j_2 \\ \hline 973.82 & 8\% \\ 991.45 & j_2 \end{array} \right\} d \right\} 1\% \qquad \begin{array}{l} \frac{d}{1\%} = \frac{17.63}{25.67} \\ d = .69\% \\ j_2 = 8.69\% \end{array}$$

   Check: at $j_2 = 8.69\%$, $f(i) = 991.48$.

10. a) $P = 60a_{\overline{2}|.05} + 64a_{\overline{2}|.05}(1.05)^{-2} + 68a_{\overline{2}|.05}(1.05)^{-4} + \cdots$
       $\qquad + 96a_{\overline{2}|.05}(1.05)^{-18} + 1500(1.05)^{-20}$
   $(1.05)^2 P = 60a_{\overline{2}|.05}(1.05)^2 + 64a_{\overline{2}|.05} + 68a_{\overline{2}|.05}(1.05)^{-2} + \cdots$
       $\qquad + 96a_{\overline{2}|.05}(1.05)^{-16} + 1500(1.05)^{-18}$

   Subtracting the first equation from the second we obtain
   $$[(1.05)^2 - 1]P = a_{\overline{2}|.05}[60(1.05)^2 + 4\tfrac{1-(1.05)^{-18}}{1-(1.05)^{-2}} - 96(1.05)^{-18}] + 1500[(1.05)^{-18} - (1.05)^{-20}]$$
   and $P = \$1497.89$

   b) Discount $= 1500 - 1497.89 = \$2.11$

   c) $i = \frac{(2\times 60 + 2\times 64 + 1300 - 1497.89)/4}{(1497.89 + 1300)/2} = .008955$ or $j_2 = 2i = 1.79\%$

   $$f(i) \equiv 60a_{\overline{2}|i} + 64a_{\overline{2}|i}(1+i)^{-2} + 1300(1+i)^{-4}$$

   Find i such that $f(i) = \$1497.89$
   at $j_2 = 1\%$: $i = .005$ and $f(i) = 1519.21$
   at $j_2 = 2\%$: $i = .01$ and $f(i) = 1491.12$

   $$28.09 \left\{ 21.32 \left\{ \begin{array}{c|c} f(i) & j_2 \\ \hline 1519.21 & 1\% \\ 1497.89 & j_2 \end{array} \right\} d \right\} 1\% \qquad \begin{array}{l} \frac{d}{1\%} = \frac{21.32}{28.09} \\ d = .76\% \\ j_2 = 1.76\% \end{array}$$

   Check: at $j_2 = 1.76\%$, $f(i) = 1497.80$.

EXERCISE 6.8

Part A

1. $P^{(1)} = 2000 + (110 - 90)a_{\overline{42}|.045}$ = 2 374.47
   $P^{(2)} = 2000 + (110 - 90)a_{\overline{44}|.045}$ = 2 380.37
   $P^{(3)} = 2000 + (110 - 90)a_{\overline{46}|.045}$ = 2 385.77
   $P^{(4)} = 2000 + (110 - 90)a_{\overline{48}|.045}$ = 2 390.71
   $P^{(5)} = 2000 + (110 - 90)a_{\overline{50}|.045}$ = $\underline{2\ 395.24}$
   P = $11 926.56

2. $P^{(1)} = 25\,000 + (1125 - 875)a_{\overline{10}|.035}$ = 27 079.15
   $P^{(2)} = 25\,000 + (1125 - 875)a_{\overline{14}|.035}$ = 27 730.13
   $P^{(3)} = 25\,000 + (1125 - 875)a_{\overline{18}|.035}$ = 28 297.42
   $P^{(4)} = 25\,000 + (1125 - 875)a_{\overline{22}|.035}$ = $\underline{28\ 791.78}$
   P = $111 898.48

3. Purchase price for investor A = $1000 + (50 - 47.50)a_{\overline{40}|.0475} = \$1044.41$
   Selling price of this strip bond = $1000(1.00875)^{-240} = \$123.58$
   Find i such that $1044.41 = 123.58 + 50a_{\overline{40}|i}$
   $a_{\overline{40}|i} = 18.4166$
   Starting value to solve $a_{\overline{40}|i} = 18.4166$ is $i = \frac{1-(\frac{18.4166}{40})^2}{18.4166} = .042788464$
   or $j_2 = 2i = 8.56\%$

   $$1.3912 \left\{ 1.372 \left\{ \begin{array}{c|c} a_{\overline{40}|i} & j_2 \\ \hline 19.7928 & 8\% \\ 18.4166 & j_2 \\ 18.4016 & 9\% \end{array} \right\} d \right\} 1\% \quad \begin{array}{l} \frac{d}{1\%} = \frac{1.372}{1.3912} \\ d = .99\% \\ j_2 = 8.99\% \end{array}$$

4. Price $= 1000(1 + \frac{.08}{365})^{-(15 \times 365)} = \$301.23$

EXERCISE 6.8

Part B

1. For Problem A1:

   Total present value of all redemptions
   $2000[(1.045)^{-42} + (1.045)^{-44} + (1.045)^{-46} + (1.045)^{-48} + (1.045)^{-50}] = \$1330.49$
   $P = 1330.49 + \frac{.055}{.045}(10\ 000 - 1330.49) = \$11\ 926.56$

   For Problem A2:

   Total present value of all redemptions
   $25\ 000[(1.035)^{-10} + (1.035)^{-14} + (1.035)^{-18} + (1.035)^{-22}] = \$58\ 355.31$
   $P = 58\ 355.31 + \frac{.045}{.035}(100\ 000 - 58\ 355.31) = \$111\ 898.48$

2. Find i_1 such that $(1+i_1)^2 = 1.12$ or $i_1 = (1.12)^{1/2} - 1 = .058300524$
   Find i_2 such that $(1+i_2) = 1.14$ or $i_2 = (1.14)^{1/2} - 1 = .067707825$

   $\begin{aligned} P^{(1)} &= 10\ 000\ 000 + (650\ 000 - 10\ 000\ 000 i_1) a_{\overline{10}|i_1} &= 10\ 497\ 081.84 \\ P^{(2)} &= 10\ 000\ 000 + (650\ 000 - 10\ 000\ 000 i_2) a_{\overline{20}|i_2} &= 9\ 707\ 950.14 \\ P^{(3)} &= 10\ 000\ 000 + (650\ 000 - 10\ 000\ 000 i_2) a_{\overline{30}|i_2} &= \underline{9\ 656\ 100.55} \\ P &= P^{(1)} + P^{(2)} + P^{(3)} &= \$29\ 861\ 132.58 \end{aligned}$

3. Let the total present value of all redemptions be X

   $\begin{aligned} X &= 1000(1.08)^{-1} + 2000(1.08)^{-2} + 3000(1.08)^{-3} + \cdots + 20\ 000(1.08)^{-20} \\ (1.08)X &= 1000 + 2000(1.08)^{-1} + 3000(1.08)^{-2} + 4000(1.08)^{-3} \\ &\quad + \cdots + 20\ 000(1.08)^{-19} \end{aligned}$

   Subtracting the first equation from the second we obtain

   $\begin{aligned} .08X &= 1000 \ddot{a}_{\overline{20}|.08} - 20\ 000(1.08)^{-20} \\ X &= \frac{1000(1.08)a_{\overline{20}|.08} - 20\ 000(1.08)^{-20}}{.08} \\ X &= \$78\ 907.94 \end{aligned}$

   Using Makeham's formula:
   $P = 78\ 907.94 + \frac{.10}{.08}(210\ 000 - 78\ 907.94) = \$242\ 773.02$

4. Using Makeham's formula

   $$\sum F_k(1+i)^{-n_k} = 1000[(1+i)^{-1} + (1+i)^{-2} + \cdots + (1+i)^{-10}] = 1000 a_{\overline{10}|i}$$

   and $P = \sum_{k=1}^{10} P^{(k)} = 1000 a_{\overline{10}|i} + \frac{.09}{i}(10\ 000 - 1000 a_{\overline{10}|i})$

EXERCISE 6.8 - PART B

a) at $i = .10$
$$\begin{aligned} P &= 1000a_{\overline{10}|.10} + \tfrac{.09}{.10}(10\,000 - 1000a_{\overline{10}|.10}) \\ &= 6144.57 + 3469.89 = \$9614.46 \end{aligned}$$

b) at $i = (1.04)^2 - 1 = .0816$
$$\begin{aligned} P &= 1000a_{\overline{10}|.0816} + \tfrac{.09}{.0816}(10\,000 - 1000a_{\overline{10}|.0816}) \\ &= 6661.92 + 3681.70 = \$10\,343.62 \end{aligned}$$

5. Investor A: $P = 1050 + (47.50 - 52.50)a_{\overline{30}|.05} = \$973.14$

   Investor B:
   $$\begin{aligned} i &= (1 + \tfrac{.105}{12})^6 - 1 \\ P &= 47.50 a_{\overline{30}|i} = \$700.67 \end{aligned}$$

   For Investor A:
   $$\begin{aligned} 973.14 &= 700.67 + 1050(1+i)^{-30} \\ (1+i)^{-30} &= \tfrac{272.47}{1050} \\ (1+i)^{30} &= \tfrac{1050}{272.47} \\ i &= \left(\tfrac{1050}{272.47}\right)^{1/30} - 1 \\ i &= .045993583 \\ j_2 &= 9.20\% \end{aligned}$$

REVIEW EXERCISES 6.9

1. a) $P = 10\,000\,000 + (350\,000 - 300\,000)a_{\overline{40}|.03} = \$11\,155\,738.60$

   b) Sinking fund deposit $= \dfrac{10\,000\,000}{s_{\overline{40}|.025}} = \$148\,362.33$

2. $P^{(1)} = 5\,000\,000 + (175\,000 - 150\,000)a_{\overline{12}|.03}\quad = \quad 5\,248\,850.10$
   $P^{(2)} = 3\,000\,000 + (105\,000 - 90\,000)a_{\overline{22}|.03}\quad = \quad 3\,239\,053.75$
   $P^{(3)} = 2\,000\,000 + (70\,000 - 60\,000)a_{\overline{32}|.03}\quad = \quad \underline{2\,203\,887.66}$
   $\text{Price} = \quad \$10\,691\,791.51$

3. a) $P = 1000 + (40 - 30)a_{\overline{31}|.03} = \$1200.00$

   b) Find i per half-year such that
   $1050 = 1000 + (40 - 1000i)a_{\overline{31}|i}$
   At $j_2 = 7\%$: $1000 + (40 - 1000i)a_{\overline{31}|i} = \$1093.68$
   At $j_2 = 8\%$: $1000 + (40 - 1000i)a_{\overline{31}|i} = \$1000.00$

   $$93.68\left\{43.68\left\{\begin{array}{c|c} P & j_2 \\ \hline 1093.68 & 7\% \\ 1050.00 & j_2 \\ 1000.00 & 8\% \end{array}\right\}d\right\}1\% \quad \begin{array}{l} \frac{d}{1\%} = \frac{43.68}{93.68} \\ d = .47\% \\ j_2 = 7.47\% \end{array}$$

4. a) $P = 1050 + (50 - 55.125)a_{\overline{11}|.0525} = \$1007.98$

   b) This is purchased at a discount since $P < C$.

   c)

Bond Interest Payment	Interest on Book Value	Book Value Adjustment	Book Value
-	-	-	1007.98
50	52.92	-2.92	1010.90
50	53.07	-3.07	1013.97

5. a) $P = (20 \times 104.75) + \frac{141}{184}(80) = \$2156.30$

   b) At $j_2 = 7\%$:
   On March 1, 2001: $P_0 = 2000 + (80 - 70)a_{\overline{27}|.035} = \$2172.85$
   On July 20, 2001: $P = 2172.85[1 + \frac{141}{184}(.035)] = \$2231.13$

   At $j_2 = 8\%$:
   On March 1, 2001: $P_0 = 2000$
   On July 20, 2001: $P = 2000.00[1 + \frac{141}{184}(.04)] = \$2061.30$

   $$169.83\left\{74.83\left\{\begin{array}{c|c} P & j_2 \\ \hline 2231.13 & 7\% \\ 2156.30 & j_2 \\ 2061.30 & 8\% \end{array}\right\}d\right\}1\% \quad \begin{array}{l} \frac{d}{1\%} = \frac{74.83}{169.83} \\ d = .44\% \\ j_2 = 7.44\% \end{array}$$

REVIEW EXERCISES 6.9

c) At $j_2 = 7\%$
On March 1, 2001: $P_0 = 2000 + (80 - 70)a_{\overline{27}|.035} = \$2172.85$
On Sept. 1, 2001: $P_1 = 2000 + (80 - 70)a_{\overline{26}|.035} = \$2168.90$
On July 20, 2001: $Q = 2172.85 + \frac{141}{184}(2168.90 - 2172.85) = \$2169.82$
$q = 108.49$

6. a) $P_0 = 1000 + (40 - 45)a_{\overline{40}|.045} = \$907.99$
b) $P_1 = 1000 + (40 - 35)a_{\overline{31}|.035} = \$1093.68$
c) $907.99 = 40a_{\overline{9}|i} + 1093.68(1+i)^{-9}$
At $j_2 = 12\%$: $40a_{\overline{9}|.06} + 1093.68(1.06)^{-9} = \$919.42$
At $j_2 = 13\%$: $40a_{\overline{9}|.065} + 1093.68(1.065)^{-9} = \$886.74$

$$32.68 \left\{ 11.43 \left\{ \begin{array}{c|c} P & j_2 \\ \hline 919.42 & 12\% \\ 907.99 & j_2 \\ 886.74 & 13\% \end{array} \right\} d \right\} 1\% \quad \frac{d}{1\%} = \frac{11.43}{32.68}$$
$d = .35\%$
$j_2 = 12.35\%$

d) $P = 1093.68[1 + \frac{31}{184}(.035)] = \$1100.13$

7. Find i such that $(1+i)^2 = 1.13 \rightarrow i = (1.13)^{1/2} - 1 = .063014581$
Present value of the debt $= 550a_{\overline{12}|i} + 10\,000(1+i)^{-12} = \$9339.04$
He will receive 25% of 9339.04 = \$2334.76

8. a) If called in 15 years, $P = 1050 + (35 - 42)a_{\overline{30}|.04} = \$928.96$
If redeemed in 20 years, $P = 1000 + (35 - 40)a_{\overline{40}|.04} = \$901.04$
Price to guarantee a yield of $j_2 = 8\%$ is \$901.04.

b) Assume 20 years.

c) $901.04 = 35a_{\overline{30}|i} + 1050(1+i)^{-30}$
At $j_2 = 8\%$: $35a_{\overline{30}|.04} + 1050(1.04)^{-30} = \$928.95$
At $j_2 = 9\%$: $35a_{\overline{30}|.045} + 1050(1.045)^{-30} = \$850.46$

$$78.49 \left\{ 27.91 \left\{ \begin{array}{c|c} P & j_2 \\ \hline 928.95 & 8\% \\ 901.04 & j_2 \\ 850.46 & 9\% \end{array} \right\} d \right\} 1\% \quad \frac{d}{1\%} = \frac{27.91}{78.49}$$
$d = .36\%$
$j_2 = 8.36\%$

9. a) $i = \frac{(8 \times 450 + 10\,200 - 10\,500)/8}{(10\,500 + 10\,200)/2} = .039855072$ or $j_2 = 2i = 7.97\%$

b) $f(i) = 10\,200 + (450 - 10\,200i)a_{\overline{8}|i}$

$$356.49 \left\{ 339.28 \left\{ \begin{array}{c|c} f(i) & j_2 \\ \hline 10\,839.28 & 7\% \\ 10\,500.00 & j_2 \\ 10\,482.79 & 8\% \end{array} \right\} d \right\} 1\% \quad \frac{d}{1\%} = \frac{339.28}{356.49}$$
$d = .95\%$
$j_2 = 7.95\%$

Check: $f(\frac{.0795}{2}) = 10\,500.25$

10. a) $300 = (50 - 1000i)a_{\overline{2n}|i}$
$100 = (40 - 1000i)a_{\overline{2n}|i}$
Dividing the first equation by the second we obtain
$$3 = \frac{50-1000i}{40-1000i}$$
$$120 - 3000i = 50 - 1000i$$
$$-2000i = -70$$
$$i = .035$$
and $j_2 = 7\%$

b) $300 = (50 - 35)a_{\overline{2n}|.035}$
$a_{\overline{2n}|.035} = \frac{300}{15}$
$(1.035)^{-2n} = .3$
$n = -\frac{1}{2}\frac{\log .3}{\log 1.035}$
$n = 17.5$ years

11. If not called: $P = 1000 + (50 - 45)a_{\overline{40}|.045} = \$1092.01$
If called in 5 years: $P = 1100 + (50 - 49.50)a_{\overline{10}|.045} = \$1103.96$
If called in 9 years: $P = 1100 + (50 - 49.50)a_{\overline{18}|.045} = \$1106.08$

The price to yield at least $j_2 = 9\%$ is \$1092.01.

12. Total discount $= 25[(1.055)^{-9} + (1.055)^{-8} + \cdots + 1 + (1.055)^1 + \cdots + (1.055)^{20}]$
$= 25(1.055)^{-9}[\frac{(1.055)^{30}-1}{1.055-1}] = \$1118.46$

Purchase price $= 10\,000 - 1118.46 = \$8881.54$

13. On July 2, 2001: $P_0 = 5000 + (150 - 175)a_{\overline{20}|.035} = \$4644.69$
On December 8, 2001: $P = 4644.69[1 + \frac{159}{184}(.035)] = \$4785.17$

14. a) $P = 1100 + (35 - 33)a_{\overline{40}|.03} = \$1146.23$

b) Book value on Dec. 20, 2001 $= 1100 + (35 - 33)a_{\overline{34}|.03} = \$1142.26$
Interest on book value on June 20, 2002 $= 1142.26(.03) = \$34.27$

c) On June 20, 2002: $P_0 = 1100 + (35 - 27.50)a_{\overline{33}|.025} = \$1267.19$
On July 20, 2002: $P = 1267.19[1 + \frac{30}{183}(.025)] = \$1272.38$

d) Method of averages:
Nearest coupon date is June 20, 2002
Average interest payment $= \frac{7 \times 35 + 1267.19 - 1146.23}{7} = \$52.28$
Average amount invested $= \frac{1146.23 + 1267.19}{2} = \$1206.71$
$i = \frac{52.28}{1206.71} = .0433$ and $j_2 = 8.66\%$

15. a) $P = 2000 + (100 - 110)a_{\overline{20}|.055} = 2000 - 119.50 = \$1880.50$
Bond is purchased at a discount of \$119.50

b) Find i per half-year equivalent to $\frac{.09}{12} = .0075$ per month
$(1+i)^2 = (1.0075)^{12} \to i = (1.0075)^6 - 1 = .04585235$

$P = 2000 + (100 - 2000i)a_{\overline{20}|i} = 2000 + 107.12 = \$2107.12$
Bond is purchased at a premium of \$107.12

REVIEW EXERCISES 6.9

16. $P = 1050 + (1000 \times .045 - 1050 \times .05)a_{\overline{4}|.05} = \$1023.41$
Discount $= C - P = 1050 - 1023.41 = \$26.59$

Time	Coupon	Interest on book value at .05	Adjustment in book value	Book value
0				1023.41
1	45.00	51.17	-6.17	1029.59
2	45.00	51.48	-6.48	1036.05
3	45.00	51.80	-6.80	1042.86
4	45.00	52.14	-7.14	1050.00
			-26.59	

17. 1st write-down $= 70 - P(.029) = 6.50(1.029)^{-9}$
$P = \$2240.50$

18. Bond interest dates are February 1 and August 1, and $k = \frac{128-32}{213-32} = \frac{96}{181}$
$P_0(1 \text{ Feb } 98) = 2000 + (80 - 70)a_{\overline{30}|.035} = \$2183.92$
$P (8 \text{ May } 98) = 2183.92[1 + \frac{96}{181}(.035)] = \$2224.46$

19. Preceding coupon date is November 15, 2000, and $k = \frac{365-319+66}{365-319+135} = \frac{112}{181}$
Market Price $Q = 50(91.25) = \$4562.50$
Accrued bond interest $I = \frac{112}{181}5000(\frac{.085}{2}) = \$131.49$
Flat price $P = Q + I = \$4693.99$

20. Bond interest $= 2000(.035) = \$70.00$
Preceeding coupon date $=$ April 18, 2001, and $k = \frac{157-108}{291-108} = \frac{49}{183}$
$P_0(18 \text{ Apr } 01) = 2000 + (70 - 82)a_{\overline{18}|.041} = \$1849.32$
$P (6 \text{ June } 01) = 1849.32[1 + \frac{49}{183}(.041)] = \$1869.62$
$Q (6 \text{ June } 01) = 1869.31 - \frac{49}{183}(70) = \$1850.88$
Market quotation $q = \frac{1850.88}{20} \doteq 92.54$

21. Purchase price $P = 2000 + (90 - 100)a_{\overline{32}|.05} = \$1841.97$
Selling price $C = 2000 + (90 - 80)a_{\overline{24}|.04} = \$2152.47$
Find i such that $1841.97 = 90a_{\overline{8}|i} + 2152.47(1 + i)^{-8}$
$i \doteq \frac{[8(90)+2152.47-1841.97]/8}{(1841.97+2152.47)/2} = .064495899$ or $j_2 = 2i = 12.90\%$

At $j_2 = 13\%(i = .065) : 90a_{\overline{8}|i} + 2152.47(1 + i)^{-8} = \$1848.97$
At $j_2 = 14\%(i = .07) : 90a_{\overline{8}|i} + 2152.47(1 + i)^{-8} = \$1790.17$
Interpolation between $j_2 = 13\%$ and 14% gives $j_2 = 13.12\%$
Check: At $j_2 = 13.12\%$ $(i = \frac{.1312}{2} = .0656)$
$90a_{\overline{8}|i} + 2152.47(1 + i)^{-8} = 1841.44$

Case Study: Callable bond

a) Of the redemptions in 2005, 2007, or 2009, the worst is 2005.
If called in 2005: $P = 5250 + (200 - 157.50)a_{\overline{8}|.03} = \$5548.34$
If redeemed in 2010: $P = 5000 + (200 - 150)a_{\overline{18}|.03} = \$5687.68$
Price to yield an investor $j_2 = 6\%$ is $\$5548.34$

b)

Date	Coupon	Interest on Book Value	Book Value Adjustment	Book Value
-	-	-	-	5548.34
March 1, 2002	200.00	166.45	33.55	5514.79
Sept. 1, 2002	200.00	165.44	34.56	5480.23

c) Method of averages:
Average interest payment $= \frac{(12 \times 200) + (5250 - 5548.34)}{12} = \$175.14$

Average amount invested $= \frac{5548.34 + 5250}{2} = \$5399.17$
$i = \frac{175.14}{5399.17}$ and $j_2 = 2i = 6.49\%$

Method of interpolation:
at $j_2 = 6\%$: $200a_{\overline{12}|.03} + 5250(1.03)^{-12} = \$5673.05$
at $j_2 = 7\%$: $200a_{\overline{12}|.035} + 5250(1.035)^{-12} = \$5407.03$

$$266.02 \left\{ 124.71 \left\{ \begin{array}{c|c} P & j_2 \\ \hline 5673.05 & 6\% \\ 5548.34 & j_2 \\ 5407.03 & 7\% \end{array} \right\} d \right\} 1\% \qquad \begin{array}{l} \frac{d}{1\%} = \frac{124.71}{266.02} \\ d = .46\% \\ j_2 = 6.46\% \end{array}$$

d) i) On Sept. 1, 2003:
If called in 2005: $P = 5250 + (200 - 183.75)a_{\overline{4}|.035} = \$5309.69$
If redeemed in 2010: $P = 5000 + (200 - 175)a_{\overline{14}|.035} = \$5273.01$

On September 1, 2003, price to yield $j_2 = 7\%$ is $\$5273.01$.
On November 1, 2003, price to yield $j_2 = 7\%$ is $5273.01[1 + \frac{61}{181}(.035)] = \$5335.21$

ii) On Mar. 1, 2004: $P = 5000 + (200 - 175)a_{\overline{13}|.035} = \$5257.57$
On Nov. 1, 2003: $Q = 5273.01 + \frac{61}{181}(5257.57 - 5273.01) = \$5267.81$
$q = 105.36$

CHAPTER 7

EXERCISE 7.1

Part A

1. NPV at 10% $= -100\,000 + 40\,000(1.10)^{-1} + 30\,000(1.10)^{-2} + 40\,000(1.10)^{-3}$
   $+ 30\,000(1.10)^{-4} = +\$11\,700.02$

   The investment should proceed.

2. NPV at 7% $= -100\,000 + 50\,000(1.07)^{-1} + 60\,000(1.07)^{-2} + 20\,000(1.07)^{-3}$
   $= +\$15\,461.25$

   The investment should proceed.

3. NPV at 12% $= -100\,000 + 20\,000(1.12)^{-1} + 40\,000(1.12)^{-2} + 60\,000(1.12)^{-3}$
   $+ 80\,000(1.12)^{-4} = +\$43\,293.16$

   The investment should proceed.

4. NPV at 9% $= -100\,000 + 80\,000(1.09)^{-1} + 60\,000(1.09)^{-1} + 20\,000(1.09)^{-3}$
   $- 20\,000(1.09)^{-4} = +\$25\,170.46$

   The investment should proceed.

5. a) At $j_1 = 4\%$: NPV(A) $= -200\,000 + 50\,000 a_{\overline{5}|.04} = \$22\,591.12$
      NPV(B) $= -200\,000 + 100\,000(1.04)^{-2} a_{\overline{3}|.04} = \$56\,572.77$

      Choose project B.

   b) At $j_1 = 7\%$: NPV (A) $= -200\,000 + 50\,000 a_{\overline{5}|.07} = \$5009.87$
      NPV (B) $= -200\,000 + 100\,000(1.07)^{-2} a_{\overline{3}|.07} = \$29\,217.93$

      Choose project B.

6. NPV(A) $= -50\,000 + 20\,000(1.10)^{-1} + 10\,000(1.10)^{-2} + 5000(1.10)^{-3}$
   $+ 10\,000(1.10)^{-4} + 20\,000(1.10)^{-8} = -\$548.58$
   NPV(B) $= -50\,000 + 5000(1.10)^{-1} + 20\,000(1.10)^{-2} + 20\,000(1.10)^{-3}$
   $+ 20\,000(1.10)^{-4} + 5000(1.10)^{-5} = +\$2865.55$

   Choose project B.

7. NPV at 16% $= -3\,000\,000 - 2\,000\,000(1.16)^{-1} + 1\,000\,000 a_{\overline{8}|.16} = -\$380\,547$

   Company should not proceed with the project.

8. NPV (at $j_2 = 10\%$) $= -100\,000 + 17\,000 a_{\overline{8}|.05} = +\$9874.62$

   The fund should proceed with the investment.

9. NPV at 8% $= -60\,000 + 20\,000(1.08)^{-1} + 16\,000(1.08)^{-2} + 14\,000(1.08)^{-3}$
   $+ 12\,000(1.08)^{-4} + 8\,000(1.08)^{-5} + 4000(1.08)^{-6} = +\$135.29$

   The company should borrow the money to buy the machine.

EXERCISE 7.1

Part B

1. Find i per quarter such that $(1+i)^4 = 1.095$
$$i = (1.095)^{1/4} - 1 = .022947935$$

   NPV at $i = -110\,000 + 5000 a_{\overline{28}|i} + 14\,000(1+i)^{-28} = -\$130.81$

   Or use Microsoft Excel as in Example 1.
   The company should not borrow the money to buy the machine.

2. Find i_1 per quarter such that $(1+i_1)^4 = (1.06)^2$
$$i_1 = (1.06)^{1/2} - 1 = .029563014$$

   NPV of investment 1 $= -100\,000 + \frac{3000}{i_1} = +\$1478.15$

   Find i_2 per year such that $1 + i_2 = (1.06)^2$
$$i_2 = (1.06)^2 - 1 = .1236$$

   NPV of investment 2 $= -50\,000 + 10\,000 a_{\overline{10}|i_2} = +\$5679.23$

   Investment 2 provides the company with the highest profit.

3. NPV at $i = -100\,000 + 30\,000(1+i)^{-1} + 30\,000(1+i)^{-2}$
   $+ 20\,000(1+i)^{-3} + 30\,000(1+i)^{-4} + 20\,000(1+i)^{-5}$

Rate	NPV
2%	$22 923.25
4%	16 445.44
6%	10 502.14
8%	5 037.15
10%	1.24
12%	-4 648.79

   Or use Microsoft Excel as in Example 1

EXERCISE 7.2

Part A

1. Find i such that

$$f(i) \equiv 40\,000(1+i)^{-1} + 30\,000(1+i)^{-2} + 40\,000(1+i)^{-3} + 30\,000(1+i)^{-4} = 100\,000$$

By trial and error, we find:
At $i = 15\%$, $f(i) = 100\,920.17$
At $i = 16\%$, $f(i) = 98\,972.69$
Thus $IRR \doteq 15\%$

2. Find i such that

$$f(i) \equiv 50\,000(1+i)^{-1} + 60\,000(1+i)^{-2} + 20\,000(1+i)^{-3} = 100\,000$$

By trial and error, we find:
At $i = 16\%$, $f(i) = 100\,506.38$
At $i = 17\%$, $f(i) = 99\,053.27$
Thus $IRR \doteq 16\%$

3. Find i such that

$$f(i) \equiv 20\,000(1+i)^{-1} + 40\,000(1+i)^{-2} + 60\,000(1+i)^{-3} + 80\,000(1+i)^{-4} = 100\,000$$

By trial and error, we find:
At $i = 27\%$, $f(i) = 100\,591.60$
At $i = 28\%$, $f(i) = 98\,451.61$
Thus $IRR \doteq 27\%$

4. Find i such that

$$f(i) \equiv 80\,000(1+i)^{-1} + 60\,000(1+i)^{-2} + 20\,000(1+i)^{-3} - 20\,000(1+i)^{-4} = 100\,000$$

By trial and error, we find:
At $i = 29\%$, $f(i) = 100\,165.48$
At $i = 30\%$, $f(i) = 99\,142.19$
Thus $IRR \doteq 29\%$

5. Find i such that

$$f(i) \equiv 3000(1+i)^{-1} + 3000(1+i)^{-2} + 3500(1+i)^{-3} + 3500(1+i)^{-4} = 10\,000$$

By trial and error, we find:
At $i = 11\%$, $f(i) = 10\,002.30$. Thus $IRR \doteq 11\%$

6. Find i such that

$$f(i) \equiv 10\,000(1+i)^{-1} + 20\,000(1+i)^{-2} + 30\,000(1+i)^{-3} + 40\,000(1+i)^{-4} + 50\,000(1+i)^{-5} = 100\,000$$

By trial and error, we find:
At $i = 12\%$, $f(i) = 100\,017.92$. Thus $IRR \doteq 12\%$

EXERCISE 7.2
Part B

1. Project A: Find i such that

$$f(i) \equiv 5000(1+i)^{-1}+4000(1+i)^{-2}+3000(1+i)^{-3}+2000(1+i)^{-4}+1000(1+i)^{-5} = 10\,000$$

By trial and error, we find:
At $i = 20\%$, $f(i) = 10\,046.94$
At $i = 21\%$, $f(i) = 9876.27$
Thus $i \doteq 20\%$

Project B: Find i such that

$$f(i) \equiv 1000(1+i)^{-1}+3000(1+i)^{-2}+4000(1+i)^{-3}+5000(1+i)^{-4}+6000(1+i)^{-5} = 10\,000$$

By trial and error, we find:
At $i = 20\%$, $f(i) = 10\,054.01$
At $i = 21\%$, $f(i) = 9779.18$
Thus $i \doteq 20\%$

At $i = 15\%$: NPV(A) = +$10 985.63
              NPV(B) = +$11 609.89

At $i = 25\%$: NPV(A) = +$9242.88
              NPV(B) = +$8782.08

2. a) $f(i) \equiv 75\,000(1+i)^{-1} + 75\,000(1+i)^{-2} - 25\,000(1+i)^{-3} = 100\,000$

At $i = 20\%$, $f(i) = 100\,115.74$
At $i = 21\%$, $f(i) = 99\,097.63$
Thus $i \doteq 20\%$

b) The S.F. deposit $= \frac{25\,000}{s_{\overline{2}|.05}} = \$12\,195.12$

Now find i such that

$$f(i) \equiv 75\,000 a_{\overline{2}|i} - 12\,195.12(1+i)^{-1} a_{\overline{2}|i} = 100\,000$$

At $i = 19\%$, $f(i) = 100\,139.03$
At $i = 20\%$, $f(i) = 99\,057.14$
Thus $i \doteq 19\%$

EXERCISE 7.3

Part A

1. $K = 8000 + \frac{7000}{(1.12)^{10}-1} + \frac{1500}{.12} = 8000 + 3324.08 + 12\,500 = \$23\,824.08$

2. $K_1 = 200\,000 + \frac{200\,000}{(1.07)^{25}-1} + \frac{1500}{.07} = 200\,000 + 45\,172.91 + 21\,428.57 = \$266\,601.48$

   $K_2 = 180\,000 + \frac{180\,000}{(1.07)^{20}-1} + \frac{1200}{.07} = 180\,000 + 62\,724.67 + 17\,142.86 = \$259\,867.53$

   The company should build the cement block warehouse.

3. $K_1 = 45 + \frac{45}{(1.11)^2-1} = \$238.88$

   $K_2 = 60 + \frac{60}{(1.11)^3-1} = \$223.21$

   The second battery should be purchased.

4. $K_A = 18\,000 + \frac{15\,600}{(1.07)^{15}-1} + \frac{1500}{.07} = 18\,000 + 8868.52 + 21\,428.57 = \$48\,297.09$

   $K_Z = 30\,000 + \frac{28\,000}{(1.07)^{20}-1} + \frac{1000}{.07} = 30\,000 + 9757.17 + 14\,285.71 = \$54\,042.88$

   Machine A should be purchased.

5. Without a preservative:
   $K_1 = 200 + \frac{200}{(1.08)^{15}-1} = \$292.07$

   With a preservative: Let X be the cost of the preservative.
   $K_2 = (200 + X) + \frac{200+X}{(1.08)^{20}-1} = \$254.63 + 1.27315261X$

   $$\begin{aligned} K_2 &= K_1 \\ 254.63 + 1.27315261X &= 292.07 \\ X &= \$29.41 \end{aligned}$$

6. $K_1 = 600\,000 + \frac{600\,000}{(1.07)^{20}-1} = \$809\,082.22$

   $K_2 = 700\,000 + \frac{700\,000}{(1.07)^{30}-1} = \$805\,864.04$

   $K_1 - K_2 = \$3218.18$
   Save $3218.18(.07) = \$225.27$ per year by buying the \$700\,000 roof.

7. If kept for 4 years:
$K_1 = 29\,000 + \frac{29\,000 - 5200}{(1.06)^4 - 1} = \$119\,674.63$

If kept for 3 years: Let X be the trade-in value.
$K_2 = 29\,000 + \frac{29\,000 - X}{(1.06)^3 - 1} = \$180\,819.74 - 5.235163547 X$

$$\begin{aligned} K_2 &= K_1 \\ 180\,819.74 - 5.235163547 X &= 119\,674.63 \\ X &= \$11\,679.69 \end{aligned}$$

8. $K_1 = 100\,000 + \frac{95\,000}{(1.08)^{25} - 1} + \frac{2000}{.08} = 100\,000 + 16\,243.55 + 25\,000 = \$141\,243.55$

Let X be the price of Machine 2.
$K_2 = X + \frac{X}{(1.08)^{20} - 1} + \frac{4000}{.08} = 1.27315261 X + \$50\,000$

$$\begin{aligned} K_2 &= 2K_1 \\ 1.27315261 X + 50\,000 &= 282\,487.10 \\ X &= \$182\,607.41 \end{aligned}$$

9. Original machine:
$K_1 = 40\,000 + \frac{35\,000}{(1.07)^{10} - 1} + \frac{1500}{.07} = \$97\,617.32$

Improved machine: Let X be the cost of improvements.
$K_2 = (40\,000 + X) + \frac{35\,000 + X}{(1.07)^{10} - 1} + \frac{1500}{.07} = \$97\,617.32 + 2.033964325 X$

Comparing per unit capitalized costs we obtain

$$\begin{aligned} \frac{K_2}{3000} &= \frac{K_1}{2000} \\ K_2 &= 1.5 K_1 \\ 97\,617.32 + 2.033964325 X &= 1.5 (97\,617.32) \\ X &= \$23\,996.81 \end{aligned}$$

10. a) $K = \frac{100}{.06} = \$1666.67$

b) $K = 100 + 100 \left(\frac{1.02}{1.06} \right) + 100 \left(\frac{1.02}{1.06} \right)^2 + \cdots$
$= 100 \frac{1}{1 - \frac{1.02}{1.06}} = \$2650$

11.
$$\begin{aligned} 100\,000(.05) + \frac{100\,000 - S}{s_{\overline{5}|.05}} + 5000 &= 6380.50 \\ 5000 + 18\,097.48 - .180974798 S + 5000 &= 6380.50 \\ -.180974798 S &= -21\,716.98 \\ S &\doteq \$120\,000 \end{aligned}$$

EXERCISE 7.3

Part B

1. $K_1 = 20\,000 + \frac{20\,000}{(1.08)^7-1} + \frac{1000}{.08} = 20\,000 + 28\,018.06 + 12\,500 = \$60\,518.06$

   $K_2 = 25\,000 + \frac{25\,000}{(1.08)^{10}-1} + \frac{750}{.08} = 25\,000 + 21\,571.72 + 9375 = \$55\,946.72$

   Purchasing the more expensive car saves $4571.34 in capitalized costs.

2. Find i such that $(1+i)^{12} = 1.08$
   $i = (1.08)^{1/12} - 1 = .00643403$

   Capitalized cost of the workmen:
   $K_1 = \frac{5 \times 3600}{i} = \$2\,797\,624.46$

   Capitalized cost of the machine:
   $K_2 = C + \frac{C}{(1.08)^{20}-1} + \frac{2400}{i} = 1.27315261C + 373\,016.59$

   $$\begin{aligned} K_2 &= K_1 \\ 1.27315261C + 373\,016.59 &= 2\,797\,624.46 \\ C &= \$1\,904\,412.60 \end{aligned}$$

   The largest amount that can be spent for the machine is $1 904 412.60.

3. Given $S = 0$ and using the relationship $i + \frac{1}{s_{\overline{n}|i}} = \frac{1}{a_{\overline{n}|i}}$ we have
   $K = C + \frac{C}{(1+i)^n - 1} + \frac{M}{i} = C + \frac{C}{is_{\overline{n}|i}} + \frac{M}{i} = \frac{1}{i}(Ci + \frac{C}{s_{\overline{n}|i}} + M) = \frac{1}{i}(\frac{C}{a_{\overline{n}|i}} + M)$

4. Original asset:
   $K_1 = C + \frac{C}{(1+i)^n - 1} = \frac{C}{i}(i + \frac{1}{s_{\overline{n}|i}}) = \frac{C}{ia_{\overline{n}|i}}$

   Improved asset: Let X be the cost of the improvements.
   $K_2 = \frac{C+X}{ia_{\overline{m+n}|i}}$

   Comparing the capitalized costs we have

   $$\begin{aligned} K_2 &= K_1 \\ \frac{C+X}{ia_{\overline{m+n}|i}} &= \frac{C}{ia_{\overline{n}|i}} \\ C+X &= C\frac{a_{\overline{m+n}|i}}{a_{\overline{n}|i}} \\ X &= C(\frac{a_{\overline{m+n}|i}}{a_{\overline{n}|i}} - 1) \\ X &= C\frac{a_{\overline{m+n}|i} - a_{\overline{n}|i}}{a_{\overline{n}|i}} \\ X &= C\frac{(1+i)^{-n} a_{\overline{m}|i}}{a_{\overline{n}|i}} \\ X &= C\frac{a_{\overline{m}|i}}{(1+i)^n a_{\overline{n}|i}} \\ X &= C\frac{a_{\overline{m}|i}}{s_{\overline{n}|i}} \end{aligned}$$

5. Original machine:
$K_1 = 8000 + \frac{7000}{(1.1)^5-1} = \$19\ 465.82$

Improved machine: Let X be the cost of improvements.
$K_2 = (8000 + X) + \frac{7000+X}{(1.1)^6-1} = \$17\ 072.52 + 2.296073804X$

Comparing per unit capitalized costs we have

$$\begin{aligned}
\frac{K_1}{1} &= \frac{K_2}{1.4} \\
K_2 &= 1.4K_1 \\
17\ 072.52 + 2.296073804X &= 1.4(19\ 465.82) \\
X &= \$4433.49
\end{aligned}$$

6. $K_A = C + \frac{.75C}{(1+i)^{10}-1}$
$K_B = .8C + \frac{.8C}{(1+i)^{10}-1}$

Comparing capitalized costs, we have

$$\begin{aligned}
K_A &= K_B \\
C + \frac{.75C}{(1+i)^{10}-1} &= .8C + \frac{.8C}{(1+i)^{10}-1} \\
\frac{.05}{(1+i)^{10}-1} &= .2 \\
(1+i)^{10} - 1 &= \frac{.05}{.2} \\
(1+i)^{10} &= 1.25 \\
i &= (1.25)^{1/10} - 1 \\
i &= .022565183 \\
i &= 2.26\%
\end{aligned}$$

7. Find i per month such that $(1+i)^{12} = (1.04)^2$ or $i = (1.04)^{1/6} - 1 = .006558197$
Capitalized cost of gas bills
$= 100a_{\overline{12}|i} + 100(1.05)a_{\overline{12}|i}(1.04)^{-2} + 100(1.05)^2 a_{\overline{12}|i}(1.04)^{-4} + \cdots$
$= 100a_{\overline{12}|i}[1 + (1.05)(1.04)^{-2} + (1.05)^2(1.04)^{-4} + \cdots]$
$= 100a_{\overline{12}|i}[\frac{1}{1-(1.05)(1.04)^{-2}}] = \$39\ 374.82$

Constant monthly savings $= .4(39\ 374.82)i = \$103.29$

Find n such that $103.29 a_{\overline{n}|i} = 1500$
$n = 15.31105625$ months
$n \doteq 15$ months

8. a) Find i per month such that $(1+i)^{12} = (1.04)^2$ or $i = (1.04)^{1/6} - 1 = .006558197$
Equivalent annual fuel savings at the end of a year $= 400 s_{\overline{12}|i} = \$4976.98$
Discounted value of fuel savings
$= 4976.98[(1.04)^{-2} + (1.06)(1.04)^{-4} + \cdots + (1.06)^{14}(1.04)^{-30}]$
$= 4976.98(1.04)^{-2}(\frac{1-[1.06/(1.04)^2]^{15}}{1-[1.06/(1.04)^2]}) = \$60\ 160.69$

EXERCISE 7.3 - PART B

Let X be the constant monthly fuel savings, then

$$Xa_{\overline{180}|i} = 60\,160.69^{\bullet}$$
$$X = \$570.42$$

b) Monthly fuel savings = $570.42

Monthly electricity costs = $\frac{30}{400}(570.42) = \$42.78$
Monthly interest costs = $25\,000i = \$163.95$
Monthly S.F. costs = $\frac{24\,900}{s_{\overline{180}|i}} = \$72.79$
Total monthly costs = $42.78 + 163.95 + 72.79 = \$279.52$

Since monthly fuel savings exceed total monthly costs, the heat exchanger would be cost effective.

9. Plastic trays:
$$\begin{aligned} K_1 &= 20 + 20(\tfrac{1.05}{1.06})^8 + 20(\tfrac{1.05}{1.06})^{16} + \cdots + 20(\tfrac{1.05}{1.06})^{40} \\ &= 20\left[\tfrac{1-(1.05/1.06)^{48}}{1-(1.05/1.06)^8}\right] = \$100.11 \end{aligned}$$

Metal trays:
$$K_2 = X + X(\tfrac{1.05}{1.06})^{24} = 1.796530502X$$

Comparing the capitalized costs

$$1.796530502X = \$100.11$$
$$X = \$55.72$$

10. Current system:
$$\begin{aligned} K_1 &= 100\,000(1.11)^{-1} + 100\,000(1.1)(1.11)^{-2} + \cdots \\ &= 100\,000(1.11)^{-1}\tfrac{1}{1-(1.1)(1.11)^{-1}} = \$10\,000\,000 \end{aligned}$$

Proposed system:
$$\begin{aligned} K_2 &= X + 100\,000(.9)(1.11)^{-1}[1 + (\tfrac{1.1}{1.11}) + (\tfrac{1.1}{1.11})^2 + \cdots] \\ &= X + 9\,000\,000 \end{aligned}$$

Maximum value of X is $1\,000\,000 to be cost effective.

EXERCISE 7.4

Part A

1. a) $R_k = \frac{60\,000 - 8000}{5} = \$10\,400$

End of Year	Yearly Depreciation	Total Depreciation	Book Value
0	0	0	60 000
1	10 400	10 400	49 600
2	10 400	20 800	39 200
3	10 400	31 200	28 800
4	10 400	41 600	18 400
5	10 400	52 000	8 000

    b) $\begin{aligned} 60\,000(1-d)^5 &= 8000 \\ (1-d)^5 &= \tfrac{8}{60} \\ (1-d) &= \left(\tfrac{8}{60}\right)^{1/5} \\ 1-d &= .668325062 \\ d &= .331674938 \end{aligned}$

End of Year	Yearly Depreciation	Total Depreciation	Book Value
0	0	0	60 000.00
1	19 900.50	19 900.50	40 099.50
2	13 300.00	33 200.50	26 799.50
3	8 888.72	42 089.22	17 910.78
4	5 940.56	48 029.78	11 970.22
5	3 970.22	52 000.00	8 000.00

    c) $s_5 = 1 + 2 + \cdots + 5 = \frac{5(6)}{2} = 15$
    $C - S = 52\,000$
    $R_k = \frac{n-k+1}{15}(52\,000)$

End of Year	Yearly Depreciation	Accumulated Depreciation	Book Value
0	0	0	60 000.00
1	17 333.33	17 333.33	42 666.67
2	13 866.67	31 200.00	28 800.00
3	10 400.00	41 600.00	18 400.00
4	6 933.33	48 533.33	11 466.67
5	3 466.67	52 000.00	8 000.00

    d) S.F. deposit $= \frac{52\,000}{s_{\overline{5}|.06}} = \$9224.61$

EXERCISE 7.4 - PART A

End of Year	Sinking-Fund Deposit	Interest on Fund	Yearly Depreciation	Total Depreciation	Book Value
0	0	0	0	0	60 000.00
1	9224.61	0	9 224.61	9 224.61	50 775.39
2	9224.61	553.48	9 778.09	19 002.70	40 997.30
3	9224.61	1140.16	10 364.77	29 367.47	30 632.53
4	9224.61	1762.05	10 986.66	40 354.13	19 645.87
5	9224.61	2421.25	11 645.86	51 999.99	8 000.01*

2. a) $R_k = \frac{26\ 000 + 1000}{6} = \$4500$

End of Year	Yearly Depreciation	Total Depreciation	Book Value
0	0	0	26 000
1	4500	4 500	21 500
2	4500	9 000	17 000
3	4500	13 500	12 500
4	4500	18 000	8 000
5	4500	22 500	3 500
6	4500	27 000	−1 000

b) $s_6 = 1 + 2 + \cdots + 6 = \frac{6(7)}{2} = 21$
$C - S = 26\ 000 + 1000 = 27\ 000$
$R_k = \frac{n-k+1}{21}(27\ 000)$

End of Year	Yearly Depreciation	Accumulated Depreciation	Book Value
0	0	0	26 000.00
1	7714.29	7 714.29	18 285.71
2	6428.57	14 142.86	11 857.14
3	5142.86	19 285.72	6 714.28
4	3857.14	23 142.86	2 857.14
5	2571.43	25 714.29	285.71
6	1285.71	27 000.00	−1 000.00

c) S.F. deposit $= \frac{27\ 000}{s_{\overline{6}|.09}} = \$3588.83$

End of Year	Sinking-Fund Deposit	Interest on Fund	Yearly Depreciation	Total Depreciation	Book Value
0	0	0	0	0	26 000.00
1	3588.83	0	3588.83	3 588.83	22 411.17
2	3588.83	322.99	3911.82	7 500.65	18 499.35
3	3588.83	675.06	4263.89	11 764.54	14 235.46
4	3588.83	1058.81	4647.64	16 412.18	9 587.82
5	3588.83	1477.10	5065.93	21 478.11	4 521.89
6	3588.83	1933.03	5521.86	26 999.97	−999.97*

3. a) $R_k = \frac{50\ 000 - 2000}{20} = \$2400$
$D_8 = 8 \times 2400 = \$19\ 200$
$B_8 = 50\ 000 - 19\ 200 = \$30\ 800$

b) $50\ 000(1-d)^{20} = 2000$
$(1-d)^{20} = \frac{2}{50}$
$(1-d) = \left(\frac{2}{50}\right)^{1/20}$
$1 - d = .851339923$
$d = .148660077$

$B_8 = 50\ 000(.8513399)^8 = \$13\ 797.30$
$D_8 = 50\ 000 - 13\ 797.30 = \$36\ 202.70$

c) $D_8 = R_1 + R_2 + \cdots + R_8 = \frac{20+19+18+17+16+15+14+13}{1+2+\cdots+20}(48\ 000)$
$= \frac{s_{20} - s_{12}}{s_{20}}(48\ 000) = \frac{210-78}{210}(48\ 000) = \$30\ 171.43$

$B_8 = 50\ 000 - 30\ 171.43 = \$19\ 828.57$

d) S.F. deposit $= \frac{48\ 000}{s_{\overline{20}|.08}} = \$1048.91$
$D_8 = 1048.91 s_{\overline{8}|.08} = \$11\ 156.87$
$B_8 = 50\ 000 - 11\ 156.87 = \$38\ 843.13$

4. a) $R_k = \frac{20\ 000}{15} = \$1333$
$D_6 = 6 \times 1333.33 = \$8000$
$B_6 = 20\ 000 - 8000 = \$12\ 000$

b) $D_6 = R_1 + R_2 + \cdots + R_6 = \frac{15+14+13+12+11+10}{1+2+\cdots+15}(20\ 000)$
$= \frac{s_{15} - s_9}{s_{15}}(20\ 000) = \frac{120-45}{120}(20\ 000) = \$12\ 500$

$B_6 = 20\ 000 - 12\ 500 = \$7500$

c) $i = (1.005)^{12} - 1 = .061677812$
S.F. deposit $= \frac{20\ 000}{s_{\overline{15}|i}} = \$848.33$
$D_6 = 848.33 s_{\overline{6}|i} = \$5942.43$
$B_6 = 20\ 000 - 5942.43 = \$14\ 057.57$

5.

End of Year	Yearly Depreciation	Total Depreciation	Book Value
0	0	0	45 000.00
1	9000.00	9 000.00	36 000.00
2	7200.00	16 200.00	28 800.00
3	5760.00	21 960.00	23 040.00
4	4608.00	26 568.00	18 432.00
5	3686.40	30 254.40	14 745.60

EXERCISE 7.4 - PART A   201

6. $40\,000(1-d)^{12} = 3000$
    $(1-d)^{12} = \frac{3}{40}$
    $1-d = \left(\frac{3}{40}\right)^{1/12}$
    $1-d = .805851661$
    $d = .194148339$

    $B_7 = 40\,000(.805851661)^7 = \$8827.66$
    $R_8 = .194148339(8827.66) = \$1713.88$

7. $30\,000(.9)^n < 15\,000$
    $(.9)^n < .5$
    $n\log .9 < .5$
    $n > \frac{\log .5}{\log .9}$
    $n > 6.578813479$ years

    It will take 7 years before the equipment is worth less than $15\,000$.

8. $28\,000(1-d)^{15} = 4000$
    $(1-d)^{15} = \frac{1}{7}$
    $(1-d) = \left(\frac{1}{7}\right)^{1/15}$
    $1-d = .878334882$

    $28\,000(.8788334882)^t < 14\,000$
    $(.878334882)^t < .5$
    $t\log .878334882 < \log .5$
    $t > \frac{\log .5}{\log .878334882}$ (since $\log .878334882 < 0$)
    $t > 5.343107807$ years

    It will take 6 years to depreciate to less than half of its original value.

9. Per-unit depreciation $= \frac{45\,000}{90\,000} = \$.50$

End of Year	Yearly Depreciation	Accumulated Depreciation	Book Value
0	0	0	50 000
1	11 500	11 500	38 500
2	8 000	19 500	30 500
3	10 500	30 000	20 000
4	8 500	38 500	11 500
5	6 500	45 000	5 000

10. Per unit depreciation $= \frac{4\,000\,000}{450\,000} = \$8.8\dot{8}$

End of Year	Yearly Depreciation	Accumulated Depreciation	Book Value
0	0	0	10 000 000.00
1	1 155 555.56	1 555 555.56	8 844 444.44
2	1 866 667.67	3 022 222.23	6 977 777.77
3	977 777.78	4 000 000.01	5 999 999.99*

11. Depletion per unit of ore mined $= \frac{300\ 000 - 20\ 000}{400\ 000} = \$.70$
Depletion deduction in year one $= .70 \times 100\ 000 = \$70\ 000$

12. Depletion per barrel of oil $= \frac{20\ 000\ 000 - 140\ 000}{4\ 000\ 000} = \$4.965$
Depletion deduction in year one $= 400\ 000 \times 4.965 = \$1\ 986\ 000$
Depletion deduction in year two $= 560\ 000 \times 4.965 = \$2\ 780\ 400$

13. a) $\begin{aligned} 18\ 000(1-d)^9 &= 800 \\ (1-d)^9 &= \tfrac{8}{180} \\ 1-d &= (\tfrac{8}{180})^{1/9} \\ 1-d &= .707550591 \\ d &= .292449409 \end{aligned}$

$B_3 = 18\ 000(1-d)^3 = 18\ 000(.707550591)^3 = \$6375.95$

b) $i = (1.09)^{1/12} - 1 = .007207323$
Discounted value of the costs to lease $= 390 a_{\overline{36}|i}(1+i) = \$12\ 416.37$
Discounted value of the costs to buy $= 18\ 000 - 6375.95(1.09)^{-3} = \$13\ 076.60$
It is more economical to lease the car.

14. a) $\begin{aligned} 24\ 000(1-d)^5 &= 4033 \\ (1-d)^5 &= \tfrac{4033}{24\ 000} \\ d &= 1 - (\tfrac{4033}{24\ 000})^{1/5} \\ d &\doteq 30\% \end{aligned}$

b)

End of Year	Yearly Depreciation	Total Depreciation	Book Value
0	0	0	24 000
1	7200	7 200	16 800
2	5040	12 240	11 760
3	3528	15 768	8 232
4	2470	18 238	5 762
5	1729	19 967	4 033

EXERCISE 7.4
Part B

1. $B_k = C - kR = C - k(\frac{C-S}{n}) = C - \frac{k}{n}C + \frac{k}{n}S = (1 - \frac{k}{n})C + \frac{k}{n}S$
   In question A3:
   $B_8 = (1 - \frac{8}{20})50\,000 + \frac{8}{20}2000 = .6 \times 50\,000 + .4 \times 2000 = \$30\,800$

   In question A4:
   $B_6 = (1 - \frac{6}{15})20\,000 + \frac{6}{15} \times 0 = .6 \times 20\,000 = \$12\,000$

2. For $k = 1$ $B_1 = C(1-d)$ which is shown in text
   $k = 2$ $B_2 = C(1-d)^2$ which is shown in text

   Assume true for $k = n$, that is $B_n = C(1-d)^n$
   Prove true for $k = n+1$, that is $B_{n+1} = C(1-d)^{n+1}$
   $\begin{aligned}B_{n+1} &= B_n - R_{n+1} = B_n - B_n d = B_n(1-d) = C(1-d)^n(1-d) \\ &= C(1-d)^{n+1}\end{aligned}$

3. From $\begin{aligned}B_n &= C(1-d)^n \\ S &= C(1-d)^n \\ (1-d)^n &= \frac{C}{S} \\ (1-d) &= (\frac{C}{S})^{\frac{1}{n}} \\ d &= 1 - (\frac{C}{S})^{\frac{1}{n}}\end{aligned}$

4. $D_k = R_1 + R_2 + \cdots + R_k = \frac{s_n - s_{n-k}}{s_n}(C - S)$
   $\begin{aligned}B_k &= C - D_k = C - \frac{s_n - s_{n-k}}{s_n}(C - S) = C - (1 - \frac{s_{n-k}}{s_n})(C - S) \\ &= S + \frac{s_{n-k}}{s_n}(C - S)\end{aligned}$

5. a) $D_k = $ Amount in the S.F. $= (\frac{C-S}{s_{\overline{n}|i}})s_{\overline{k}|i}$
   $B_k = C - D_k = C - (\frac{C-S}{s_{\overline{n}|i}})s_{\overline{k}|i}$

   b) $\begin{aligned}R_k &= B_{k-1} - B_k = [C - (\frac{C-S}{s_{\overline{n}|i}})s_{\overline{k-1}|i}] - [C - (\frac{C-S}{s_{\overline{n}|i}})s_{\overline{k}|i}] \\ &= (\frac{C-S}{s_{\overline{n}|i}})(s_{\overline{k}|i} - s_{\overline{k-1}|i}) = (\frac{C-S}{s_{\overline{n}|i}})\frac{(1+i)^k - 1 - (1+i)^{k-1} + 1}{i} \\ &= (\frac{C-S}{s_{\overline{n}|i}})(1+i)^{k-1}(\frac{1+i-1}{i}) \\ &= (\frac{C-S}{s_{\overline{n}|i}})(1+i)^{k-1}\end{aligned}$

   or
   $\begin{aligned}R_k &= \frac{C-S}{s_{\overline{n}|i}} + iD_{k-1} = \frac{C-S}{s_{\overline{n}|i}} + i(\frac{C-S}{s_{\overline{n}|i}})s_{\overline{k-1}|i} = (\frac{C-S}{s_{\overline{n}|i}})(1 + i\frac{(1+i)^{k-1}-1}{i}) \\ &= (\frac{C-S}{s_{\overline{n}|i}})(1+i)^{k-1}\end{aligned}$

6. Under the straight-line method: $R_k = \frac{C-S}{n}$

   Under the sinking-fund method: $R_k = \frac{C-S}{s_{\overline{n}|i}}(1+i)^{k-1}$
   But if $i = 0$, $s_{\overline{n}|i} = n$, $(1+i)^{k-1} = 1$ and $R_k = \frac{C-S}{n}$.

7. $C(1-d)^{10} = 50$
$C(1-d)^4 = 457.31$
Dividing the first equation by the second equation we obtain
$(1-d)^6 = \frac{50}{457.31}$ and $1-d = (\frac{50}{457.31})^{1/6}$
Then $C = 50(1-d)^{-10} = 50(\frac{50}{457.31})^{-\frac{10}{6}} = \$2000.04$

8. Under the straight-line method:
Yearly depreciation $= \frac{2450-1050}{14} = \$100$
Present value of the depreciation charges $= 100a_{\overline{14}|.1}$

Under the sum-of-digits method:
$s_{14} = \frac{14(15)}{2} = 105$
Present value of the depreciation charges
$= \frac{Y-1050}{105}[14(1.1)^{-1} + 13(1.1)^{-2} + \cdots + 2(1.1)^{-13} + 1(1.1)^{-14}]$
$= \frac{Y-1050}{105}(140 - 10a_{\overline{14}|.1})$

Equating the present values we calculate Y:

$$\frac{Y-1050}{105}(140 - 10a_{\overline{14}|.1}) = 100a_{\overline{14}|.1}$$
$$Y = \frac{105(100a_{\overline{14}|.1})}{140-10a_{\overline{14}|.1}} + 1050$$
$$Y = \$2216.09$$

9. Under the S.F. method:
Annual S.F. deposit $= \frac{Y-1050}{s_{\overline{14}|.06}}$
Annual depreciation charge for year $k = (\frac{Y-1050}{s_{\overline{14}|.06}})(1.06)^{k-1}$
Present value of the depreciation charges
$= \frac{Y-1050}{s_{\overline{14}|.06}}[(1.06)^0(1.1)^{-1} + (1.06)^1(1.1)^{-2} + \cdots + (1.06)^{13}(1.1)^{-14}]$
$= \frac{Y-1050}{1.06 s_{\overline{14}|.06}}[(\frac{1.1}{1.06})^{-1} + (\frac{1.1}{1.06})^{-2} + \cdots + (\frac{1.1}{1.06})^{-14}]$
$= \frac{Y-1050}{1.06 s_{\overline{14}|.06}} a_{\overline{14}|i}$ where $i = \frac{1.1}{1.06} - 1$

Equating the present values we calculate Y:

$$\frac{Y-1050}{1.06 s_{\overline{14}|.06}} a_{\overline{14}|i} = 100a_{\overline{14}|.1}$$
$$Y = \frac{100a_{\overline{14}|.1}(1.06)s_{\overline{14}|.06}}{a_{\overline{14}|i}} + 1050$$
$$Y = \$2580.39$$

REVIEW EXERCISES 7.5

1. At $j_1 = 6\%$:
   NPV(A) $= -100\ 000 + 25\ 000 a_{\overline{5}|.06} = +\$5309.09$
   NPV(B) $= -100\ 000 + 10\ 000(1.06)^{-1} + 30\ 000(1.06)^{-2} + 40\ 000(1.06)^{-3}$
   $\qquad\qquad + 30\ 000(1.06)^{-4} + 10\ 000(1.06)^{-5} = +\$954.02$
   NPV(C) $= -100\ 000 - 80\ 000(1.06)^{-1} + 40\ 000(1.06)^{-2} + 50\ 000(1.06)^{-3}$
   $\qquad\qquad + 60\ 000(1.06)^{-4} + 70\ 000(1.06)^{-5} = +\$1942.82$
   NPV(D) $= -100\ 000 + 70\ 000(1.06)^{-1} + 50\ 000(1.06)^{-2} + 30\ 000(1.06)^{-3}$
   $\qquad\qquad - 30\ 000(1.06)^{-5} = +\$13\ 308.39$
   Accept all — D is "best".

2. Find i such that $100\ 000 = 30\ 000 a_{\overline{4}|i}$
   $$a_{\overline{4}|i} = 3.3333$$
   At $i = 7\%, a_{\overline{4}|i} = 3.3872$
   At $i = 8\%, a_{\overline{4}|i} = 3.3121$
   Thus $IRR \doteq 8\%$

   Alternative 1:
   $f(i) \equiv 60\ 000(1+i)^{-1} + 60\ 000(1+i)^{-4} = 100\ 000$

   At $i = 7\%$, $f(i) = 101\ 848.48$
   At $i = 8\%$, $f(i) = 99\ 657.35$
   Thus $IRR \doteq 8\%$

   Alternative 2:
   $f(i) \equiv 60\ 000[(1+i)^{-2} + (1+i)^{-3}] = 100\ 000$

   At $i = 7\%$, $f(i) = 101\ 384.20$
   At $i = 8\%$, $f(i) = 99\ 070.26$
   Thus $IRR \doteq 8\%$

   Alternative 3:
   $100\ 000 = 120\ 000(1+i)^{-4}$
   $(1+i)^4 = 1.20$
   $i = .046635139$
   Thus $IRR \doteq 5\%$

   Alternative 4:
   $100\ 000 = 120\ 000(1+i)^{-1}$
   $(1+i) = 1.20$
   $i = 20\%$
   Thus $IRR \doteq 20\%$

Alternative 5:
$f(i) \equiv 140\,000(1+i)^{-1} - 100\,000(1+i)^{-2} + 130\,000(1+i)^{-3} - 50\,000(1+i)^{-4}$
$ = 100\,000$

At $i = 18\%$, $f(i) = 100\,158.19$
At $i = 19\%$, $f(i) = 99\,241.20$
Thus $IRR \doteq 18\%$

3. $K_1 = 6000 + \frac{5200}{(1.11)^{15}-1} + \frac{500}{.11} = 6000 + 1373.99 + 4545.45 = \$11\,919.44$
   $K_2 = 10\,000 + \frac{9000}{(1.11)^{25}-1} + \frac{800}{.11} = 10\,000 + 715.11 + 7272.73 = \$17\,987.84$

   Buy Machine 1.

4. Original machine:
   $K_1 = 20\,000 + \frac{17\,500}{(1.07)^{10}-1} + \frac{750}{.07} = 20\,000 + 18\,094.38 + 10\,714.29 = \$48\,808.67$

   Improved machine: Let X be the cost of the improvements.
   $K_2 = (20\,000 + X) + \frac{17\,500+X}{(1.07)^{10}-1} + \frac{750}{.07} = 2.033964325X + 48\,808.67$
   Comparing per unit capitalized costs we have

   $$\begin{aligned} K_2 &= 2K_1 \\ 2.033964325X + 48\,808.67 &= 2(48\,808.67) \\ X &= \$23\,996.82 \end{aligned}$$

5. Sinking-fund method: $R_7 = \left(\frac{10\,000-1000}{s_{\overline{10}|.09}}\right)(1.09)^6 = \$993.48$

   Constant-percentage method:
   Find d such that $10\,000(1-d)^{10} = 1000$
   $\phantom{\text{Find } d \text{ such that } 10\,000}(1-d) = (.1)^{1/10}$
   $\phantom{\text{Find } d \text{ such that } 10\,000(1-d)}d = 1 - (.1)^{1/10}$
   $\phantom{\text{Find } d \text{ such that } 10\,000(1-d)}d = .205671765$

   $B_6 = 10\,000(1-d)^6 = \$2511.89$
   $R_7 = 2511.89(d) = \$516.62$

   Difference $= 993.48 - 516.62 = \$476.86$

6. a) i) Straight-line method: $R_8 = \$2000$
   ii) Sum-of-digits method:
   $s_{10} = \frac{10(11)}{2} = 55$
   $\frac{8}{55}(C - 0) = 2000$
   $\phantom{\frac{8}{55}(C - 0)}C = \$13\,750$
   $\phantom{\frac{8}{55}(C - 0)}R_8 = \frac{3}{55}(13\,750) = \$750$
   iii) $R_8 = R_3(1.04)^5 = 2000(1.04)^5 = \$2433.31$

REVIEW EXERCISES 7.5

b) i) $C = 10 \times 2000 = \$20\,000$
   ii) $C = \$13\,750$ from a)
   iii) $\dfrac{C}{s_{\overline{10}|.04}} \cdot (1.04)^2 = 2000$
   $$C = \dfrac{2000 s_{\overline{10}|.04}}{(1.04)^2}$$
   $$C = \$22\,200.64$$

7. a)

End of Year	Yearly Depreciation	Total Depreciation	Book Value
0	0	0	18 000.00
1	2666.67	2 666.67	15 333.33
2	2666.67	5 333.34	12 666.66
3	2666.67	8 000.01	9 999.99
4	2666.67	10 666.68	7 333.32
5	2666.67	13 333.35	4 666.65
6	2666.67	16 000.02	1 999.98*

b) Find d such that $18\,000(1-d)^6 = 2000$
$$d = .306638726$$

End of Year	Yearly Depreciation	Total Depreciation	Book Value
0	0	0	18 000.00
1	5519.50	5 519.50	12 480.50
2	3827.00	9 346.50	8 653.50
3	2653.50	12 000.00	6 000.00
4	1839.83	13 839.83	4 160.17
5	1275.67	15 115.50	2 884.50
6	884.50	16 000.00	2 000.00

c) Depreciation per km $= \dfrac{18\,000 - 2000}{80\,000} = 20¢$

End of Year	Yearly Depreciation	Total Depreciation	Book Value
0	0	0	18 000
1	2500	2 500	15 500
2	2940	5 440	12 560
3	2360	7 800	10 200
4	3240	11 040	6 960
5	2760	13 800	4 200
6	2200	16 000	2 000

8. Depletion per truck load = $\frac{150\ 000 - 25\ 000}{30\ 000} = \$4.1\dot{6}$

End of Year	Yearly Depletion	Total Depletion	Book Value
0	0	0	150 000.00
1	33 333.33	33 333.33	116 666.67
2	37 916.67	71 250.00	78 750.00
3	30 416.67	101 666.67	48 333.33
4	23 333.33	125 000.00	25 000.00

9. a) Sinking-fund deposit = $\frac{100\ 000 - 10\ 000}{s_{\overline{5}|.07}} = \$15\ 650.16$

End of Year	Sinking-Fund Deposit	Interest on Fund	Yearly Depreciation	Accumulated Depreciation	Book Value
0	0	0	0	0	100 000.00
1	15 650.16	0	15 650.16	15 650.16	84 349.84
2	15 650.16	1095.51	16 745.67	32 395.83	67 604.17
3	15 650.16	2267.71	17 917.87	50 313.70	49 686.30
4	15 650.16	3521.96	19 172.12	69 485.82	30 514.18
5	15 650.16	4864.01	20 514.17	89 999.99	10 000.01*

b) $K = 100\ 000 + \frac{90\ 000}{(1.07)^5 - 1} + \frac{2000}{.07} = 100\ 000 + 223\ 573.75 + 28\ 571.43 = \$352\ 145.18$

c) The total annual cost = $352\ 145.18(.09) = \$31\ 693.07$

10. $s_{50} = \frac{50(51)}{2} = 1275$

$$R_{31} = \frac{50 - 31 + 1}{1275}(100\ 000 - S) = 1000$$
$$\frac{20}{1275}(100\ 000 - S) = 1000$$
$$\frac{20}{1275}S = \frac{20}{1275}(100\ 000) - 1000$$
$$S = \$36\ 250$$

$B_{41} = 36\ 250 + \frac{s_9}{1275}(100\ 000 - 36\ 250) = 36\ 250 + \frac{45}{1275}(63\ 750) = \$38\ 500$

11. Sum-of-digits method:
$s_8 = \frac{8(9)}{2} = 36$
$B_6 = 50 + \frac{3}{36}(1000 - 50) = \$129.17$

Declining balance method:
Find d such that $1000(1-d)^8 = 50$ or $d = 1 - \left(\frac{50}{1000}\right)^{1/8} = .312343978$
$B_6 = 1000(1-d)^6 = \$105.74$
Difference = $129.17 - 105.74 = \$23.43$

REVIEW EXERCISES 7.5

12. a) $R = \frac{70\ 000}{7} = \$10\ 000$
$B_5 = 80\ 000 - 5(10\ 000) = \$30\ 000$

b) Find d such that $80\ 000(1-d)^7 = 10\ 000$
$$d = 1 - (\tfrac{1}{8})^{1/7}$$
$$d = .257002855$$

$B_5 = 80\ 000(1-d)^5 = \$18\ 114.47$

c) S.F. deposit $= \frac{70\ 000}{s_{\overline{7}|.06}} = \$8339.45$
$B_5 = 80\ 000 - 8339.45 s_{\overline{5}|.06} = \$32\ 989.74$

d) $s_7 = \frac{7(8)}{2} = 28$
$B_5 = 10\ 000 + \frac{3}{28}(70\ 000) = \$17\ 500$

13. We are given $C = \$15\ 000, S = \$2000, n = 10, i = .05$
Using the sinking-fund method:

$$R_7 = \frac{13\ 000}{s_{\overline{10}|.05}}(1.05)^6 = \$1385.07$$

Using the declining balance method:

$$d = 1 - (\tfrac{2000}{15\ 000})^{1/10} = .182488494$$
$$R_7 = dB_6 = d(15\ 000)(1-d)^6 = \$817.13$$

The difference between the depreciation expenses in the seventh year $= 1385.07 - 817.13 = \$567.97$

14. The capitalized cost K_1 of the original machine is

$$K_1 = 50\ 000 + \frac{45\ 000}{(1.06)^{10}-1} + \frac{2000}{.06} = \$140\ 234.30$$

Let X be the maximum amount spent on increasing the output by 25%, that is to $1.25(2000) = 2500$ units

The capitalized cost K_2 after remodelling is

$$K_2 = (50\ 000 + X) + \frac{45\ 000 + X}{(1.06)^{13}-1} + \frac{2000}{.06} = \$123\ 053.41 + 1.882668422X$$

After remodelling, the machine will be economically equivalent to the original one if

$$\frac{K_1}{2000} = \frac{K_2}{2500}$$

Substituting for K_2 and K_1 and solving for X gives $X = \$27\ 747.57$

15. a) $K = 80\ 000 + \frac{70\ 000}{(1.1)^5-1} + \frac{2000}{.1} = 80\ 000 + 114\ 658.24 + 20\ 000 = \$214\ 658.24$

b) Find d such that $80\ 000(1-d)^5 = 10\ 000$
$$d = 1 - (\tfrac{1}{8})^{1/5}$$
$$d = .340246045$$

End of Year	Yearly Depreciation	Total Depreciation	Book Value
0	0	0	80 000.00
1	27 219.68	27 219.68	52 780.32
2	17 958.30	45 177.98	34 822.02
3	11 848.05	57 026.03	22 973.97
4	7 816.80	64 842.83	15 157.17
5	5 157.17	70 000.00	10 000.00

c) Sinking-fund deposit = $\frac{70\ 000}{s_{\overline{5}|.06}} = \$12\ 417.75$

End of Year	S.F. Deposit	Interest on Fund	Yearly Depreciation	Accumulated Depreciation	Book Value
0	0	0	0	0	80 000.00
1	12 417.75	0	12 417.75	12 417.75	67 582.25
2	12 417.75	745.07	13 162.82	25 580.57	54 419.43
3	12 417.75	1534.83	13 952.58	39 533.15	40 466.85
4	12 417.75	2371.99	14 789.74	54 322.89	25 677.11
5	12 417.75	3259.37	15 677.12	70 000.01	9 999.99*

16. Using the straight-line method: $R_k = \frac{5500}{10} = 550$

The present value of all depreciation charges $= 550 a_{\overline{10}|i} = 3107.50$
or $a_{\overline{10}|i} = 5.65$

Using the sum of digits method:
$s_{10} = \frac{(10)(11)}{2} = 55$
$R_1 = \frac{10}{55}(5500) = 1000, R_2 = \frac{9}{55}(5500) = 900, ..., R_9 = 200, R_{10} = 100$

The present value of all depreciation charges
$= 1000(1+i)^{-1} + 900(1+i)^{-2} + ... + 100(1+i)^{-10}$
$= 100\left[10(1+i)^{-1} + 9(1+i)^{-2} + ... + 1(1+i)^{-10}\right]$

Using formula for the discounted value of the decreasing \$1 annuity (see Exercise 4.4 B 13)

$$(Da)_{\overline{n}|i} = \frac{n - a_{\overline{n}|i}}{i}$$

REVIEW EXERCISES 7.5

we obtain $\quad 100(Da)_{\overline{10}|i} = 100\frac{10-a_{\overline{10}|i}}{i} = 3625$

$\quad$ or $\quad \frac{10-a_{\overline{10}|i}}{i} = 36.25$

Substituting for $a_{\overline{10}|i} = 5.65$ gives $\frac{10-5.65}{i} = 36.25$
$\quad$ or $i = .12$

Note: The annual effective rate i can be also found by solving $a_{\overline{10}|i} = 5.65$ by linear interpolation.

17. Using declining balance method:

$$108\ 000(1-d)^2 = 44\ 091 \text{ or } (1-d)^2 = \frac{44\ 091}{108\ 000}$$
$$S = 108\ 000(1-d)^8 = 108\ 000\left(\frac{44\ 091}{108\ 000}\right)^4 \doteq \$3000$$
$$B_4 = 108\ 000(1-d)^4 = 108\ 000\left(\frac{44\ 091}{108\ 000}\right)^2 \doteq \$18\ 000$$

Using the sum of digits method:

$$B_4 = S + \frac{s_4}{s_8}(C-S) = 3000 + \frac{10}{36}(105\ 000) \doteq 32\ 167$$

The difference between the book values at the end of the 4th year
$\doteq 32\ 167 - 18\ 000 = \$14\ 167$

Case Study I: A water heater

Find i_1 per year such that $1 + i_1 = (1.03)^2$
$\quad\quad\quad\quad\quad\quad\quad\quad\quad\quad i_1 = (1.03)^2 - 1 = .0609$

a) Tankless water heater:
$$K = 700 + 700(\tfrac{1.04}{1.0609})^{25} + 700(\tfrac{1.04}{1.0609})^{50} + \cdots$$
$$= 700\tfrac{1}{1-(\tfrac{1.04}{1.0609})^{25}} = \$1786.15$$

b) Conventional water heater:
$K = 200 + \frac{200}{(1.0609)^{15}-1} = \$340.13$

c) Find i_2 per month such that $(1+i_2)^{12} = (1.03)^2$
$\quad\quad\quad\quad\quad\quad\quad\quad\quad\quad\quad\quad i_2 = (1.03)^{1/6} - 1 = .004938622$

Capitalized cost of savings $= \frac{8}{i_2} = \$1619.89$

Net capitalized cost of the tankless water heater is
$1786.15 - 1619.89 = \$166.26 < \$340.13$
Thus it is cost effective to buy the tankless water heater.

d) Capitalized cost of savings $= \frac{4}{i_2} = \$809.94$
Let X be the cost of insulation. Then
$$X + \frac{X}{(1.0609)^{15}-1} = 809.94$$
$$1.700641977X = 809.94$$
$$X = \$476.26$$

Case Study II: Buy or lease

a) $18\,000(1-d)^9 = 500$
$(1-d)^9 = \frac{5}{180}$
$1-d = (\frac{5}{180})^{1/9}$
$d = 1 - (\frac{5}{180})^{1/9}$
$d = .32845132$

$B_4 = 18\,000(1-d)^4 = \$3660.85$

b) Amount needed to accumulate $= 18\,000(1.05)^4 - 3660.85 = \$18\,218.26$
Monthly S.F. deposit $= \frac{18\,218.26}{s_{\overline{48}|.005}} = \$336.77$

c) Discounted value of the costs to lease $= 405 a_{\overline{48}|.005}(1.005) = \$17\,331.25$
Discounted value of the costs to buy
$= 18\,000 + 800 + 800(1.04)(1.005)^{-12} + 800(1.04)^2(1.005)^{-24}$
$+ 800(1.04)^3(1.005)^{-36} - 3660.85(1.005)^{-48}$
$= 18\,000 + 800 \frac{1-[(1.04)(1.005)^{-12}]^4}{1-(1.04)(1.005)^{-12}} - 2881.45 = 18\,000 + 3103.32 - 2881.45 = \$18\,221.87$

It is more economical to lease the car over a 4 year period.

Case Study III: Depreciation

a) S.F. deposit $= \frac{27\,000}{s_{\overline{20}|.04}} = \$906.71$
Depreciation charge for 2000 $= 906.71(1.04)^4 = \$1060.72$

b) i) Book value on December 31, 2001 $= 30\,000 - 906.71 s_{\overline{6}|.04} = \$23\,985.81$
Find d such that $23\,985.81(1-d)^{14} = 3000$
$d = 1 - (\frac{3000}{23\,985.81})^{1/14}$
$d = .137990764$
Book value on December 31, 2004 $= 23\,985.81(1-d)^3 = \$15\,363.50$
Depreciation charge for 2005 $= 15\,363.50(d) = \$2120.02$

ii) Under the S.F. method: $D_6 = 906.71 s_{\overline{6}|.04} = \$6014.19$

Under the constant percentage method:
Find d such that $30\,000(1-d)^{20} = 3000$
$d = 1 - (\frac{1}{10})^{1/20}$
$d = .108749062$

$B_6 = 30\,000(1-d)^6 = 15\,035.62$
$D_6 = 30\,000 - 15\,035.62 = \$14\,964.38$

The difference between the total depreciation
$= 14\,964.38 - 6014.19 = \$8950.19$

CHAPTER 8

EXERCISE 8.2

Part A

1. a) $P(A) = \frac{2}{7}$
    b) $P(B) = \frac{2+1}{7} = \frac{3}{7}$
    c) $P(C) = \frac{4}{7} \cdot \frac{3}{6} = \frac{2}{7}$
    d) $P(D) = \frac{1}{7} \cdot \frac{2}{6} = \frac{1}{21}$
    e) $P(E) = \frac{4}{7} \cdot \frac{2}{6} = \frac{4}{21}$
    f) $P(F) = P(\text{2 white}) + P(\text{2 blue}) + P(\text{2 red})$
       $= (\frac{4}{7} \cdot \frac{3}{6}) + (\frac{2}{7} \cdot \frac{1}{6}) + (\frac{1}{7} \cdot \frac{0}{6}) = \frac{2}{7} + \frac{1}{21} + 0 = \frac{7}{21} = \frac{1}{3}$

2. a) $P(A) = \frac{1}{52}$
    b) $P(B) = \frac{4}{52} + \frac{4}{52} = \frac{2}{13}$
    c) $P(C) = \frac{1}{52} + (\frac{51}{52} \cdot \frac{1}{52}) = \frac{2}{52} = \frac{1}{26}$

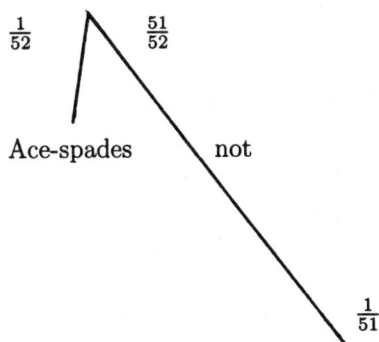

   d) $P(D) = 1 - (\frac{51}{52})^2$
   e) $P(E)$ (from the tree diagram) $= \frac{51}{52} \cdot \frac{1}{51} = \frac{1}{52}$

   or $P(E) = 1 - \frac{51}{52} \cdot \frac{50}{51} - \frac{1}{52} = \frac{1}{52}$

   f) $P(F) = \frac{4}{52} \cdot \frac{4}{51} \cdot \frac{4}{50} = \frac{8}{16\,575}$

3. a) $P(A) = \frac{1}{6}$
    b) $P(B) = \frac{3}{6} = \frac{1}{2}$
    c) Primes: $\{2, 3, 5\}$
       $P(C) = \frac{3}{6} = \frac{1}{2}$

d) # of possible combinations $= 6 \times 6 = 36$
There are 4 combinations that add to 9: $\{(6, 3); (3, 6); (5, 4); (4, 5)\}$
$P(D) = \frac{4}{36} = \frac{1}{9}$

e) # of possible combinations $= 6 \times 6 = 36$
Combinations not exceeding 5 are:
$\{(1, 1); (1, 2); (2, 1); (1, 3); (3, 1); (1, 4); (4, 1); (2, 2); (2, 3); (3, 2)\}$
$P(E) = 1 - \frac{10}{36} = \frac{13}{18}$

4. a) Possible combinations: $\{(1, 2); (2, 1)\}$ $P(A) = \frac{2}{36} = \frac{1}{18}$

b) As in A.3d) $P(B) = \frac{1}{9}$

c) As in A.3e) $P(C) = \frac{13}{18}$

d) Half of the combinations give an even total and half give an odd total.
$P(D) = \frac{1}{2}$

e) Primes up to 12 are: $\{2,3,5,7,11\}$
2 can be rolled as $(1,1)$
3 can be rolled as $(1,2); (2,1)$
5 can be rolled as $(1,4); (4,1); (3,2); (2,3)$
7 can be rolled as $(1,6); (6,1); (5,2); (2,5); (4,3); (3,4)$
11 can be rooled as $(6,5); (5,6)$

There are 15 combinations in total and $P(E) = \frac{15}{36} = \frac{5}{12}$

f) Combinations in total $= 36 \times 36 = 1296$
There are 4 combinations that add to 23: $[(6,6); (6,5)]; [(6,6); (5,6)]; [(6,5); (6,6)]; [(5,6)(6,6)]$
$P(F) = \frac{4}{1296} = \frac{1}{324}$

5. a) There are 3 places the one tail can occur.
$P(A) = 3 \times (\frac{1}{2})(\frac{1}{2})(\frac{1}{2}) = \frac{3}{8}$ or $P(A) = \binom{3}{2}(\frac{1}{2})^2(\frac{1}{2}) = \frac{3}{8}$

b) $P(B) = (\frac{1}{2})^4 = \frac{1}{16}$

c) $P(C) = (\frac{1}{2})(\frac{1}{2})(\frac{1}{2}) = \frac{1}{8}$

d) $P((D) = (\frac{1}{2})(\frac{1}{2})(\frac{1}{2}) = \frac{1}{8}$

6. Answers are the same as in A5

7. a) $P(A) = (\frac{4}{5})(\frac{4}{5})(\frac{4}{5}) = \frac{64}{125}$

b) $P(B) = 1 - \frac{64}{125} = \frac{61}{125}$

8. a) $P(A) = (\frac{3}{5})(\frac{3}{5})(\frac{2}{5}) = \frac{18}{125}$

b) $P(B) = 3 \times \frac{18}{125} = \frac{54}{125}$ since they can loose the first, second, or third game.

c) $P(C) = 1 - P$ (loss all 3) $= 1 - (\frac{2}{5})^3 = 1 - \frac{8}{125} = \frac{117}{125}$

EXERCISE 8.2 - PART A

9. a) $P(A) = (1-\frac{3}{4})(1-\frac{4}{5})(1-\frac{5}{8})(1-\frac{9}{10}) = (\frac{1}{4})(\frac{1}{5})(\frac{3}{8})(\frac{1}{10}) = \frac{3}{1600}$
   b) $P(B) = (\frac{3}{4})(\frac{4}{5})(\frac{5}{8})(\frac{9}{10}) = \frac{27}{80}$
   c) $P(C) = 1 - P\text{ (all die)} = 1 - \frac{3}{1600} = \frac{1597}{1600}$
   d) $P(D) = 1 - P\text{ (all alive)} = 1 - \frac{27}{80} = \frac{53}{80}$

10. a) $P(A) = P(\text{lives from 50 to 60}) \cdot P(\text{lives from 60 to 70}) \cdot P(\text{lives from 70 to 80})$
    $= (.75)(.60)(.50) = .225$
    b) $P(B) = P(\text{lives to 70}) \cdot P(\text{dies between 70 and 80})$
    $= P(\text{lives from 50 - 60}) \cdot P(\text{lives from 60 - 70}) \cdot P(\text{dies between 70 and 80})$
    $= (.75)(.60)(1-.50) = .225$

11. $P(\text{40 year old dying between 65 and 80})$
    $= P(\text{40 year old survives to 65}) - P(\text{40 year old survives to 80})$

    Let $P\text{ (40 year old survives to 65)} = X$
    Then $\frac{1}{10} = X - \frac{1}{4}$ and $X = \frac{7}{20}$

EXERCISE 8.2

Part B

1. $P = \left(\frac{26}{52}\right)\left(\frac{25}{51}\right)\left(\frac{24}{50}\right) = \frac{2}{17}$

2. 1st throw is given as a 2, 4 or 6.
   $P(2) = P(4) = P(6) = \frac{1}{3}$
   $P(\text{sum} = 8) = P[(2,6)] + P[(4,4)] + P[(6,2)] = \left(\frac{1}{3} \cdot \frac{1}{6}\right) + \left(\frac{1}{3} \cdot \frac{1}{6}\right) + \left(\frac{1}{3} \cdot \frac{1}{6}\right) = \frac{1}{6}$

3. $P = P(2 \text{ red}) + P(2 \text{ blue}) + P(2 \text{ one's}) + P(2 \text{ two's}) + P(2 \text{ three's})$
   $= 2 \times P(\text{double colour}) + 3 \times P(\text{double digit})$
   $= 2\left(\frac{3}{6}\right)\left(\frac{2}{5}\right) + 3\left(\frac{2}{6}\right)\left(\frac{1}{5}\right) = \frac{3}{5}$

EXERCISE 8.3 - PART A

EXERCISE 8.3

Part A

1. Let Bob's wager be X.
   Allan's expectation $= +\$X \times P(\text{no heads}) - \$1 \times P(\text{otherwise}) = 0$
   $X(\frac{1}{8}) - 1(\frac{7}{8}) = 0$ or X = \$7

   Bob should wager \$7 for a total pot of \$8.
   Allan wins \$7 with probability $\frac{1}{8}$, and loses \$1 with probability $\frac{7}{8}$.

2. Expectation $= \$20 \cdot P(2\ \$10's) + \$10 \cdot P(2\ \$5's) + \$2 \cdot P(2\ \$1's)$
   $= \$20(\frac{4}{12})(\frac{3}{11}) + \$10(\frac{6}{12})(\frac{5}{11}) + \$2(\frac{2}{12})(\frac{1}{11})$
   $= \$\frac{136}{33} = \$4.12$.

3. Present winnings $= \$13\ 000$ which he will lose if he goes on.
   Expectation of going on $\$0(\frac{1}{2}) + \$35\ 000(\frac{1}{2}) = \$17\ 500$
   Based solely on mathematical expectation, he should go on.

4. Expectation of claim cost if no driver training $= 6000(.08) = \$480$
   Expectation of claim cost with driver training $= 6000(.03) = \underline{\$180}$
   Expectation of savings $\qquad\qquad\qquad\qquad\qquad\qquad\quad = \$300$

   Students should take driver training for \$280.

5. $P(\text{Jane wins}) = \frac{6}{36} = \frac{1}{6}$
   Let Bill's wager $= \$X$
   Janes' expectation $= \$X(\frac{1}{6}) - \$15(\frac{5}{6}) = 0$ or $X = \$75$.

6. $E(X) = 25\ 000(\frac{1}{100\ 000}) + 1000(\frac{20}{100\ 000}) + 25(\frac{168}{100\ 000}) + E(X)(\frac{1701 \times 5}{100\ 000})$
   $E(X)\left[1 - \frac{8505}{100\ 000}\right] = \frac{49\ 200}{100\ 000}$
   $E(X) = \frac{49\ 200}{91\ 495}$
   $E(X) \doteq 54¢$

7. Fair price = Expected value $= \$100\ 000(\frac{158}{100\ 000}) = \$158$

8. The promoter loses $\$5 \times 5000 = \$25\ 000$ if it rains.
   Probability of rain $= .12$ and fair price $= \$25\ 000(.12) = \$3000$

EXERCISE 8.3

Part B

1. $Q's$ expected winnings $\;=\;$ $+\$1 \cdot P(Q$ wins first game$)$
    $+\$0 \cdot P(Q$ losses first and wins second$)$
    $-\$1 \cdot P(Q$ losses first two and wins third$)$
    $-\$3 \cdot P(Q$ losses all three games$)$
    $= +1(\frac{2}{3}) + 0(\frac{1}{3})(\frac{2}{3}) - 1(\frac{1}{3})(\frac{1}{3})(\frac{2}{3}) - 3(\frac{1}{3})(\frac{1}{3})(\frac{1}{3}) = +\$\frac{13}{27}$

2. Contestants's expectation
    $= \$5 \cdot P(1 \text{ correct}) = \$10 \cdot P(2 \text{ correct}) + \cdots + \$25 \cdot P(5 \text{ correct}) + \$1030 \cdot P(\text{all correct})$
    $= \$5\binom{6}{1}(\frac{1}{2})^6 + \$10\binom{6}{2}(\frac{1}{2})^6 + \$15\binom{6}{3}(\frac{1}{2})^6 + \$20\binom{6}{4}(\frac{1}{2})^6 + \$25\binom{6}{5}(\frac{1}{2})^6 + \$1030(\frac{1}{2})^6$
    $= (\frac{1}{2})^6 [\$30 + \$150 + \$300 + \$300 + \$150 + \$1030] = \$\frac{1960}{64}$

3. Expectation $\;=\;$ $+\$1 \cdot P(\text{wins first}) + \$0 \cdot P(\text{loses then wins}) - \$2 \cdot P(\text{loses twice})$
    $= \$1(\frac{1}{2}) + \$0(\frac{1}{2})(\frac{1}{2}) - \$2(\frac{1}{2})(\frac{1}{2}) = \$0$

4.
n	$P(\text{daily demand}) \geq n$
20	1.00
21	.88
22	.58
23	.33
24	.15

Units	Income = \$8 × (Expected # sold)	Cost	Profit
20	$8 \times 20 = \$160$	$6 \times 20 = \$120$	\$40.00
21	$8[20(.12) + 21(.88)] = \$167.04$	$6 \times 21 = \$126$	\$41.04
22	$8[20(.12) + 21(.30) + 22(.58)] = \$171.68$	$6 \times 22 = \$132$	\$39.68
23	$8[20(.12) + 21(.30) + 22(.25) + 23(.33)] = \$174.32$	$6 \times 23 = \$138$	\$36.32
24	$8[20(.12) + 21(.30) + 22(.25) + 23(.18) + 24(.15)] = \$175.52$	$6 \times 24 = \$144$	\$31.52

The retailer should purchase 21 units for a \$41.04 profit.

5. Expectation of strategy I $= 0(.60) + 25\,000(.25) + 70\,000(.15) = \$16\,750$
   Expectation of strategy II $= -40\,000(.60) + 40\,000(.25) + 110\,000(.15) = \$2500$
   Expectation of strategy III $= -65\,000(.60) + 70\,000(.25) + 150\,000(.15) = \$1000$

   She should stay with the present staff.

EXERCISE 8.4

Part A

1. $1 + j_1 = \frac{1.18}{.95} = 1.242105263$ and $j_1 = 24.21\%$

2. a) Expected value $= .90(8000)(1.095)^{-1} = \$6575.34$

   b) $1 + i = \frac{1.095}{.90} = 1.2167$ and $i = 21.67\%$

   or find i such that $6575.34(1+i) = 8000$
   $$(1+i) = 1.2167$$
   $$i = 21.67\%$$

3. a) $\$4000 = X(.95)(1.10)^{-1}$
   $X = \$4631.58$

   b) $\$4000 = X(.95)(1.05)^{-2}$
   $X = \$4642.11$

4. Default rate $= (1 - \frac{1.09}{1.16}) = .0603 = 6.03\%$

5. Robert's expected value $= \frac{1}{2}$ if Tammy is alive $+ 100\%$ if Tammy dies
   $= 500\,000(1.08)^{18} \left[\frac{1}{2}(.97)(.95) + (.03)(.95)\right] = \$977\,526$

   Tammy's expected value $= \frac{1}{2}$ if Robert is alive $+ 100\%$ if Robert dies
   $= 500\,000(1.08)^{18} \left[\frac{1}{2}(.95)(.97) + (.05)(.97)\right] = \$1\,017\,487$

   Total expected value: $9\,777\,526 + 1\,017\,487 = \$1\,995\,013$
   But $500\,000(1.08)^{18} = \$1\,998\,010$.
   The difference is the expected value if they both die.
   Expected value if both die $= 500\,000(1.08)^{18}(.03)(.05) = \$2997$
   and $2997 + 1\,995\,013 = \$1\,998\,010$.

6. Use $i = \left(\frac{1.09}{.95}\right) - 1 = .147368421$
   and $5000 a_{\overline{5}|i} = \$16\,865.74$

7. $P = \sum (1+i)^t {}_t p_x$ (See Chapter 9 for notation)
   $= 2000 \left[(1.05)^{-1}(.85) + (1.05)^{-2}(.65) + (1.05)^{-3}(.35) + 0\right] = \$3402.87$
   or $P = 2000 \left[0(.15) + a_{\overline{1}|.05}(.20) + a_{\overline{2}|.05}(.30) + a_{\overline{3}|.05}(.35)\right] = \$3402.87$

8. Find i such that $(1+i) = \frac{1.04}{.99}$ or $i = .050505051$
   $P = 1050 + (35 - 1050i) a_{\overline{40}|i} = \$742.74$

9. Find i such that $(1+i) = \frac{1.025}{.98}$ or $i = .045918367$
   $P = 1000 + (30 - 1000i) a_{\overline{20}|i} = \$794.57$

EXERCISE 8.4

Part B

1. a) Find i_1 such that $(1+i_1) = \frac{1.035}{.98}$ or $i_1 = .056122449$
   $P_0 = 1000 + (30 - 1000i_1)a_{\overline{40}|i_1} = \$586.94$

   b) Find i_2 such that $(1+i_2) = \frac{1.025}{.97}$ or $i_2 = .056701031$
   $P_1 = 1000 + (30 - 1000i_2)a_{\overline{30}|i_2} = \$619.12$

   c) Find i per half year such that $586.94 = 30a_{\overline{10}|i} + 619.12(1+i)^{-10}$

   At $j_2 = 12\%$: $30a_{\overline{10}|.06} + 619.12(1.06)^{-10} = \$566.52$
   At $j_2 = 11\%$: $30a_{\overline{10}|.055} + 619.12(1.055)^{-10} = \$588.58$

   $$21.66 \left\{ 1.64 \left\{ \begin{array}{c|c} P & j_2 \\ \hline 588.58 & 11\% \\ 586.94 & j_2 \\ 566.52 & 12\% \end{array} \right\} d \right\} 1\% \qquad \begin{array}{l} \frac{d}{1\%} = \frac{1.64}{21.66} \\ d = .08\% \\ j_2 = 11.08\% \end{array}$$

2. ABC Bank's net rate of return $= (1.11)(.95) - 1 = .0545$
   If XYZ wants to get the same net rate of return it must charge rate j_1 such that
   $1 + j_1 = \frac{1.0545}{.90} = 1.171666667$ or $j_1 = 17.17\%$

3. Use $i = \frac{.04}{12}$

   $E(\text{Jim})$ $= E(\text{only survivor}) + E(\text{with Fred}) + E(\text{with Sandra}) + E(\text{all three})$
   $= 50\,000(1+i)^{168} \left[(.95)(.03)(.02) + \frac{1}{2}(.97)(.95)(.02) + \frac{1}{2}(.97)(.05)(.98) \right.$
   $\left. + \frac{1}{3}(.95)(.97)(.98) \right]$
   $= \$28\,402.12$

   $E(\text{Fred})$ $= E(\text{only}) + E(\text{with Jim}) + E(\text{with Sandra}) + E(\text{all three})$
   $= 50\,000(1+i)^{168} \left[(.97)(.05)(.02) + \frac{1}{2}(.97)(.95)(.02) + \frac{1}{2}(.97)(.05)(.98) \right.$
   $\left. + \frac{1}{3}(.95)(.97)(.98) \right]$
   $= \$29\,294.14$

   $E(\text{Sandra})$ $= E(\text{only}) + E(\text{with Jim}) + E(\text{with Fred}) + E(\text{all three})$
   $= 50\,000(1+i)^{168} \left[(.98)(.05)(.03) + \frac{1}{2}(.98)(.95)(.03) + \frac{1}{2}(.98)(.05)(.97) \right.$
   $\left. + \frac{1}{3}(.98)(.95)(.97) \right]$
   $= \$29\,753.26$

   $E(\text{Jim}) + E(\text{Fred}) + E(\text{Sandra}) = \$87\,449.52$
   $50\,000(1+i)^{168} = \$87\,452.14$
   $E(\text{inheritance is lost if all die}) = 50\,000(1+i)^{168}[(.05)(.03)(.02)] = \$2.62$

EXERCISE 8.4 - PART B

4. Find i per half-year such that $800 = 1000 + (45 - 1000i)a_{\overline{40}|i}$ or
Discount $= (1000i - 45)a_{\overline{40}|i} = 120$

At $i = 5\%$: $(1000i - 45)a_{\overline{40}|i} = 85.80$
At $i = 6\%$: $(1000i - 45)a_{\overline{40}|i} = 225.69$

$$139.89 \left\{ 34.20 \left\{ \begin{array}{c|c} \text{Discount} & i \\ \hline 85.80 & 5\% \\ 120.00 & i \\ 225.69 & 6\% \end{array} \right\} d \right\} 1\% \quad \begin{array}{l} \frac{d}{1\%} = \frac{34.20}{139.89} \\ d = .24\% \\ i = 5.24\% \end{array}$$

Let default probability $= 1 - x$
$\begin{array}{rcl} 1.0524 & = & \frac{1.04}{1-x} \\ 1 - x & = & 98.82\% \\ x & = & 1.18\% \end{array}$

5. $E(\text{Repayment}) = 0\%(.05) + 50\%(.05) + 75\%(.10) + 90\%(.10) + 100\%(.70) = 89\%$
Find j_1 such that $1 + j_1 = \frac{1.10}{.89} = 1.235955056$ or $j_1 = 23.60\%$

REVIEW EXERCISES 8.5

1. a) $P(A) = P(\text{ace}) + P(\text{king}) = \frac{4}{52} + \frac{4}{52} = \frac{2}{13}$
    b) $P(B) = \frac{6}{52} = \frac{3}{26}$

2. $P(\text{defective part}) = .008$
    a) $P(A) = (.992)^{100} = .4479$
    b) $P(B) = (.008)^2 = .000064$
    c) $P(C) = (.992)(.992)(.008) = .007873$

3. a) $P(A) = (\frac{2}{3})(\frac{2}{3})(\frac{2}{3}) = \frac{8}{27}$
    b) $P(B) = (\frac{1}{3})(\frac{1}{3}) = \frac{1}{9}$
    c) $P(C) = (\frac{2}{3})(\frac{1}{3})(\frac{1}{3}) = \frac{2}{27}$

4. Probability $= (\frac{4}{52})(\frac{4}{51})(\frac{4}{50}) = \frac{8}{16\ 575}$

5. 100 batteries in each group
    $E(X) = 3(.05) + 4(.15) + 5(.30) + 6(.20) + 7(.20) + 8(.10) = 5.65$
    $E(Y) = 3(.06) + 4(.18) + 5(.22) + 6(.35) + 7(.12) + 8(.07) = 5.50$
    Expected lifetime of brand X is larger.

6. $E(\text{win}) = \$2(\frac{4}{52}) + \$3(\frac{4}{52}) + \$4(\frac{4}{52}) + \$5(\frac{4}{52}) + \cdots + \$10(\frac{4}{52}) + \$20(\frac{12}{52}) + \$25(\frac{4}{52})$
    $= (\frac{4}{52})(2 + 3 + \cdots + 10) + 20(\frac{12}{52}) + 25(\frac{4}{52}) = (\frac{4}{52})(54) + 20(\frac{12}{52}) + 25(\frac{4}{52})$
    $= \$10.69$

    Wager $10.69 to make this a fair game.

7. | # bought | Income
$15 × [Expected sales] | Cost | Profit |
    |---|---|---|---|
    | 70 | 15 × 70 = $1050 | 10 × 70 = $700 | $350.00 |
    | 71 | 15 [70(.05) + 71(.95)] = $1064.25 | 10 × 71 = $710 | $354.25 |
    | 72 | 15 [70(.05) + 71(.35) + 72(.60)] = $1073.25 | 10 × 72 = $720 | $353.25 |

    Profit goes down from here. Therefore by 71 items for a $354.25 profit.

8. Find j_1 such that $1 + j_1 = \frac{1.095}{.95} = 1.1526$ or $j_1 = 15.26\%$

9. $100\ 000(1.06)^{-25}(.810) = \$18\ 872.89$

10. Use $i = \frac{1.07}{.95} - 1 = .126315789$
    Expected value $= 1000 a_{\overline{10}|.20} = \$5507.09$

11. Use $i = \frac{1.05}{.95} - 1 = .105263158$ per half-year.
    $P = 1000 + (55 - 1000i)a_{\overline{40}|i} = \$531.22$

REVIEW EXERCISES 8.5

Case Study I: Risky bonds

$$1.0914 = \frac{1.06}{1-p}$$
$$1-p = \frac{1.06}{1.0914} = .9712296$$
$$p = .028770387 \text{ or } 2.88\%$$

CHAPTER 9

EXERCISE 9.2

Part A

1.
   a) $_4p_{41}$ (male, smoker) $= 0.988450$

   b) $_4q_{29}$ (female, smoker) $= 1 - .9971231 = .0028769$

   c) $_3p_{32} \cdot {_3q_{35}}$ (male, non-smoker) $= 0.0034737$

   d) $_2p_{40} \cdot {_3q_{42}}$ (female, smoker) $= 0.0071600$

   e) $_4p_{50} \cdot q_{54}$ (male, smoker) $= .0102629$

2. Find t such that $_tp_{70} = 0.5$ (male, aggregate).
   By trial and error, $t \doteq 12.3$ since $_{12}p_{70} = 0.52865$ and $_{13}p_{70} = 0.47845$

3. $1000 \, _4p_{18}$ (female, aggregate) $= 1000(.99856) \doteq 999$

EXERCISE 9.2

Part B

1. ${}_tp_x q_{x+t} = {}_tp_x(1 - p_{x+t}) = {}_tp_x - {}_tp_x \cdot p_{x+t} = {}_tp_x - {}_{t+1}p_x$

2.

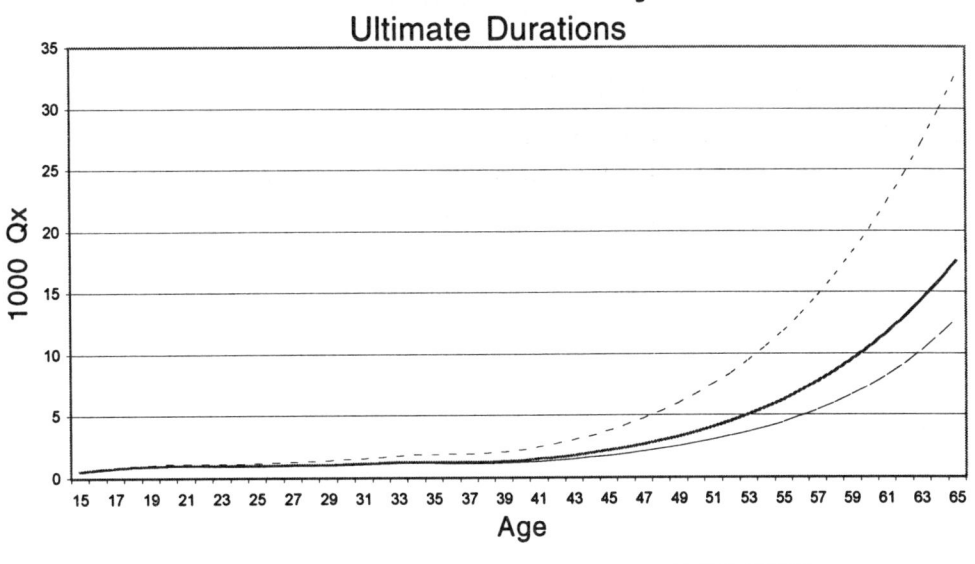

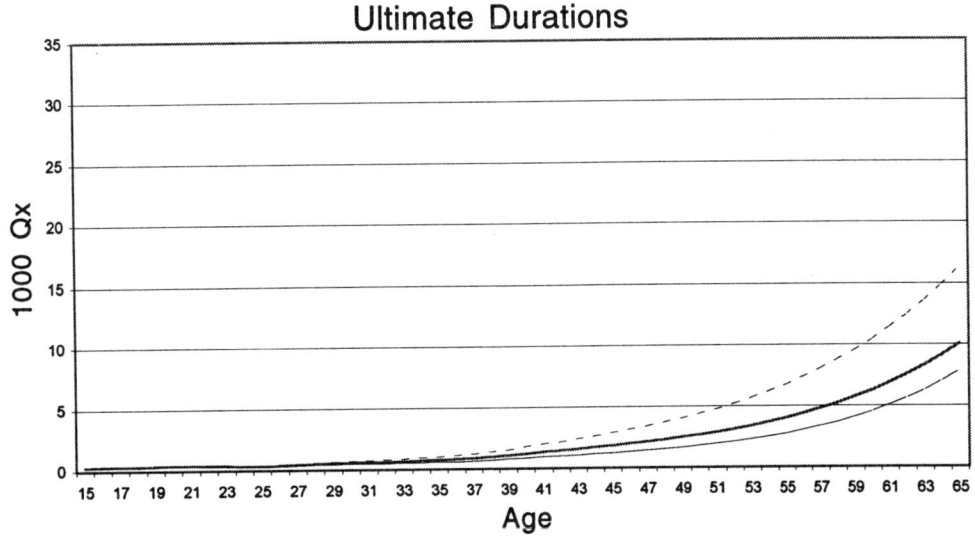

3.   a) $_{20}p_{25} = p_{25} \cdot p_{26} \cdot p_{27} \cdot \ldots$ 20 terms.
But $p_x = e^{-.01}$ for all x.
Thus $_{20}p_{25} = (e^{-.01})^{20} = e^{-.20} = .8187$

b) $_{10}q_{21} = 1 - {}_{10}p_{21} = 1 - (e^{-.01})^{10} = 1 - e^{-.10} = .0952$

c) $_{15}p_{30} \cdot q_{45} = {}_{15}p_{30}(1 - p_{45}) = (e^{-.01})^{15}(1 - e^{-.01}) = e^{-.15}(1 - e^{-.01}) = .0086$

4.   a) $_{20}p_{25} = \frac{100-(25+20)}{100-25} = \frac{55}{75} = \frac{11}{15} = .7333$

b) $_{10}q_{21} = 1 - {}_{10}p_{21} = 1 - \frac{100-(21+10)}{100-21} = 1 - \frac{69}{79} = \frac{10}{79} = .1266$

c) $_{15}p_{30} \cdot q_{45} = {}_{15}p_{30}(1 - p_{45}) = \left[\frac{100-(30+15)}{100-30}\right] \cdot \left[1 - \frac{100-(45+1)}{100-45}\right]$
$= \left(\frac{55}{70}\right)\left(1 - \frac{54}{55}\right) = \left(\frac{55}{70}\right)\left(\frac{1}{55}\right) = \frac{1}{70} = .0143$

EXERCISE 9.3

Part A

1. Value $= 100\,000(1+i)^{-6}\ {}_6p_{15}$ (male, non-smoker)

    a) If $j_1 = 5\%$: Value $= \$74\,274.47$

    b) If $j_1 = 11\%$: Value $= \$53\,215.42$

2. $\$6000\ {}_6E_{12} = 6000(1+i)^{-6}\ {}_6p_{12}$ (female, aggregate)

    a) If $j_1 = 4\%$: Value $= \$4735.49$

    b) If $j_1 = 8\%$: Value $= \$3775.92$

3. $\$10\,000\ {}_5E_{45} = 10\,000(1+i)^{-5}\ {}_5p_{45}$ (female, smoker)

    a) If $j_1 = 6\%$: Value $= \$7345.30$

    b) If $j_1 = 10\%$: Value $= \$6103.45$

4. a) $5000(1.04)^{-5} = \$4109.64$

    b) $5000\ {}_5E_{35} = 5000(1.04)^{-5}\ {}_5p_{35}$ (male, smoker)
    $= \$4069.56$

5. $\dfrac{1000}{{}_5E_{60}} = \dfrac{1000}{(1.07)^{-5}\ {}_5p_{60}}$ (female, non-smoker)
    $= \$1443.32$

Part B

1. $1000\ {}_{20}E_{21} = 1000(1.11)^{-20}\ {}_{20}p_{21} = 1000(1.11)^{-20}\dfrac{l_{41}}{l_{21}}$
    $= 1000(1.11)^{-20}\dfrac{(1-\frac{41}{105})}{(1-\frac{21}{105})} = 1000(1.11)^{-20}\left(\dfrac{64}{84}\right)$
    $= \$94.50$

2. a) ${}_mE_x \cdot {}_nE_{x+m} = (1+i)^{-m}\ {}_mp_x \cdot (1+i)^{-n}\ {}_np_{x+m}$
    $= (1+i)^{-(m+n)} \cdot \dfrac{l_{x+m}}{l_x} \cdot \dfrac{l_{x+m+n}}{l_{x+m}} = (1+i)^{-(m+n)}\dfrac{l_{x+m+n}}{l_x}$
    $= {}_{m+n}E_x$

    b) ${}_1E_x \cdot {}_1E_{x+1} \cdot {}_1E_{x+2} \cdot \ldots \cdot E_{x+n-1}$
    $= [(1+i)^{-1}p_x] \cdot [(1+i)^{-1}p_{x+1}] \cdot [(1+i)^{-1}p_{x+2}] \cdot \ldots \cdot [(1+i)^{-1}p_{x+n-1}]$
    $= (1+i)^{-n}\dfrac{l_{x+1}}{l_x} \cdot \dfrac{l_{x+2}}{l_{x+1}} \cdot \dfrac{l_{x+3}}{l_{x+2}} \cdot \ldots \cdot \dfrac{l_{x+n}}{l_{x+n-1}}$
    $= (1+i)^{-n}\dfrac{l_{x+n}}{l_x} = (1+i)^{-n}\ {}_np_x = {}_nE_x$

EXERCISE 9.4

Part A

1. $\ddot{a}_x = \sum_{t=0}^{\infty}(1+i)^{-t}\,{}_tp_x$
   $= (1+i)^{-0}\cdot{}_0p_x + (1+i)^{-1}\,{}_1p_x + (1+i)^{-2}\,{}_2p_x + (1+i)^{-3}\,{}_3p_x + \cdots$
   $= 1 + \sum_{t=1}^{\infty}(1+i)^{-t}\,{}_tp_x = 1 + a_x$

2. Payments cease upon death of annuitant. Thus, worth less.

3. $\$600 a_{96}$ (female, non-smoker) $= \$1165.03$

4. $\$2000 \ddot{a}_{98}$ (male, smoker) $= \$4809.35$

5. $\$6000\,{}_{22|}\ddot{a}_{75}$ (female, non-smoker) $= 6000\,{}_{22}E_{75}\ddot{a}_{97}$
   $= 6000(1.07)^{-22}\,{}_{22}p_{75}\ddot{a}_{97}$
   $= 6000(1.07)^{-22}\,{}_{22}p_{75}\sum_{t=0}^{\infty}(1+i)^{-t}\,{}_tp_{97}$
   $= \$359.78$

   or $\$6000\,{}_{21|}a_{75}$ (female, non-smoker) $= 6000\,{}_{21}E_{75}a_{96}$
   $= 6000(1.07)^{-21}\,{}_{22}p_{75}a_{96}$
   $= 6000(1.07)^{-21}\,{}_{22}p_{75}\sum_{t=1}^{\infty}(1+i)^{-t}\,{}_tp_{96}$
   $= \$359.78$

6. $\$1500 a_{25:\overline{5}|} = 1500\sum_{t=1}^{5}(1.09)^{-t}\,{}_tp_{25}$ (male, smoker)
   $= \$5813.84$

7. $\$900 \ddot{a}_{40:\overline{5}|} = 900\sum_{t=0}^{4}(1.04)^{-t}\,{}_tp_{40}$ (female, aggregate)
   $= \$4156.59$

8. a) Payments $= \dfrac{\$10\,000}{\ddot{a}_{37:\overline{5}|}}$ (female, non-smoker)
   $= \$2322.01$

   b) Payments $= \dfrac{\$10\,000}{a_{37:\overline{5}|}}$ (female, non-smoker)
   $= \$2509.68$

EXERCISE 9.4 - PART A

9. Let the payments be P (male, aggregate)

$$\$50\,000 = P[\,_6E_{12}\ddot{a}_{18:\overline{5}|}] \text{ (or } P[\,_5E_{12}a_{17:\overline{5}|}])$$

$$50\,000 = P(1.09)^{-6}\,_6p_{12} \cdot \sum_{t=0}^{4}(1+i)^{-t}\,_tp_{18}$$

Solving: $P = \$19\,868.81$

10. Value $= \$42\,000 \sum_{t=1}^{9}(1.02)^{-t}\,_tp_{56}$ (male, non-smoker)

$\quad\quad\quad = \$331\,194.46$

11. Value $= \$300\ddot{a}_{25:\overline{5}|}$ (female, non-smoker)

$\quad\quad\quad = 300\sum_{t=0}^{4}(1.04)^{-t}\,_tp_{25}$

$\quad\quad\quad = \$1388.12$

12. Income $= \dfrac{\$100\,000}{\ddot{a}_{65:\overline{10}|}} = \dfrac{100\,000}{\sum\limits_{t=0}^{9}(1+i)^{-t}\,_tp_{65}}$ (non-smoker, $j_1 = 6\%$)

If male: Income $= \$13\,748.65$
If female: Income $= \$13\,383.17$

13. Let payments be P

$$P = \frac{\$100\,000}{_{16}E_5 \cdot \ddot{a}_{21:\overline{5}|}} \text{ (female, aggregate)} = \frac{100\,000}{(1.11)^{-16}\,_{16}p_5 \cdot \sum\limits_{t=0}^{4}(1.11)^{-t}\,_tp_{21}} = \$129\,961.52$$

or $P = \dfrac{100\,000}{_{15}E_5 \cdot a_{20:\overline{5}|}}$ (female, aggregate) $= \dfrac{100\,000}{(1.11)^{-15}\,_{15}p_5 \sum\limits_{t=1}^{5}(1.11)^{-t}\,_tp_{20}} = \$129\,961.52$

EXERCISE 9.4

Part B

1. $1000 a_{65}$ (male, non-smoker)

    $= 1000 \sum_{t=1}^{\infty} (1.095)^{-t} {}_t p_{65}$

    $= \$7553.85$

2. $\ddot{a}_x = \sum_{t=0}^{\infty} (1+i)^{-t} {}_t p_x$

    $= [(1+i)^{-0} {}_0 p_x + (1+i)^{-1} {}_1 p_x + (1+i)^{-2} {}_2 p_x + \cdots (1+i)^{-(n-1)} {}_{n-1} p_x]$
    $\quad + [(1+i)^{-n} {}_n p_x + (1+i)^{-(n+1)} {}_{n+1} p_x + \cdots]$

    $= \ddot{a}_{x:\overline{n}|} + {}_n| \ddot{a}_x$

    $= \ddot{a}_{x:\overline{n}|} + (1+i)^{-n} {}_n p_x [(1+i)^{-0} {}_0 p_{x+n} + (1+i)^{-1} {}_1 p_{x+n}$
    $\quad + (1+i)^{-2} {}_2 p_{x+n} + \cdots]$

    $= \ddot{a}_{x:\overline{n}|} + {}_n E_x \cdot \sum_{t=0}^{\infty} (1+i)^{-t} {}_t p_{x+n}$

    $= \ddot{a}_{x:\overline{n}|} + {}_n E_x \cdot \ddot{a}_{x+n}$

3. Value $= \$4500 ({}_{10}|a_{20} + {}_{30}|a_{65})$ (male, non-smoker)

    $= 4500[(1+i)^{-10} a_{\overline{20}|} + {}_{30} E_{65} a_{95}]$

    $= 4500[(1.08)^{-10} a_{\overline{20}|.08} + (1.08)^{-30} {}_{30} p_{65} \cdot \sum_{t=1}^{\infty} (1.08)^{-t} {}_t p_{95}]$

    $= \$20\,513.75$

4. a) $\ddot{a}_x = \sum_{t=0}^{\infty} (1+i)^{-t} {}_t p_x$

    $= (1+i)^{-0} {}_0 p_x + (1+i)^{-1} {}_1 p_x + (1+i)^{-2} {}_2 p_x + (1+i)^{-3} {}_3 p_x + \cdots$

    $= 1 + (1+i)^{-1} p_x [1 + (1+i)^{-1} {}_1 p_{x+1} + (1+i)^{-2} {}_2 p_{x+1} + \cdots]$

    $= 1 + (1+i)^{-1} p_x \cdot \ddot{a}_{x+1}$

    b) $a_x = \sum_{t=1}^{\infty} (1+i)^{-t} {}_t p_x$

    $= (1+i)^{-1} p_x + (1+i)^{-2} {}_2 p_x + (1+i)^{-3} {}_3 p_x + \cdots$

    $= (1+i)^{-1} p_x + (1+i)^{-2} {}_2 p_x [(1+i)^{-0} {}_0 p_{x+2} + (1+i)^{-1} {}_1 p_{x+2} + \cdots$

    $= (1+i)^{-1} p_x + (1+i)^{-2} {}_2 p_x \ddot{a}_{x+2}$

EXERCISE 9.4 - PART B

5. a) $\ddot{a}_{x:\overline{n}|} = \sum_{t=0}^{n-1}(1+i)^{-t}\,_tp_x$
   $= (1+i)^{-0}\,_0p_x + (1+i)^{-1}p_x + (1+i)^{-2}\,_2p_x + \cdots + (1+i)^{-(n-1)}\,_{n-1}p_x$
   $= 1 + \sum_{t=1}^{n-1}(1+i)^{-1}\,_tp_x$
   $= 1 + a_{x:\overline{n-1}|}$

   b) $\ddot{a}_{x:\overline{n}|} = (1+i)^{-0}\,_0p_x + (1+i)^{-1}p_x + (1+i)^{-2}\,_2p_x + \cdots + (1+i)^{-(n-1)}\,_{n-1}p_x$
   $= (1+i)^{-1}p_x + (1+i)^{-2}\,_2p_x + \cdots + (1+i)^{-(n-1)}\,_{n-1}p_x + (1+i)^{-n}\,_np_x$

   Thus $\ddot{a}_{x:\overline{n}|} - a_{x:\overline{n}|} = 1 - (1+i)^{-n}\,_np_x = 1 - \,_nE_x$
   and $\ddot{a}_{x:\overline{n}|} = a_{x:\overline{n}|} + 1 - \,_nE_x$

6. $\ddot{a}_{20:\overline{5}|} = \sum_{t=0}^{4}(1+i)^{-t}\,_tp_{20}$
   $= \sum_{t=0}^{4}(1.09)^{-t}\frac{l_{20+t}}{l_{20}}$

   But $\frac{l_{20+t}}{l_{20}} = \frac{l_0(1-\frac{20+t}{105})}{l_0(1-\frac{20}{105})} = \frac{\frac{105-20-t}{105}}{\frac{105-20}{105}} = \frac{85-t}{85}$

   $\ddot{a}_{20:\overline{5}|} = \sum_{t=0}^{4}(1.09)^{-t}(\frac{85-t}{85})$
   $= \frac{1}{85}[85 + (1.09)^{-1}(84) + (1.09)^{-2}(83) + (1.09)^{-3}(82) + (1.09^{-4})(81)]$
   $= 4.1485$

7. $a_{65:\overline{10}|}$ (male, smoker)
   $= a_{65:\overline{5}|} + \,_5E_{65}\,a_{70:\overline{5}|}$ (1st five at 8%, next five at 6%)
   $= \sum_{t=0}^{5}(1.08)^{-t}\,_tp_{65} + (1.08)^{-5}\,_5p_{65}\sum_{t=1}^{5}(1.06)^{-t}\,_tp_{70}$
   $= 5.57054$

EXERCISE 9.5

Part A

1. $30\,000 A^1_{29:\overline{1}|} = 30\,000(1+i)^{-1} q_{29}$ (female, non-smoker)
   $= 30\,000(1.12)^{-1}(.00044) = \$11.79$

2. $50\,000 A^1_{36:\overline{5}|} = 50\,000 \sum_{t=0}^{4}(1+i)^{-(t+1)}\, {}_tp_{36} q_{36+t}$ (male, smoker)
   $= \$380.39$

3. $40\,000 A_{97} = 40\,000 \sum_{t=0}^{\infty}(1+i)^{-(t+1)}\, {}_tp_{97} q_{97+t}$ (female, non-smoker)
   $= \$31\,838.64$

4. $10\,000 A_{60:\overline{5}|} = 10\,000[A^1_{60:\overline{5}|} + {}_5E_{60}]$ (female, smoker)
   $= \$6571.76$

5. $100\,000 A_{97} = 100\,000 \sum_{t=0}^{\infty}(1+i)^{-(t+1)}\, {}_tp_{97} q_{97+t}$
   Male, smoker: $\$83\,951.04$
   Female, smoker: $\$82\,196.93$

6. $\dfrac{\$8000}{A_{96}} = \dfrac{8000}{\sum_{t=0}^{\infty}(1+i)^{-(t+1)}\, {}_tp_{96} q_{96+t}}$ (female, non-smoker)
   $= \$10\,806.14$

EXERCISE 9.5

Part B

1. $50\,000 A_{35} = 50\,000 \sum_{t=0}^{\infty}(1+i)^{-(t+1)} {}_tp_{35}q_{35+t}$ (female, smoker)
   $= \$2426.51$

2. $A_x = \sum_{t=0}^{\infty}(1+i)^{-(t+1)} {}_tp_x q_{x+t}$
   $= (1+i)^{-1}q_x + (1+i)^{-2}p_x \cdot q_{x+1} + (1+i)^{-3} {}_2p_x q_{x+2} + (1+i)^{-4} {}_3p_x q_{x+3} + \cdots$
   $= (1+i)^{-1}q_x + (1+i)^{-1}p_x[(1+i)^{-1}q_{x+1} + (1+i)^{-2}p_{x+1}q_{x+2}$
   $\quad + (1+i)^{-3} {}_2p_{x+1}q_{x+3} + \cdots]$
   $= (1+i)^{-1}(q_x + p_x \cdot A_{x+1})$

3. $A^1_{21:\overline{5}|} = \sum_{t=0}^{4}(1+i)^{-(t+1)} {}_tp_{21}q_{21+t}$
   From Exercise 9.2 B1, ${}_tp_x q_{x+t} = {}_tp_x - {}_{t+1}p_x$
   and $A^1_{21:\overline{5}|} = \sum_{t=0}^{4}(1+i)^{-(t+1)}({}_tp_x - {}_{t+1}p_x)$
   ${}_tp_x = \frac{l_{x+t}}{l_x} = \frac{105-x-t}{105-x}$ and ${}_{t+1}p_x = \frac{105-x-t-1}{105-x}$
   and ${}_tp_x - {}_{t+1}p_x = \frac{1}{105-x}$
   $A^1_{21:\overline{5}|} = \frac{1}{84}(a_{\overline{5}|.10}) = 0.04512841$

4. $A^1_{35:\overline{10}|} = A^1_{35:\overline{5}|} + {}_5E_{35}A^1_{40:\overline{5}|}$ (male, non-smoker)
   $\quad\quad\quad\quad 10\% \quad 10\% \quad 8\%$
   $= \sum_{t=0}^{4}(1.10)^{-(t+1)} {}_tp_{35}q_{35+t} + (1.10)^{-5} {}_5p_{35}\sum_{t=0}^{4}(1.08)^{-(t+1)} {}_tp_{40}q_{40+t}$
   $= 0.00785$

5. $A_x = \sum_{t=0}^{\infty}(1+i)^{-(t+1)} {}_tp_x q_{x+t}$
   From Exercise 9.2 B1, ${}_tp_x q_{x+t} = {}_tp_x - {}_{t+1}p_x$
   and $A_x = \sum_{t=0}^{\infty}(1+i)^{-(t+1)}({}_tp_x - {}_{t+1}p_x)$
   $= \sum_{t=0}^{\infty}(1+i)^{-(t+1)} {}_tp_x - \sum_{t=0}^{\infty}(1+i)^{-(t+1)} {}_{t+1}p_x$
   $= (1+i)^{-1}\sum_{t=0}^{\infty}(1+i)^{-t} {}_tp_x - \sum_{t=1}^{\infty}(1+i)^{-t} {}_tp_x$
   $= (1+i)^{-1}\ddot{a}_x - a_x$

EXERCISE 9.6

Part A

1. $P \cdot \ddot{a}_{32:\overline{28}|} = 10\,000 \,_{28|}\ddot{a}_{60}$ (female, non-smoker)

$$P = 10\,000 \frac{_{28}E_{32}\ddot{a}_{60}}{\ddot{a}_{32:\overline{28}|}}$$

$$= 10\,000 \frac{(1+i)^{-28} \,_{28}p_{32} \cdot \sum_{t=0}^{\infty}(1+i)^{-t} \,_{t}p_{60}}{\sum_{t=0}^{27}(1+i)^{-t} \,_{t}p_{32}}$$

$$= \$2925.50$$

2. $40\,000 P^1_{26:\overline{5}|} = \frac{40\,000 A^1_{26:\overline{5}|}}{\ddot{a}_{26:\overline{5}|}}$ (female, smoker)

$$= \frac{40\,000 \sum_{t=0}^{4}(1+i)^{-(t+1)} \,_{t}p_{26} q_{26+t}}{\sum_{t=0}^{4}(1+i)^{-t} \,_{t}p_{26}}$$

$$= \$19.94$$

3. $100\,000 P_{97} = 100\,000 \frac{A_{97}}{\ddot{a}_{97}}$ (female, non-smoker)

$$= \frac{100\,000 \sum_{t=0}^{\infty}(1+i)^{-(t+1)} \,_{t}p_{97} q_{97+t}}{\sum_{t=0}^{\infty}(1+i)^{-t} \,_{t}p_{97}}$$

$$= \$28\,538.99$$

4. $15\,000 P_{45:\overline{5}|} = 15\,000 \frac{A_{45:\overline{5}|}}{\ddot{a}_{45:\overline{5}|}}$ (male, smoker)

$$= 15\,000 \frac{(A^1_{45:\overline{5}|} + \,_{5}E_{45})}{\ddot{a}_{45:\overline{5}|}}$$

$$= \frac{15\,000 \left(\sum_{t=0}^{4}(1+i)^{-(t+1)} \,_{t}p_{45} q_{45+t} + (1+i)^{-5} \,_{5}p_{45}\right)}{\sum_{t=0}^{4}(1+i)^{-t} \,_{t}p_{45}}$$

$$= \$2374.75$$

EXERCISE 9.6 - PART A

5. a) $50\,000\,{}_{20}P_{31} = 50\,000\dfrac{A_{31}}{\ddot{a}_{31:\overline{20|}}}$ (female)

$$= \dfrac{50\,000\sum\limits_{t=0}^{\infty}(1+i)^{-(t+1)}\,{}_tp_{31}q_{31+t}}{\sum\limits_{t=0}^{19}(1+i)^{-t}\,{}_tp_{31}}$$

b) $50\,000\,{}_{34}P_{31} = 50\,000\dfrac{A_{31}}{\ddot{a}_{31:\overline{34|}}}$

$$= \dfrac{50\,000\sum\limits_{t=0}^{\infty}(1+i)^{-(t+1)}\,{}_tp_{31}q_{31+t}}{\sum\limits_{t=0}^{33}(1+i)^{-t}\,{}_tp_{31}}$$

6. $\dfrac{\$180}{P^1_{34:\overline{5|}}} = \dfrac{180\ddot{a}_{34:\overline{5|}}}{A^1_{34:\overline{5|}}}$ (male, smoker)

$$= \dfrac{180\sum\limits_{t=0}^{4}(1+i)^{-t}\,{}_tp_{34}}{\sum\limits_{t=0}^{4}(1+i)^{-(t+1)}\,{}_tp_{34}q_{34+t}}$$

$= \$100\,101.76$

EXERCISE 9.6

Part B

1. $150\,000 P_{35} = 150\,000 \dfrac{A_{35}}{\ddot{a}_{35}}$ (female, non-smoker)

$$= \dfrac{150\,000 \sum\limits_{t=0}^{\infty}(1+i)^{-(t+1)}\, {}_tp_{35}\,q_{35+t}}{\sum\limits_{t=0}^{\infty}(1+i)^{-t}\, {}_tp_{35}}$$

$$= \$372.12$$

2. ${}_5P_{30:\overline{20}|} = \dfrac{A_{30:\overline{20}|}}{\ddot{a}_{30:\overline{5}|}} = \dfrac{A^1_{30:\overline{20}|} + {}_{20}E_{30}}{\ddot{a}_{30:\overline{5}|}}$

$A^1_{30:\overline{20}|} = \sum\limits_{t=0}^{19}(1+i)^{-(t+1)}\, {}_tp_{30}\,q_{30+t}$

${}_tp_{30}\,q_{30+t} = {}_tp_{30} - {}_{t+1}p_{30}$ (See Exercise 9.2, B1)

${}_tp_{30} - {}_{t+1}p_{30} = \dfrac{(105-30-t)}{(105-30)} - \dfrac{(105-30-t-1)}{(105-30)} = \dfrac{1}{75}$

$A^1_{30:\overline{20}|} = \dfrac{1}{75} a_{\overline{20}|.07} = 0.14125352$

${}_{20}E_{30} = (1+i)^{-20}\, {}_{20}p_{30} = (1.07)^{-20}\dfrac{(105-30-20)}{(105-30)} = 0.1895072$

$\ddot{a}_{30:\overline{5}|} = \sum\limits_{t=0}^{4}(1+i)^{-t}\, {}_tp_{30} = \sum\limits_{t=0}^{4}(1+i)^{-t}\left(\dfrac{105-30-t}{105-30}\right)$

$= 4.6648715$

${}_5P_{30:\overline{20}|} = \dfrac{A^1_{30:\overline{20}|} + {}_{20}E_{30}}{\ddot{a}_{30:\overline{5}|}} = \dfrac{0.14125352 + 0.1895072}{4.6648715} = 0.07090459$

REVIEW EXERCISES 9.7

1. $P = 100\ddot{a}_{20:\overline{5}|}$ (male, smoker)
    $= 100\sum_{t=0}^{4}(1+i)^{-t}\,{}_tp_{20}$
    $= \$437.79$

2. a) $\$25\,000 P_{32:\overline{10}|} = \dfrac{25\,000(A^1_{32:\overline{10}|} + {}_{10}E_{32})}{\ddot{a}_{32:\overline{10}|}}$ (male, smoker)
    $= \$1916.32$

    b) $25\,000\,{}_5P_{32:\overline{10}|} = \dfrac{25\,000(A^1_{32:\overline{10}|} + {}_{10}E_{32})}{\ddot{a}_{32:\overline{5}|}}$ (male, smoker)
    $= \$3403.50$

    c) $25\,000 A_{32:\overline{10}|} = 25\,000(A^1_{32:\overline{10}|} + {}_{10}E_{32})$ (male, smoker)
    $= \$15\,552.81$

3. $10\,000\,{}_{27}P_{38} = \dfrac{10\,000 A_{38}}{\ddot{a}_{38:\overline{27}|}} = \dfrac{10\,000\sum_{t=0}^{\infty}(1+i)^{-(t+1)}\,{}_tp_{38}q_{38+t}}{\sum_{t=0}^{27}(1+i)^{-t}\,{}_tp_{38}}$

4. ${}_tp_x = .50$ and ${}_tp_x = p_x \cdot p_{x+1} \cdot p_{x+2} \cdot \ldots \cdot p_{x+t-1}$ (male, non-smoker $x = 21$)
    Multiply until product $\doteq 50\%$ to find
    ${}_{58}p_{21} = .50822$
    ${}_{59}p_{21} = .47422$
    By linear interpolation age $= 79.24$

5. a) $p_{70} = \dfrac{l_{71}}{l_{70}} = \dfrac{100-71}{100-70} = \dfrac{29}{30}$
    b) ${}_3p_{40} = \dfrac{l_{43}}{l_{40}} = \dfrac{100-43}{100-40} = \dfrac{57}{60} = \dfrac{19}{20}$
    c) ${}_5q_{20} = 1 - {}_5p_{20} = 1 - \dfrac{l_{25}}{l_{20}} = 1 - \dfrac{100-25}{100-20} = 1 - \dfrac{75}{80} = \dfrac{1}{16}$

6. $l_{102} = 128$ $\quad p_{102} = \dfrac{48}{128} = \dfrac{3}{8} = .375$
    $l_{103} = 48$
    $q_{102} = 1 - p_{102} = \dfrac{5}{8} = .625$
    $q_{103} = \dfrac{2}{3}$ so $p_{103} = \dfrac{1}{3}$
    If $p_{103} = \dfrac{1}{3}$ then $l_{104} = \dfrac{1}{3}(48) = 16$
    $p_{104} = \dfrac{1}{4}$ so $q_{104} = \dfrac{3}{4}$ and $l_{104} = 16$
    $l_{105} = l_{104} \cdot p_{104} = 16(\dfrac{1}{4}) = 4$
    $p_{105} = 1 - q_{105} = 0$

7. $\$1000\,{}_{12|}\ddot{a}_{28:\overline{3}|} = \$1000\,{}_{11|}a_{28:\overline{3}|}$ (female, smoker)
    $= 1000[(1.11)^{-12}\,{}_{12}p_{28} + (1.11)^{-13}\,{}_{13}p_{28} + (1.11)^{-14}\,{}_{14}p_{28}]$
    $= \$774.87$

8. $500 a_{98} = 500 \sum_{t=1}^{\infty} (1=i)^{-t} {}_t p_{98}$ (male, non-smoker) $= \$666.75$

9. a) $\ddot{a}_{30} = \sum_{t=0}^{\infty} (1+i)^{-t} {}_t p_{30}$

   b) $a_{30} = \sum_{t=1}^{\infty} (1+i)^{-t} {}_t p_{30}$

   c) ${}_{35|}\ddot{a}_{30} = {}_{35}E_{30} \cdot \ddot{a}_{65} = (1+i)^{-35} {}_{35}p_{30} \sum_{t=0}^{\infty} (1+i)^{-t} {}_t p_{65}$

   or ${}_{34|}\ddot{a}_{30} = {}_{34}E_{30} \cdot \ddot{a}_{64} = (1+i)^{-34} {}_{34}p_{30} \sum_{t=0}^{\infty} (1+i)^{-t} {}_t p_{64}$

10. a) $P_{35} = \frac{A_{53}}{\ddot{a}_{35}}$

    b) ${}_{20}P_{35} = \frac{A_{53}}{\ddot{a}_{35:\overline{20|}}}$

    c) ${}_{25}P_{35} = \frac{A_{53}}{\ddot{a}_{35:\overline{25|}}}$

    d) $A_{35} = \sum_{t=0}^{\infty} (1+i)^{-(t+1)} {}_t p_{35} q_{35+t}$

APPENDIX 1 EXERCISES

1. a) $a^3 \cdot a^6 = a^{3+6} = a^9$
   b) $a \cdot a^2 \cdot a^3 = a^{1+2+3} = a^6$
   c) $a^8/a^4 = a^{8-4} = a^4$
   d) $(a^2)^3 = a^{2 \times 3} = a^6$
   e) $(a^3)^2 a/a^5 = a^{6+1-5} = a^2$
   f) $(a^2 b^3)^2 = a^4 b^6$
   g) $(aa^2/b^2 b)^3 = (a^3/b^3)^3 = a^9/b^9$
   h) $(1.05)^3 (1.05)^{12} (1.05)^4 = (1.05)^{19}$

2. a) $a^{1/2} a^{1/3} = a^{1/2+1/3} = a^{5/6}$
   b) $a^{1/2}/a^{1/3} = a^{1/2-1/3} = a^{1/6}$
   c) $aa^{-2}/a^3 = a^{-1-3} = a^{-4}$
   d) $(a^{2/3})^{3/2} \cdot a^{-1} = a^1 a^{-1} = a^0 = 1$
   e) $(25)^{-1/2} = 1/25^{1/2} = 1/\sqrt{25} = 1/5$
   f) $(a^3/b^2)^{-1/4} = a^{-3/4}/b^{-1/2} = a^{-3/4} b^{1/2}$

3. a) $\sqrt{a} \cdot \sqrt[3]{a} = a^{1/2} a^{1/3} = a^{5/6} = \sqrt[6]{a^5}$
   b) $a\sqrt[3]{a}/\sqrt{a^3} = aa^{1/3}/a^{3/2} = a^{1+1/3-3/2} = a^{-1/6} = 1/\sqrt[6]{a}$
   c) $(\sqrt{a^4}\sqrt[3]{b^2}/ab^3)^{-3} = (a^{4/2} b^{2/3}/ab^3)^{-3} = (a^{2-1} b^{2/3-3})^{-3} = (a^1 b^{-7/3})^{-3} = a^{-3} b^7$

4. a) $\sqrt[3]{.0468} = (.0468)^{1/3} = .36036999$
   b) $\sqrt[15]{24.60/396} = (24.60/396)^{1/15} = .830901089$
   c) $37(23.3)^2/\sqrt[3]{111.3} = 4175.88482$
   d) $\frac{(1.065)^{15}-1}{.065} = 24.18216933$
   e) $375(1.03)^{-2/3} = 367.6826338$
   f) $\sqrt[4]{21.2/(.082)^2} = 7.493367615$
   g) $\sqrt{3}\sqrt[3]{5}\sqrt[4]{7} = 4.817537887$
   h) $\frac{1-(1.11)^{-13}}{.11} = 6.749870404$

5. a) $3500(1+i)^8 = 5000$
    $(1+i)^8 = \frac{5000}{3500}$
    $(1+i) = (\frac{5000}{3500})^{1/8}$
    $(1+i) = (\frac{5000}{3500})^{1/8} - 1$
    $i = .045593188$

    b) $823.21(1+i)^{60} = 15\,000$
    $(1+i)^{60} = \frac{15\,000}{823.21}$
    $60\log(1+i) = \log(18.221353)$
    $\log(1+i) = \frac{\log 18.221353}{60}$
    $\log(1+i) = .021009677$
    $(1+i) = 1.049565815$
    $i = .049565815$

    c) $17\,800(1-d)^{20} = 500$
    $(1-d)^{20} = \frac{500}{17\,800}$
    $1-d = (\frac{500}{17\,800})^{1/20}$
    $d = 1 - (\frac{500}{17\,800})^{1/20}$
    $d = .163574046$

    d) $8000(1-d)^{11} = 800$
    $(1-d)^{11} = .1$
    $11\log(1-d) = \log .1$
    $\log(1-d) = \frac{1}{11}\log .1$
    $\log(1-d) = -.090909091$
    $(1-d) = .811130831$
    $d = .188869169$

    e) $1000(1+i)^{-20} = 35$
    $(1+i)^{-20} = \frac{35}{1000}$
    $(1+i)^{20} = \frac{1000}{35}$
    $(1+i) = (\frac{1000}{35})^{1/20}$
    $i = (\frac{1000}{35})^{1/20} - 1$
    $i = .182487607$

    f) $(1+i)^{-10} = .9490$
    $-10\log(1+i) = \log .9490$
    $\log(1+i) = -\frac{\log .9490}{10}$
    $\log(1+i) = .002273379$
    $(1+i) = 1.005248373$
    $i = .005248373$

    g) $(1+i)^{1/4} = 1.0113$
    $1+i = (1.0113)^4$
    $i = (1.0113)^4 - 1$
    $i = .045971928$

    h) $(1+i)^{20} - 1 = 80$
    $(1+i)^{20} = 81$
    $20\log(1+i) = \log 81$
    $\log(1+i) = .0954243251$
    $1+i = 1.24573094$
    $i = .24573094$

    i) $(1+i)^4 = (1.01)^{12}$
    $1+i = (1.01)^3$
    $i = (1.01)^3 - 1$
    $i = .030301$

    j) $(1+i)^{12} = (1.05)^2$
    $12\log(1+i) = 2\log 1.05$
    $\log(1+i) = \frac{\log 1.05}{6}$
    $\log(1+i) = .00353155$
    $1+i = 1.008164846$
    $i = .008164846$

6. a) $50(1.035)^n = 200$
    $(1.035)^n = 4$
    $n\log 1.035 = \log 4$
    $n = \frac{\log 4}{\log 1.035}$
    $n = 40.29758337$

    b) $500 = 20(2.06)^x - 150$
    $(2.06)^x = \frac{650}{20}$
    $x\log 2.06 = \log 32.5$
    $x = \frac{\log 32.5}{\log 2.06}$
    $x = 4.816952038$

APPENDIX 1 EXERCISES 241

c)
$$\begin{aligned}
808(1.092)^{-n} &= 90 \\
(1.092)^{-n} &= \tfrac{90}{808} \\
-n \log 1.092 &= \log .111386139 \\
n &= -\tfrac{\log .111386139}{\log 1.092} \\
n &= 24.93728565
\end{aligned}$$

d)
$$\begin{aligned}
(1.0463)^{-n} &= .3826 \\
-n \log 1.0463 &= \log .3826 \\
n &= -\tfrac{\log .3826}{\log 1.0463} \\
n &= 21.22762776
\end{aligned}$$

e)
$$\begin{aligned}
(1.02)^n - 1 &= .5314 \\
(1.02)^n &= 1.5314 \\
n \log 1.02 &= \log 1.5314 \\
n &= \tfrac{\log 1.5314}{\log 1.02} \\
n &= 21.52150537
\end{aligned}$$

f)
$$\begin{aligned}
3^x &= 5(2^x) \\
(\tfrac{3}{2})^x &= 5 \\
x \log 1.5 &= \log 5 \\
x &= \tfrac{\log 5}{\log 1.5} \\
x &= 3.969362296
\end{aligned}$$

g)
$$\begin{aligned}
126(.75)^x &= 30 \\
(.75)^x &= \tfrac{30}{126} \\
x \log .75 &= \log \tfrac{30}{126} \\
x &= \tfrac{\log .238095238}{\log .75} \\
x &= 4.988439193
\end{aligned}$$

h)
$$\begin{aligned}
1 + 2^x &= 81 \\
2^x &= 80 \\
x \log 2 &= \log 80 \\
x &= \tfrac{\log 80}{\log 2} \\
x &= 6.321928095
\end{aligned}$$

i)
$$\begin{aligned}
\tfrac{3^x + 1}{2} &= 21 \\
3^x &= 41 \\
x \log 3 &= \log 41 \\
x &= \tfrac{\log 41}{\log 3} \\
x &= 3.380238966
\end{aligned}$$

j)
$$\begin{aligned}
\tfrac{2^x - 1}{3} &= 12 \\
2^x &= 37 \\
x \log 2 &= \log 37 \\
x &= \tfrac{\log 37}{\log 2} \\
x &= 5.209453366
\end{aligned}$$

7. a)
$$\begin{aligned}
\tfrac{(1.083)^n - 1}{.083} &= 21 \\
(1.083)^n &= 2.743 \\
n \log 1.083 &= \log 2.743 \\
n &= \tfrac{\log 2.743}{\log 1.083} \\
n &= 12.65507765
\end{aligned}$$

b)
$$\begin{aligned}
\tfrac{(1.11)^n - 1}{.11} &= 11 \\
(1.11)^n &= 2.21 \\
n \log 1.11 &= \log 2.21 \\
n &= \tfrac{\log 2.21}{\log 1.11} \\
n &= 7.598623985
\end{aligned}$$

c)
$$\begin{aligned}
\tfrac{(1.005)^n - 1}{.005} &= 10 \\
(1.005)^n &= 1.05 \\
n \log 1.005 &= \log 1.05 \\
n &= \tfrac{\log 1.05}{\log 1.005} \\
n &= 9.782407637
\end{aligned}$$

d)
$$\begin{aligned}
\tfrac{1 - (1.087)^{-n}}{.087} &= 4.5 \\
(1.087)^{-n} &= .6085 \\
-n \log 1.087 &= \log .6085 \\
n &= -\tfrac{\log .6085}{\log 1.087} \\
n &= 5.954792501
\end{aligned}$$

e)
$$\begin{aligned}
\tfrac{1 - (1.0975)^{-n}}{.0975} &= 6 \\
(1.0975)^{-n} &= .415 \\
-n \log 1.0975 &= \log .415 \\
n &= -\tfrac{\log .415}{\log 1.0975} \\
n &= 9.453195311
\end{aligned}$$

f)
$$\begin{aligned}
\tfrac{1 - (1.025)^{-n}}{.025} &= 3 \\
(1.025)^{-n} &= .925 \\
-n \log 1.025 &= \log .925 \\
n &= -\tfrac{\log .925}{\log 1.025} \\
n &= 3.157282008
\end{aligned}$$

APPENDIX 2 EXERCISES

1. a) Geometric progression: $t_1 = 1, r = -\frac{1}{2}$
   $t_4 = -\frac{1}{8}, t_8 = 1(-\frac{1}{2})^7 = -\frac{1}{128}, S_{10} = 1\frac{1-(-\frac{1}{2})^{10}}{1-(-\frac{1}{2})} = .666015625$

   b) Arithmetic progression: $t_1 = -1, d = 3$
   $t_4 = 8, t_{15} = -1 + 14(3) = 41, S_{12} = \frac{12}{2}[-1 + (-1) + 11(3)] = 186$

   c) Arithmetic progression: $t_1 = 19, d = 12$
   $t_4 = 55, t_9 = 19 + 8(12) = 115, S_{10} = \frac{10}{2}[19 + 19 + 9(12)] = 730$

   d) Geometric progression: $t_1 = 40, r = \frac{3}{7}$
   $t_4 = \frac{1080}{343}, t_7 = 40(\frac{3}{7})^6 = .2478559, S_{12} = 40\frac{1-(\frac{3}{7})^{12}}{1-\frac{3}{7}} = 69.99731233$

   e) Arithmetic progression: $t_1 = \frac{1}{3}, d = -\frac{1}{4}$
   $t_4 = -\frac{5}{12}, t_8 = \frac{1}{3} + 7(-\frac{1}{4}) = -\frac{17}{12}, S_{10} = \frac{10}{2}[\frac{1}{3} + \frac{1}{3} + 9(-\frac{1}{4})] = -\frac{95}{12}$

   f) Arithmetic progression: $t_1 = 9.2, d = -1.2$
   $t_4 = 5.6, t_{10} = 9.2 + 9(-1.2) = -1.6$,
   $S_{15} = \frac{15}{2}[9.2 + 9.2 + 14(-1.2)] = 12$

2. a) $S_{300} = \frac{300}{2}(1 + 300) = 45\,150$

   b) $S_{100} = \frac{100}{2}(2 + 200) = 10\,100$

   c) $t_1 = 15, t_n = 219, d = 2 \rightarrow 219 = 15 + (n-1)2$ and $n = 103$,
   $S_{103} = \frac{103}{2}(15 + 219) = 12\,051$

   d) $t_1 = 18, t_n = 280, d = 2 \rightarrow 280 = 18 + (n-1)2$ and $n = 132$,
   $S_{132} = \frac{132}{2}(18 + 280) = 19\,668$

3. a) Arithmetic progression: $t_1 = 2, d = 2, t_{10} = 2 + 9(2) = 20, S_{10} = \frac{10}{2}(2+20) = 110$

   b) Geometric progression: $t_1 = 625, r = \frac{1}{5}$
   $t_{10} = 625(\frac{1}{5})^9 = .00032, S_{10} = 625\frac{1-(\frac{1}{5})^{10}}{1-\frac{1}{5}} = 781.24992$

   c) Geometric progression: $t_1 = 1, r = 1.08$
   $t_{10} = 1(1.08)^9 = 1.999004627, S_{10} = 1\frac{(1.08)^{10}-1}{1.08-1} = 14.48656247$

   d) Geometric progression: $t_1 = (1.05)^{-1}, r = (1.05)^{-1}$
   $t_{10} = (1.05)^{-1}(1.05)^{-9} = .613913254$,
   $S_{10} = (1.05)^{-1}\frac{1-(1.05)^{-10}}{1-(1.05)^{-1}} = 7.721734929$

4. a) $t_{10} = 2 + 9(3) = 29, S_{10} = \frac{10}{2}(2 + 29) = 155$

   b) $-11 = t_1 + 6(-4) \rightarrow t_1 = 13$ and $S_7 = \frac{7}{2}(13 - 11) = 7$

   c) $18 = t_1 + 2d$
   $42 = t_1 + 5d$
   Subtracting the first equation from the second we obtain
   $24 = 3d$ or $d = 8$ and $t_1 = 18 - 2(8) = 2, S_6 = \frac{6}{2}(2 + 42) = 132$

APPENDIX 2 EXERCISES

d) $77 = 7 + (n-1)d$
$420 = \frac{n}{2}(7 + 77) \to n = 10$ and $d = \frac{70}{9}$

e) $ 20 = \frac{n}{2}[13 + 13 + (n-1)(-3)]$
$ 40 = n(29 - 3n)$
$3n^2 - 29n + 40 = 0$
$ n = \frac{29 \pm \sqrt{29^2 - 4(3)(40)}}{6} = 8$ or $\frac{5}{3}$ (not applicable)

$n = 8$ and $t_8 = 13 + 7(-3) = -8$

5. a) $t_{12} = 5(2)^{11} = 10\,240$, $S_{12} = 5\frac{2^{12}-1}{2-1} = 20\,475$

b) $\frac{3}{8} = 12(\frac{1}{2})^{n-1}$
$(\frac{1}{2})^5 = (\frac{1}{2})^{n-1}$
$n - 1 = 5$
$n = 6$

$S_6 = 12\frac{1-(\frac{1}{2})^6}{1-\frac{1}{2}} = 23.625$

c) $\frac{1}{20} = t_1(\frac{1}{4})^4 \to t_1 = 12.8$, $S_5 = 12.8\frac{1-(\frac{1}{4})^5}{1-\frac{1}{4}} = 17.05$

d) $\frac{7}{4} = t_1 r \to t_1 = \frac{7}{4r}$ and $14 = t_1 r^4$
$ 14 = \frac{7}{4r}r^4$
$ r^3 = 8$
$ r = 2$

$t_1 = \frac{7}{8}$ and $t_{10} = \frac{7}{8}(2)^9 = 448$, $S_{10} = \frac{7}{8}\frac{2^{10}-1}{2-1} = 895.125$

e) $t_{15} = 1.03(1.03)^{14} = 1.557967417$, $S_{15} = 1.03\frac{(1.03)^{15}-1}{1.03-1} = 19.1568813$

6. Sum of interest payments $= 62.50 + 60 + 57.50 + \cdots$ to 25 terms
$ = \frac{25}{2}(62.50 + 2.50) = \$812.50$

7. $S_{20} = \frac{20}{2}[3000 + 3000 + 19(500)] = \$155\,000$

8. $t_1 = 5.50$, $d = 1$, $S_n = 1000$
$ 1000 = \frac{n}{2}[5.50 + 5.50 + (n-1)1]$
$ 2000 = n[10 + n]$
$n^2 + 10n - 2000 = 0$
$ n = \frac{-10+\sqrt{100+8000}}{2} = 40$
You can drill a well 400 cm deep.

9. $t_1 = 10\,000$, $r = .8$, $n = 11$ and $t_{11} = 10\,000(.8)^{10} = \$1073.74$

10. $t_1 = .95$, $r = .95$, $n = 40$ and $t_{40} = (.95)^{40} = .128512157 = 12.85\%$

11. a) $t_1 = 25$, $r = \frac{1}{2}$ and $t_8 = 25(\frac{1}{2})^7 = .1953125$ metres $\doteq 19.5$ cm

b) Total distance $= 50 + 2[25 + 25(\frac{1}{2}) + 25(\frac{1}{2})^2 + \cdots + 9 \text{ terms}]$
$= 50 + 50\frac{1-(\frac{1}{2})^9}{1-\frac{1}{2}} = 149.8046875$ metres

c) Total distance $= 50 + 2[25 + 25(\frac{1}{2}) + 25(\frac{1}{2})^2 + \cdots]$
$= 50 + 50\frac{1}{1-\frac{1}{2}} = 150$ metres

12. $t_1 = .01, r = 2$

   a) $t_{30} = .01(2)^{29} = \$5\,368\,709.12$

   b) $S_{30} = .01\frac{2^{30}-1}{2-1} = \$10\,737\,418.23$

   c) $S_{10} = .01\frac{2^{10}-1}{2-1} = \$10.23$
   $S_{20} - S_{10} = .01\frac{2^{20}-1}{2-1} - 10.23 = 10\,485.75 - 10.23 = \$10\,475.52$
   $S_{30} - S_{20} = 10\,737\,418.23 - 10\,485.75 = \$10\,726\,932.48$

13. a) $S = 100[(1.06)^{19\frac{5}{6}} + (1.06)^{19\frac{4}{6}} + \cdots + (1.06)^{\frac{1}{6}} + (1.06)^0]$
   $= 100\frac{(1.06)^{\frac{120}{6}}-1}{(1.06)^{\frac{1}{6}}-1} = \$22\,616.89$
   $A = 100[(1.06)^{-\frac{1}{6}} + (1.06)^{-\frac{2}{6}} + \cdots + (1.06)^{-\frac{120}{6}}]$
   $= 100(1.06)^{-\frac{1}{6}}[\frac{1-(1.06)^{-\frac{120}{6}}}{1-(1.06)^{-\frac{1}{6}}}] = \$7052.05$

   b) $S = 500[(1.01)^{54} + (1.01)^{48} + \cdots + (1.01)^6 + (1.01)^0]$
   $= 500\frac{(1.01)^{60}-1}{(1.01)^6-1} = \$6637.64$
   $A = 500[(1.01)^{-6} + (1.01)^{-12} + \cdots + (1.01)^{-60}]$
   $= 500(1.01)^{-6}[\frac{1-(1.01)^{-60}}{1-(1.01)^{-6}}] = \$3653.68$

14. a) $t_1 = 1, r = -\frac{1}{3}$ and $S = \frac{1}{1-(-\frac{1}{3})} = .75$

   b) $t_1 = 3, r = .1$ and $S = \frac{3}{1-.1} = 3.\dot{3}$

   c) $t_1 = 1, r = .8$ and $S = \frac{1}{1-.8} = 5$

   d) $t_1 = (1+i)^{-1}, r = (1+i)^{-1}$
   and
   $S = \frac{(1+i)^{-1}}{1-(1+i)^{-1}} \times \frac{1+i}{1+i} = \frac{1}{1+i-1} = \frac{1}{i}$

APPENDIX 3 EXERCISES

1. a) We want $(1.05)^n = 2$
    $(1.05)^{14} = 1.9799316$
    $(1.05)^{15} = 2.0789282$

    $$.0990\left\{.0201\left\{\begin{array}{c|c}(1.05)^n & n \\\hline 1.9799 & 14 \\ 2.0000 & n \\ 2.0789 & 15\end{array}\right\}d\right\}1 \qquad \begin{array}{l}\frac{d}{1} = \frac{.0201}{.0990} \\ d = .20 \\ n = 14.20\end{array}$$

    b) We want $(1.025)^n = 3.8$
    $(1.025)^{54} = 3.7939$
    $(1.025)^{55} = 3.8888$

    $$.0949\left\{.0061\left\{\begin{array}{c|c}(1.025)^n & n \\\hline 3.7939 & 54 \\ 3.8000 & n \\ 3.8888 & 55\end{array}\right\}d\right\}1 \qquad \begin{array}{l}\frac{d}{1} = \frac{.0061}{.0949} \\ d = .06 \\ n = 54.06\end{array}$$

    c) We want $800(1.03)^n = 1100$
    or $(1.03)^n = 1.375$
    $(1.03)^{10} = 1.3439$
    $(1.03)^{11} = 1.3842$

    $$.0403\left\{.0311\left\{\begin{array}{c|c}(1.03)^n & n \\\hline 1.3439 & 10 \\ 1.3750 & n \\ 1.3842 & 11\end{array}\right\}d\right\}1 \qquad \begin{array}{l}\frac{d}{1} = \frac{.0311}{.0403} \\ d = .77 \\ n = 10.77\end{array}$$

    d) We want $(1.045)^{-n} = .5$
    or $(1.045)^n = 2$
    $(1.045)^{15} = 1.9353$
    $(1.045)^{16} = 2.0224$

    $$.0871\left\{.0647\left\{\begin{array}{c|c}(1.045)^n & n \\\hline 1.9353 & 15 \\ 2.0000 & n \\ 2.0224 & 16\end{array}\right\}d\right\}1 \qquad \begin{array}{l}\frac{d}{1} = \frac{.0647}{.0871} \\ d = .74 \\ n = 15.74\end{array}$$

    e) We want $(1.0125)^{-n} = \frac{1}{4}$
    or $(1.0125)^n = 4$
    $(1.0125)^{111} = 3.9705$
    $(1.0125)^{112} = 4.0202$

246   APPENDIX 3 EXERCISES

$$.0497 \left\{ .0295 \left\{ \begin{array}{c|c} (1.0125)^n & n \\ \hline 3.9705 & 111 \\ 4.0000 & n \\ 4.0202 & 112 \end{array} \right\} d \right\} 1 \quad \begin{array}{l} \frac{d}{1} = \frac{.0295}{.0497} \\ d = .59 \\ n = 111.59 \end{array}$$

f) We want $1000(1.0225)^{-n} = 700$
   or $(1.0225)^n = 1.4286$
   $(1.0225)^{16} = 1.4276$
   $(1.0225)^{17} = 1.4597$

$$.0321 \left\{ .0010 \left\{ \begin{array}{c|c} (1.0225)^n & n \\ \hline 1.4276 & 16 \\ 1.4286 & n \\ 1.4597 & 17 \end{array} \right\} d \right\} 1 \quad \begin{array}{l} \frac{d}{1} = \frac{.0010}{.0321} \\ d = .03 \\ n = 16.03 \end{array}$$

2. a) We want $\frac{(1+i)^{12}-1}{i} = 15$
   At $i = 3\%$: $\frac{(1+i)^{12}-1}{i} = 14.1920$
   At $i = 4\%$: $\frac{(1+i)^{12}-1}{i} = 15.0258$

$$.8338 \left\{ .8080 \left\{ \begin{array}{c|c} \frac{(1+i)^{12}-1}{i} & i \\ \hline 14.1920 & 3\% \\ 15.0000 & i \\ 15.0258 & 4\% \end{array} \right\} d \right\} 1\% \quad \begin{array}{l} \frac{d}{1\%} = \frac{.8080}{.8338} \\ d = .97\% \\ i = 3.97\% \end{array}$$

b) We want $\frac{(1+i)^{100}-1}{i} = 200$
   At $i = 1\%$: $\frac{(1+i)^{100}-1}{i} = 170.4814$
   At $i = 2\%$: $\frac{(1+i)^{100}-1}{i} = 312.2323$

$$141.7509 \left\{ 29.5186 \left\{ \begin{array}{c|c} \frac{(1+i)^{12}-1}{i} & i \\ \hline 170.4814 & 1\% \\ 200.0000 & i \\ 312.2323 & 2\% \end{array} \right\} d \right\} 1\% \quad \begin{array}{l} \frac{d}{1\%} = \frac{29.5186}{141.7509} \\ d = .21\% \\ i = 1.21\% \end{array}$$

c) We want $\frac{1-(1+i)^{-20}}{i} = 10$
   At $i = 7\%$: $\frac{1-(1+i)^{-20}}{i} = 10.5940$
   At $i = 8\%$: $\frac{1-(1+i)^{-20}}{i} = 9.8181$

$$.7759 \left\{ .5940 \left\{ \begin{array}{c|c} \frac{1-(1+i)^{-20}}{i} & i \\ \hline 10.5940 & 7\% \\ 10.0000 & i \\ 9.8181 & 8\% \end{array} \right\} d \right\} 1\% \quad \begin{array}{l} \frac{d}{7\%} = \frac{.5940}{.7759} \\ d = .77\% \\ i = 7.77\% \end{array}$$

APPENDIX 3 EXERCISES

d) We want $100 + 90\frac{1-(1+i)^{-6}}{i} = 600$

$\frac{1-(1+i)^{-6}}{i} = 5.5$

At $i = 2\%$: $\frac{1-(1+i)^{-6}}{i} = 5.6014$

At $i = 3\%$: $\frac{1-(1+i)^{-6}}{i} = 5.4172$

$$.1842\left\{.0458\left\{\begin{array}{c|c}\frac{1-(1+i)^{-20}}{i} & i \\ \hline 5.6014 & 2\% \\ 5.5556 & i \\ 5.4172 & 3\%\end{array}\right\}d\right\}1\% \quad \begin{array}{l}\frac{d}{1\%} = \frac{.0458}{.1842} \\ d = .25\% \\ i = 2.25\%\end{array}$$

3. Find i per month such that $100s_{\overline{36}|i} = 4000$

$s_{\overline{36}|i} = 40$

At $j_{12} = 7\%$: $s_{\overline{36}|i} = 39.9301$
At $j_{12} = 8\%$: $s_{\overline{36}|i} = 40.5356$

$$.6055\left\{.0699\left\{\begin{array}{c|c}s_{\overline{36}|i} & j_{12} \\ \hline 39.9301 & 7\% \\ 40.0000 & j_{12} \\ 40.5356 & 8\%\end{array}\right\}d\right\}1\% \quad \begin{array}{l}\frac{d}{1\%} = \frac{.0699}{.6055} \\ d = .12\% \\ j_{12} = 7.12\%\end{array}$$

4. Find i per month such that $1150a_{\overline{180}|i} = 100\,000$

$a_{\overline{180}|i} = 86.9565$

At $j_{12} = 11\%$: $a_{\overline{180}|i} = 87.9819$
At $j_{12} = 12\%$: $a_{\overline{180}|i} = 83.3217$

$$4.6602\left\{1.0254\left\{\begin{array}{c|c}a_{\overline{180}|i} & j_{12} \\ \hline 87.9819 & 11\% \\ 86.9565 & j_{12} \\ 83.3217 & 12\%\end{array}\right\}d\right\}1\% \quad \begin{array}{l}\frac{d}{1\%} = \frac{1.0254}{4.6602} \\ d = .22\% \\ j_{12} = 11.22\%\end{array}$$

5. Find i per half-year such that $1055 = 51.25a_{\overline{34}|i} + 1000(1+i)^{-34}$

At $j_2 = 9\%$: $51.25a_{\overline{34}|i} + 1000(1+i)^{-34} = \$1107.79$

At $j_2 = 10\%$: $51.25a_{\overline{34}|i} + 1000(1+i)^{-34} = \$1020.24$

$$87.55\left\{52.79\left\{\begin{array}{c|c}\text{Price} & j_2 \\ \hline 1107.79 & 9\% \\ 1055.00 & j_2 \\ 1020.24 & 10\%\end{array}\right\}d\right\}1\% \quad \begin{array}{l}\frac{d}{1\%} = \frac{52.79}{87.55} \\ d = .60\% \\ j_2 = 9.60\%\end{array}$$

6. May 1, 2004 is a coupon date and there are 11 coupons left.
   Find i per half-year such that $782.50 = 55a_{\overline{11}|i} + 1000(1+i)^{-11}$
   At $j_2 = 17\%$: $55a_{\overline{11}|i} + 1000(1+i)^{-11} = \$790.93$
   At $j_2 = 18\%$: $55a_{\overline{11}|i} + 1000(1+i)^{-11} = \$761.82$

$$29.11 \left\{ 8.43 \left\{ \begin{array}{c|c} \text{Price} & j_2 \\ \hline 790.93 & 17\% \\ 782.50 & j_2 \\ 761.82 & 18\% \end{array} \right\} d \right\} 1\% \qquad \begin{array}{l} \frac{d}{1\%} = \frac{8.43}{29.11} \\ d = .29\% \\ j_2 = 17.29\% \end{array}$$